世界で最も美しい問題解決法

賢く生きるための
行動経済学、
正しく判断するための
統計学

リチャード・E・ニスベッド
小野木明恵 訳

MINDWARE

TOOLS FOR SMART THINKING

RICHARD E. NISBETT

青土社

世界で最も美しい問題解決法

目次

世界で最も美しい問題解決法

賢く生きるための行動経済学、
正しく判断するための統計学

サラ・ニスベットへ

序章

科学のロジックは、ビジネスと人生のロジックである。

——ジョン・スチュワート・ミル

昔、多くの人が土地の測量に関わっていた時代には、一流大学に入学する学生のほとんど全員が三角法をいくらかは知っていることを求めるのは理にかなっていた。今日では、確率や統計学、決定解析の基礎のほうこそふさわしい。

——ハーバード大学元学長、ローレンス・サマーズ

「余弦」という用語は絶対に出てこない。

——ロズ・チャースト『大人の秘密（*Secrets of Adulthood*）』

一二ドルで映画のチケットを買ったが、上映開始から三〇分たつと、とてもつまらなくて退屈になってきた。映画館に留まるべきか、それとも帰るべきか？

二つの銘柄の株をもっていて、一方はこの数年間とても順調だが、もう一方は購入した当時からじつ

は少し含み損が出ている。お金がいくらか入り用で、どちらかの株を売らなくてはならない。成績の悪い株の損失を補うために成績の良い株を売るか、それとも成績の良い株がこれからも利益を生むことを期待して成績の悪い株を売るか？

仕事に応募してきた二人のうちのひとりを選ばなくてはならない。応募者Aは、応募者Bより経験が豊富で、推薦をたくさんもらっているが、面接では、BのほうがAよりも賢くてやる気があるように見える。どちらを雇うか？

あなたは会社の人事担当者だ。仕事に応募したが、職務上の能力が自分より劣る男性のために不採用になった、と不満を述べる手紙を女性数名から受け取った。男女差別が実際にあったかどうかを、どうしたら調べられるだろうか？

最近『タイム』誌に、子どもの食事を管理する親の子どもは肥満になりやすいため、親は、子どもの食事を管理しようとすべきではないという記事が載った。この主張には、どこか疑わしいところがないだろうか？

一日にアルコールを一杯か二杯飲む人は、そうでない人よりも心臓血管の病気が少ない。あなたの飲酒量がこれよりも少ないなら、アルコール摂取量を増やすべきか？　これよりも飲酒量が多いなら、摂取量を減らすべきか？

こうした類いの問題はＩＱテストには出てこないが、問題を解くには、賢い方法と賢くない方法がある。本書を読み終える頃には、こうした問題について、さらには無限にある問題について、今とは大きく異なる方法で考えることを可能にするような物のとらえ方を身に付けているだろう。それは、多数の分野の科学者たち――とりわけ心理学と経済学――と統計学者、論理学者、哲学者たちが考案した、一〇〇個ほどの概念や原理、推論規則からなっている。ときには、問題を常識で解決しようとすると、間違った判断をして不運な結果にいたることがある。本書の目的は、どうやってさらに効果的に考えて行動すべきかを示すことだ。これらのアイデアは常識を補完するものであり、こうした規則や原理を学べば、日常生活で出現する無数の問題に、それらを自動的にたやすく当てはめることができるようになる。

本書では、推論の方法と、妥当な推理のしかたについての最も基本的な問題をいくつか取り上げる。どういうものが説明とみなされるのか（なぜ友人がこんなにいらいらさせるような行動をするのかから、なぜ新製品が失敗に終わったのか、までのあらゆることについて）？　因果関係のある出来事と、時間や場所の関連性があるだけの出来事との違いをどのように区別できるのか？　どのような種類の知識が確かなものとみなされ、どのような種類の知識が憶測とみなされるのか？　科学においてであれ、日常生活においてであれ、優れた理論にはどのような特性があるのか？　反証できる理論と、反証できない理論の違いをどのように見分けることができるのか？　ビジネスや専門的な仕事において有効な手法はこれだという理論があるとしたら、どういった説得力のあるやり方で、その理論を試すことができるだろうか？

メディアは、いわゆる科学的知見というものを次から次へと発表するが、そのうちの多くはまったくの間違いだ。メディアを通じて遭遇する矛盾した科学的な主張を、どのように評価できるのか？　どういうときには専門家――そうした人たちが見つかるとして――を信頼すべきで、どういうときには疑ってかかるべきなのか？

そして最も大事なことは、自分の行う選択が自分の目的に一番かない、自分自身や他の人たちの生活を改善することになる見込みを、どのようにすれば高められるのか？　である。

推論は実際に教えられるのか？

だが、もっと効果的に考えるということは、実際に教えられるものなのか。ウズベキスタンの首都や平方根の求め方などの知識を増やすだけでなく、もっと正しく推論したり、個人的な問題や専門的な問題をもっと上手に解決したりすることを。

この疑問にたいする答えは、決して明確ではない。二六〇〇年ものあいだ、多数の哲学者や教育者が、推論は教えられると確信していたにもかかわらず。プラトンはこう言った。「愚鈍な者でさえ、算術の訓練を受ければ……訓練を受けなかった場合と比べてつねにもっと素早く考えられるようになる。……我々の国家の柱となるべき人物には、算術を習うように説得を試みなければならない」。後にローマの哲学者は、推論の力を向上させる練習のなかに、文法の学習と記憶術の訓練を加えた。中世のスコラ哲学者は、論理学、とりわけ三段論法を重視した（すべての人間は死ぬ運命にある。ソクラテスは人間である、ゆえにソクラテスは死ぬ運命にある、というような）。ルネサンスの人文主義者は、ラテン語とギリシア語を付け加えた、たぶん、これらの言語を使っていたことが、この二つの古代文明の繁栄に寄与したと考えたからだろう。

数学や論理学、言語学の規則の訓練が重要であると強く信じられていたために、一九世紀になる頃には、難しい規則体系――どのような難しい規則体系でもよい――を学ぶ訓練をするだけで賢くなると考えられるようになってきた。一九世紀の教育者は、次のように主張することができた。「英国人として、そして教師として、ラテン語について述べたいことは、英国人の少年のために、これより優れた教育材料を考案することは不可能であろうということだけだ。言語を習得することは、教育上、まったく重要ではない。重要であるのは、言語を習得する過程である。教育材料としてラテン語がもつひとつの大きな利点は、それが途方もなく難しいということである」

こうした教育的見解のどれについても、それを支える証拠はひとつも示されていない。プラトンにしても、旧弊なラテン語の老教師にしても。だから二〇世紀初めに心理学者たちが、推論と、その力を向上させることについての何らかの科学的な証拠を見つける仕事に取りかかったのだ。

その後「形式陶冶《とうや》」とよばれることになったこうした考え方、すなわち、知識ではなく考え方の訓練を行う教育にたいする当初の反応は芳しくなかった。二〇世紀初頭、エドワード・ソーンダイクが、抽象的な思考規則についての勉強や訓練をどれだけ積んでも賢くはならないと主張し、「ラテン語学習」的な教育理論はすでに廃れたと言い切った。ある認知的な作業から別の作業への「訓練の移行」は、双方の課題の具体的な特徴が非常に似ている場合にのみ起こるということが自身の実験から明らかになったと述べた。しかし、ソーンダイクが研究した作業は実際のところ、推論を用いる作業とは言えなかった。たとえば彼は、文章中の文字に線を引いて消す作業をしても、段落のなかの言葉の一部を末梢する速度が上がるわけではないということを発見している。こうした作業が推論とみなされることはほとんどない。

二〇世紀半ばに活躍した偉大なコンピュータ科学者であるハーバート・サイモンとアレン・ニューウェルもまた、推論に必要な抽象的な規則を学習することはできないと主張し、それまでよりも多少は優れた証拠を提示した。それでも二人の意見は、ごく限られた観察にもとづくものだった。ハノイの塔問題（重ねられた円盤を一方の杭からもう一方の杭へと移動させるが、円盤の上にそれより大きい円盤を置いてはならないというゲームで、あなたも子どもの頃に遊んだことがあるかもしれない）の解法を学習しても、宣教師と人食い人種の問題を解く能力は向上しなかった。後者の問題では、ボートに乗った宣教師の数が人食い人種の数を下回らないようにしながら、宣教師たちを川の向こう岸に渡す方法を見つけることが求められる。二つの問題の形式的な構造は同じだが、一方の問題の解き方を学んでも、それがもう一方の問題を解く力になるという訓練の移行はない。この結果は興味深いが、ある問題についての訓練が、類似した構造をもつ別の問題を解く能力へと一般化されることは絶対にないと納得させられるほど十分とは言えない。

偉大なスイス人認知心理学者で子どもの学習について研究したジャン・ピアジェは、推論のための抽象的な規則が存在しないとする二〇世紀半ばの多数派には属していなかった。ピアジェは、人は確かにそうした規則をもっていると考え、そうした規則には、論理的な規則や、確率などの概念を理解するための「心的枠組み《シェーマ》」〔スキーマ〕が含まれるとした。だが、そのような規則は教えられるものではなく、子どもが、自分自身で発見した特定の規則を用いて解くことのできるような問題に次々と遭遇することによってのみ、引き出されることができると考えた。さらには、世界を理解するための一連の抽象的な規則は、青年期になるまでにすべて出そろい、認知能力が正常な人間は誰でも、まったく同じ一そろいの規則をもつようになるとした。

ピアジェは、人々が日常生活に適用することができるような抽象的な概念と規則の体系が存在すると考えた点においては正しかったが、それ以外の主張はすべて間違っていた。こうした規則の体系は、引き出されるだけでなく、教えることが可能である。そのうえ、青年期を過ぎてもずっと学習し続ける。さらに、どのような一連の抽象的な規則を推論のために用いるかは、人によって大きく異なる。

形式陶冶という概念に異議を唱えた二〇世紀初頭の心理学者たちは、非常に重要なある一点において正しかった。賢くなるということは、純粋な頭の体操とは違うということだ。頭脳はいくつかの点では筋肉に似ているが、他の点ではそうではない。ほとんどどのような物を持ち上げても、筋力は強くなるだろう。しかし、どのようなことについても、旧式の方法で考えても、頭が賢くなる見込みは低い。ラテン語を学んでも、推論の能力について得られるものはほとんどない。頭脳の筋肉を鍛えるということになると、学ぼうとしている概念や規則の性質が非常に重要になる。脳の筋肉を鍛えるためには、役に立たないものもあれば、とても貴重なものもある。

旅をするアイデア

本書のアイデアは、ひとつの分野における科学者のアイデアが他の分野にとっても非常に価値のあるものになりうるということに私がとても魅力を感じるところから生まれた。学問の世界で好まれる言葉に「学際的な」というものがある。この言葉を使う人のなかには、なぜ学際的な研究が優れたアイデアであるのかを説明できない人もきっといるだろう。しかし、このことは事実だ。その理由を今から説明しよう。

科学はよく「継ぎ目のない織物」と形容される。それは、ある分野で発見された事実や手法、理論、推論の規則が他の分野にも役立つことがありうるということを意味する。しかも哲学と論理学は、文字通り科学のすべての分野における推論に影響を与えうる。

物理学の場の理論から、心理学の場の理論が生まれた。素粒子物理学者は、心理学者のために開発された統計学を用いる。農作業を研究する科学者が発明した統計学のツールは、行動科学者にとって重要なものとなっている。ラットが迷路を通過する方法をどのように学習するかを説明するために心理学者が構築した理論に従って、コンピュータ科学者が、機械に学習の方法を教えた。

ダーウィンの自然選択理論は、一八世紀のスコットランド人哲学者が打ち立てた社会の体系についてのいくつかの理論に負うところが大きい。なかでも特に、社会の富は、自身の利己的な利益を追求する合理的な行為者によって作られるとするアダム・スミスの理論がそうである[1]。

経済学者は今や、人間の知性や自制心の理解に大きく寄与している。人がどのように選択をするかについての経済学者の見解が認知心理学者によって形を変えられ、経済学者の使う科学的なツールが、社会心理学者の使う実験技術を取り入れることで大幅に拡張された。

現代の社会学者は、社会の性質についての理論を構築した一八世紀と一九世紀の哲学者から大きな恩恵を受けている。認知心理学者と社会心理学者は、哲学者が提示した疑問の幅を広げ、長く解かれないままだった哲学の難問のいくつかへの答えを提示し始めた。倫理学についての哲学的な疑問と認識論に導かれて、心理学者と経済学者が研究を行っている。神経科学の研究や概念が、心理学や経済学、さらには哲学も変容させつつある。

私自身の研究から少々例を引き、科学のある分野から他の分野へと、いかに広範囲にわたり知恵を拝借することができるかを説明しよう。

私は社会心理学者としての教育を受けたが、初期の研究のほとんどは摂食行動と肥満についてのものだった。私がこのテーマに取りかかった頃、素人の想定や、科学的・医学的な見解も、太り過ぎの人は食べ過ぎているからそうなっているというものだった。しかし結局、太り過ぎの人の大半は実際に空腹を感じているということが明らかになった。肥満を研究する心理学者は、「設定値」という恒常性の概念を生物学から借用した。身体は、たとえば体温についての設定値を維持しようとする。肥満の人は、他の組織にたいする脂肪の比率について、正常な体重の人の場合とは異なる設定値をもっている。だが、社会的な規範からやせろと追いつめられ、その結果、肥満の人たちは慢性的に空腹な状態にある。[2]

私が次に研究した問題は、人はどのようにして、他の人々や自分自身の行動の原因を理解するかというものだった。物理学の場の理論から、行動を起こすにあたっては、特性や能力や好みなどの個人の気質よりも、状況的、文脈上の要因のほうが重要である場合が多いということを示す研究が生まれた。こうした概念が形成されたことで、自分自身や他人の行動、さらには物体のふるまいであれ、行動についての因果的な説明が、気質的な要因を強調しすぎる一方で、状況的な要因を軽んじる傾向にあることが理解しやすくなる。

原因の属性について研究するなかで、私たちはたいてい、自分自身の行動の原因をごくわずかしかわかっておらず、自分自身の思考プロセスを直接知ることが一切ないということが明らかになってきた。

この自己認識についての研究は、科学者から科学哲学者へと転向したマイケル・ポラニーによるところが大きい[3]。ポラニーは、私たちの知識の多くは、自分自身の専門分野において扱うことがらでさえも――おそらくはそうしたことがらのほうがとりわけ――「暗黙」のものであり、明確に述べることが難しいか不可能であると主張した。気まぐれに変化する内省についての私や他の者たちの研究によって、思考プロセスや自身の行動の原因を自分自身で報告することにもとづいたあらゆる研究が疑問視されるようになった。心理学や、行動科学、社会科学全般で用いられる測定手法が、この研究の結果を受けて変化した。さらに、この研究によって、動機や目的についての自己報告は非常に信頼のできないものであると確信する法律の研究家も出てきた。自己高揚や自己保身という問題があるからではなく、人の精神面にはほとんど入り込むことができないという理由からである。

自己報告に誤りが認められたことから、私は、日常生活全般において私たちが行っている推測の正確性を疑うようになった。認知心理学者のエイモス・トヴェルスキーとダニエル・カーネマンに続いて、私は、人々の推論を、科学や統計学、論理学の基準と照らし合わせ、多くの種類の判断が体系的に間違っていることを発見した。推論はしばしば、統計学や経済学、論理学、基本的な科学手法の原理に反しているのだ。これらの問題について心理学者が行った研究は、哲学者や経済学者、政策立案者に影響を与えてきている。

最後に私は、東アジア人と西洋人がときおり、根本的に異なる方法で世界について推測をすることを示す研究を行った。この研究は、哲学者や歴史家、人類学者の思想から導かれた。私はそうして、弁証法的と言われてきた東洋の思考習慣が強力な思考の道具となり、西洋人が何千年にもわたり東洋人の助

けになってきたのと同じくらい、東洋の思考の道具が西洋人に利益を与えるだろうと確信をもつようになった。(4)

科学的および哲学的思考は、日常生活における推論に影響を与えるようなやり方で教えられることができる

私の行った推論についての研究は、日常生活における私自身の推論に大きな影響を与えた。科学の分野全般にわたる概念の多くが、私の専門分野や個人的な問題にたいする取り組み方にも影響を与えていることに、いつも気づかされている。それと同時に、自分が学び教えている推論の道具の種類を間違って使っていることも、つねに認識している。

そこで私は自然に、日常生活の出来事にたいする人々の思考が、学校で教えられた思考訓練の影響を受けているのだろうかと疑問に思い始めた。当初、推論の手法についての授業をひとつか二つ取ったところで、こうした課題について長く考えてきた私が受けた影響と同じようなものを体験するとはとうてい思えなかった。推論は教えられるものではないとする二〇世紀の懐疑論が、いまだに私の考えを左右していたのだ。

その考えは大間違いだった。大学で受ける授業は、世の中についての推論に実際に影響を与えているということが判明したのだ。それも、とても著しく。論理学の規則や、大数の法則や平均値への回帰などの統計学の原理、因果関係を論じる際の対照群の設定方法などの科学的手法の原理、古典的な経済原理、決定論の概念がどれも、日常生活において生じる問題にたいする人々の思考方法に影響を与えているのだ。(5)これらは、スポーツの試合についての推論のしかたや、従業員を採用するときの最善と思われ

る手順、あまりおいしくない料理を残さずに食べるべきかどうかといったような小さな問題にたいする考え方にまで影響を及ぼしている。

日常的な出来事についての推論能力を大きく向上させる大学の授業例がいくつかあるので、そうした概念を実験室で教えることが可能かどうかを私は検証することにした。(6) 同僚とともに、よくある個人的な問題や専門的な問題について、推論に役立つような推理規則を教える手法を考案した。それを試すと、被験者は、短い訓練を受けただけで規則をたやすく習得した。大数の法則についての統計学的な概念を教えると、物事や人について正しい判断に到達するためにはどの程度の証拠が必要であるかを見積もる推論に影響が認められた。機会費用を回避するという経済学の原理を教えると、時間の使い方についての推論に変化が生じた。最も印象的だったのが、実験の数週間後に、被験者にいくつか質問をしたときのことだった。そうした質問は、電話によるアンケート調査と称するなど、実験の一環であることが被験者に悟られないような設定で行われた。そこでは、推論の考え方を教えられた実験の枠外にある日常的な問題にたいしても、教えられた概念を適用する能力を相当までに保持している場合が多いという、満足な結果が得られた。

最も重要な点が、推論規則の適用範囲を日常生活における問題にまで大幅に広げる方法を見つけたことだ。私たちは、ある特定の分野においては推論の原則を十分に活用できるが、日常生活で出会うさまざまな問題にはそれらを適用することができないでいる。しかし、推論の原則は、もっと引き出しやすく使いやすくすることができる。それを可能にする鍵は、特定の問題についての解決策と推論の原則との関連性を明確にするようなやり方で出来事をとらえる方法を学ぶことと、原則を実際に出来事に適用できるようなやり方で出来事を符号化する方法を学ぶことである。人の性格についての印象をとらえることを、出来事の集団からサンプルを抽出するという統計学的なプロセスとして意識することはふつうないが、実際にはまさにそうなのだ。さらに、そのようなやり方で出来事をとらえることで、何かの原因が人の性格にあると説明づけることにたいしていっそう注意深くなるとともに、人の行動をより適切に予測することができるようになる。

本書で取り上げる概念を選ぶにあたり、よりどころとしたいくつかの基準がある。

1　概念は重要なものであるべきだ——科学と生活にとって。中世以降、多数の論法が出回っているが、日常生活にわずかにでも関連するものは少ししかない。そうしたものを本書に収めた。誤った推論は何百種類も特定されているが、聡明な人が実際に少しでも繰り返し犯す間違いは比較するとわずかしかない。そうした少数の例をここで扱う。

2　概念は教えられるものであるべきだ——少なくとも私はそう考える。私は、概念の多くは、科学的・専門的な研究や日常生活において使うことができるようなやり方で教えられることができるということを確かに知っている。これは、大学の授業で教えられている多くの概念にも当てはまり、私はこれまで、短時間の実験において、そうした概念の多くをその他多数の概念とともに教えることに成功してきた。残りの概念は、本書に収めた教えることができるとわかっている概念にとても似ている。

3　概念のほとんどは、思考体系の中核をなすものである。たとえば、とても重要とされる一学期の統計学の授業で教えられる概念のすべてが、本書に提示されている。これらの概念は、どの退職プランを選択すべきかから、就職希望者が良い社員になるかどうかを判断するのに十分な確証があるかどうかにいたるまでの多様な問題を推論するために欠かせない。だが、統計学の授業を受けても、こうした問題を解決するにはあまり役に立たない。統計学はふつう、特定の、かなり限定された種類のデータにしか当てはまらないと人に思わせるようなやり方で教えられている。そこで、本書で示されていることが必要となる——すなわち、おおざっぱですぐに使えるタイプの統計学の原則を適用できるようなやり方で、出来事や物事を符号化する能力である。本書にはまた、ミクロ経済や設計理論などの非常に重要な概念や、日常的な問題を解決するために用いられる科学的手法の基本原則、形式論理学の基本概念、かなりなじみの薄い弁証法的推論の原則、科学者や一般人の考え方（あるいは望ましい考え方）を研究する哲学者が考案した非常に重要な概念のいくつかも提示してある。

4　本書で扱う概念は、与えられた問題を多数の観点から理解するために三角測量することができる。たとえば、日常生活におけるとりわけ深刻な誤りに、人や物事や出来事についての少数の観察結果から、ひどく過剰な一般化をすることがある。この誤りの根本には、少なくとも互いを構成する四つの間違いがある。心理学的な間違い、統計学的な間違い、認識論的な間違い（認識論とは知識の理論に関わるもの）、形而上学的な間違い（形而上学とは、世界の基本的な性質についての考え方に関わるもの）がそうである。これらの種類の概念のひとつひとつを十分に理解すれば、この四つを、互いに補完したり強化したりさせながら、与えられた問題に適用することができる。

本書で扱うすべての概念は、生活や仕事のしかたに関係する。私たちは、不十分な根拠にもとづいて性急な判断をするために、人と友人になり損ねる。直接入手した情報を信頼しすぎて、他の情報源から得られた、さらに幅の広い優れた情報を軽視しすぎるために、最も有能な人ではない人を採用する。標準偏差や回帰などの統計学の概念が適用できることや、今持っているからという理由だけでその物を手放したくないと考えてしまうという授かり効果などの心理学の概念や、失敗した事業にさらにお金をつぎこませる埋没費用《サンク・コスト》などの経済学的な概念が関係しているとわからずに、お金を失う。健康的な習慣についての科学的所見とよばれるものを評価する十分な能力がないために、健康に効果のない食品や薬やビタミン剤などのサプリメントを摂取する。社会では政府や商業の慣習が、効果的な手順によって評価されることなく確立され、導入されてから長くにわたり検証されずにいるために、私たちの生活を苦しめていることが黙認されている——ときには何十年間も、そして何十億ドルもの代償を払って。

これからの流れの概要

本書の第一部では、世界と自分自身についての思考を扱う。つまり、どのように考えるか、どのように失敗するか、どのように修正するか、そして、精神のダークマター、すなわち無意識をどうすれば今以上にはるかに上手に利用できるかを論じる。

第二部では選択について論じる。選択がいかにして行われているか、さらにはどのように行われるべきかについての古典派経済学者の考えと、なぜ現代の行動経済学者が提示している実際の選択行動についての説明とそのための処方箋の両方が、古典派経済学における説明や処方箋よりもいくつかの点で優れているのかを論じる。第二部では、選択についてのさまざまな落とし穴を回避するために生活をどのように組み立てるかについての提案も行う。

第三部では、世界をもっと正確に分類する方法、出来事と出来事のあいだの関係の見抜き方、さらに同じくらい重要である、存在しない関係を見てしまうことを避ける方法について論じる。ここでは、メディアや職場や雑談の場で遭遇する推論の誤りをどのように見抜くかについても検討する。

第四部では因果関係について論じる。ある出来事が別の出来事を引き起こしている場合と、複数の出来事が時間的、場所的に接近して起こっているが、因果関係はない場合をどのように見分けるか。出来事のあいだに因果関係があることを実験によって——実験でよってのみ——確認できるような状況をどのように特定するか。自分自身を対象に実験を行うことによって、どのように、より幸せで効率的になることを学べるかについて考える。

第五部では、二種類のまったく異なる推論について論じる。そのひとつである論理学は、抽象的、形式的であり、これまでつねに西洋思想の中心にあった。もうひとつの弁証法的推論は、真実と、世界についての陳述の実用性について決定する際に用いる原則で構成されている。こちらの推論手法は、つねに東洋思想の中心にあった。いろいろな形の弁証法的推論は、ソクラテスの時代から西洋に存在していた。しかし、最近になってようやく、思想家たちは、弁証法的な思考を体系立って説明すること、あるいは、形式論理学の伝統と関連づけることを試みるようになっている。

第六部では、世界のいくつかの側面についての優れた理論を構成する要素を論じる。どのようにすれば、自分の信じていることが実際に本当であると確信がもてるのか。簡潔な説明のほうがたいてい複雑な説明よりも有用なのはなぜなのか。どうすれば、ずさんで薄っぺらい理論を思いつくことを避けられるのか。どのように理論を実証できるのか。そして、少なくとも原理的には、反証不能ないかなる主張にたいしても懐疑的であるべきなのは、なぜなのか。

本書の各部は互いに支え合っている。自身の精神生活について観察できるものとできないものを理解することによって、問題を解決する際、どのようなときに直観に頼ればよくて、どのようなときに、分類や選択、因果的な説明の評価などについての明確な規則に頼ればよいのかがわかる。選択の結果を最大限に活用する方法について学ぶことは、無意識についてこれまでに何を学んできたかということと、行動を選択したり、自分自身を幸せにするものを予測したりするときに意識されている心と無意識とをどのように対等に位置づけるかにかかっている。統計学の原則を学ぶことで、因果関係を評価する規則にいつ手を伸ばす必要があるのかがわかるようになる。因果関係の評価方法を知っていれば、出来事を単に観察することよりも実験を行うことのほうにいっそう信頼を置くようになり、どのようなビジネス手法や個人の行動が最も利益をもたらす可能性が高いかを知るためには、実験を行うことがいかに重要で（そしていかに容易で）ありうるかがわかる。論理学や弁証法の推論について学ぶことで、世界のある側面についての理論を考案するためのさまざまな提案がもたらされ、さらには、それらの理論を検証するためにどのような種類の手法が必要となるかが示唆される。

あなたが本書を読み終わったとき、ＩＱは上昇していなくても、賢くなっているだろう。

第1部　思考について考える

心理学の研究から、心の働き方について三つの大きな気づきが得られた。それらは、我々がどのように考えているかということについての考え方を変えるだろう。

第一の気づきが、世界についての理解はつねに解釈の問題である——すなわち推測と解釈が関わってくるという説である。人々や状況についての私たちの判断は、さらには物理的な世界についての知覚でさえ、蓄積された知識と背後にある精神的なプロセスに依存しており、決して、現実から直接的に読み出したものではない。世界についての理解がどの程度推測にもとづいているかを十分に理解していれば、そうした推測をする際に用いる道具に磨きをかけることがいかに重要であるかがはっきりとわかる。

第二の気づきは、自分自身の置かれている状況が、思っているよりはるかに大きく自分の思考に影響し、行動を決定しているというものだ。一方、人の気質——その人独特の特徴、態度、能力、好みなど——は、思っているよりもはるかに影響が小さい。そのため、人が——自分自身も含めて——ある特定のことがらを信じ、ある特定の行動を取る理由を間違って推定してしまう。しかし、この「根本的な帰属の誤り」をある程度まで克服することは可能だ。

最後の気づきは、心理学者は、無意識の重要性をますます認識するようになってきているというものだ。無意識には、意識が気づいているかもしれないよりもはるかに膨大な環境についての情報が登録されている。私たちの認知と行動にたいする最も重要な影響の多くは、私たちから見えないところに隠れている。しかも私たちは、自分の認知や信念、行動を生み出す精神のプロセスを直接的に意識することは決してない。幸い、そしておそらくは意外なことに、無意識は、意識と同じくらいとても合理的なものである。無意識は、意識が効果的に処理することのできない多くの種類の問題を解決する。少数の簡単な戦略を用いることで、無意識がもつ問題解決能力を利用することができるのだ。

1章　すべてのことは推測だ

深い簡素化なしには、周囲の世界は、自身が正しい位置を向き、行動を決定する能力に対抗してくる、無限の定義されていない混乱であるだろう。……私たちは、知りうることがらを図式《スキーマ》へと還元せざるを得ない。

——プリーモ・レーヴィ『溺れるものと救われるもの』

一人めの野球の審判「見えたとおりにコールする」
二人めの審判「あるがままにコールする」
三人めの審判「私がコールするまで、何も存在しない」

鳥や椅子や日没を目にするとき、世界に存在するものを単に取り込んでいるだけのように感じられる。しかし実際には、物質世界についての私たちの知覚は、暗黙の知識と、自分では意識していない心のプロセスに大きく頼っており、その二つが、何かを認知したり正しく分類したりする手助けをしている。認知は心が証拠を頭のなかで改ざんすることに頼っているということを私たちは知っている。なぜなら、自分の用いる推測のプロセスが自然と自分自身を惑わせるような状況を作り出すことが可能であるからだ。

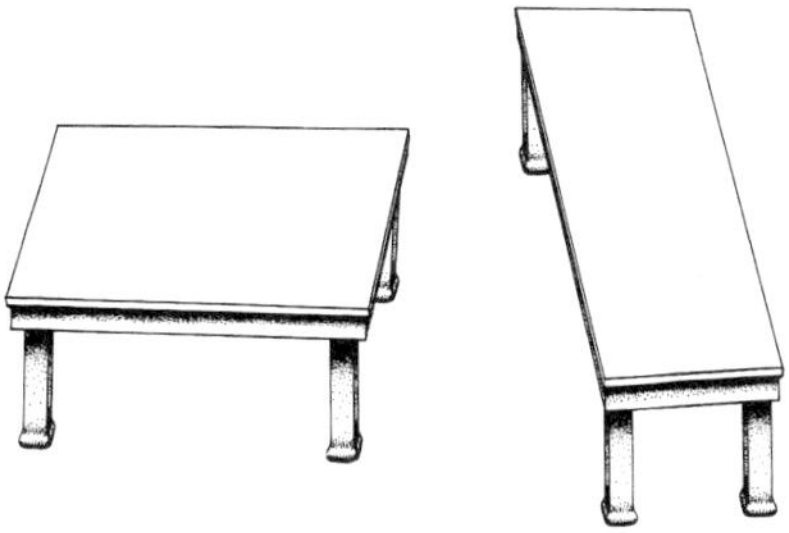

図1　心理学者ロジャー・シェパードが作った錯覚[1]

次の二つのテーブルを見てほしい。一方のテーブルが、もう一方のテーブルよりも細長いことは一目瞭然だ。

明らかにそう見えるが、それは間違っている。二つのテーブルの縦横の寸法は、まったく同一だ。

この錯覚の根本には、私たちは知覚の仕組みによって、右側のテーブルは縦の長さを、左側のテーブルは横の長さを見るように仕向けられているという事実がある。人間の脳は、自分自身から遠ざかっていくように見える線を「引き伸ばす」ようにできているのだ。それは良いことでもある。私たちは三次元の世界において進化してきた。だから、感覚的な印象、すなわち目の網膜に映る像に手を加えないとしたら、遠くにある物体を実際よりも小さく知覚してしまうだろう。しかし、無意識によって知覚に取り入れられるもののために、絵画のような二次元の世界では、知覚が誤った方向に導かれる。遠くにある物の大きさを脳が自動的に拡大した結果、右側のテーブルが実際よりも長く見え、左側のテーブルが実際よりも幅広く見える。物体が実際に遠ざかっていない場合、修正を加えることで、間違った知覚が生まれるのだ。

スキーマ

多数の無意識のプロセスによって物理的な世界を正しく解釈できるようになっていることを知っても、私たちはさほど思い悩まない。私たちは三次元の世界に住んでいるため、不自然な二次元の世界を扱うことを強いられたときに頭が間違いを犯すという事実について、心配する必要はない。それよりも、自分以外の人々の性格のとらえ方など、非物質的な世界についての理解もまた、蓄積された知識や隠れた推論のプロセスにすっかり依存していると知ったときのほうがもっと動揺する。

多数のさまざまな実験において被験者に提示されてきた、架空の人物「ドナルド」を紹介しよう。

ドナルドは、興奮と彼がよぶものを求めて多大な時間を費やしてきた。これまでに、マッキンレー山に登り、コロラド川の急流区間をカヤックで下り、スタントカーレースに出場し、ジェットボートを操縦した――ボートの知識があまりないにもかかわらず。何度も怪我の危険にさらされ、さらには命を落としかけた。今、新たな興奮を求めている。たぶんスカイダイビングをするかもしれないし、あるいはヨットで大西洋を横断するかもしれない。ドナルドの行動から、多くのことを上手にこなす能力があると自負していることが、容易に察せられるだろう。仕事関係は別として、ドナルドの人間関係はかなり限られている。誰かに頼る必要はまったくないと感じている。ドナルドが何かをするといったん決めたら、どれだけの時間がかかりそうでも、状況がいかに難しそうでも、実現されたも同然だ。考えを変えたほうがよいかもしれないときでさえ、そうすることはめったに

ない。(2)

ドナルドについての文章を読む前に、被験者はまず、偽の「知覚実験」を受けて、そのなかで人の特徴を表す単語をいくつも見せられた。被験者の半分には、「自信」、「独立心」、「冒険心」、「不屈」を含む一〇個の単語が見せられた。残りの半分には、「無謀」、「うぬぼれ」、「超然」、「頑固」という単語が見せられた。それから被験者は「次の実験」に移行し、先ほどのドナルドについての文章を読み、たくさんの特徴について評価した。ドナルドについての文章は、彼が魅力的な冒険家であるか、それとも魅力のない無謀な人かについて、どちらとも読み取れるような書き方が意図的にされていた。知覚実験を受けたことで、そうした曖昧さが薄れ、ドナルドについての読み手の判断が形作られた。「自信」、「不屈」などの単語を目にすることで、ドナルドにたいするおおむね好意的な意見が生まれた。これらの単語が、活動的で刺激的、おもしろみのある人間というスキーマを生み出したのだ。「無謀」、「頑固」などといった単語を目にすることで、自分の快楽や刺激にしか関心のない感じの悪い人というスキーマが生じた。

一九二〇年代以降、心理学者たちは、スキーマという概念をおおいに活用してきた。この用語は、世界を理解するために適用する認知的な枠組み、テンプレート、あるいは規則体系を意味する。スキーマの現代的な概念を他に先駆けて活用したのが、スイス人発達心理学者のジャン・ピアジェだ。たとえばピアジェは、「物質量の保存」について子どもが用いるスキーマについて説明した。物質の量は、物質が入っている容器の大きさや形にかかわらず同一であるという規則である。背が高く細長い容器から、背が低く幅の広い容器へと水を移し替え、水の量が増えたか、減ったか、同じかを幼児に問うと、「増えた」か「減った」と答える傾向にある。もう少し年上の子どもなら、水の量は同じままだと認識する。ピアジェはまた、確率について子どもが使うスキーマなどといった、さらに抽象的な規則体系も定義した。

私たちは、自分が出会うほぼすべての種類のものについてのスキーマをもっている。「家」、「家族」、「内戦」、「昆虫」、「ファストフード店」（人工的で明るい原色にあふれ、子どもがたくさんいて、料理はまあまあ）、「高級レストラン」（静かで、上品な内装で、料理がとてもおいしい可能性が高い）についてのスキーマがある。自分の遭遇する対象や、自分が置かれた状況の性質を解釈するにあたり、私たちはスキーマに頼る。

スキーマは、私たちの判断だけでなく行動にも影響する。社会心理学者のジョン・バージと同僚らは、大学生たちに、たとえば「赤、フレッド、光、走った」などのばらばらの単語の集まりから、文法にのっとった文章を作らせた。(3) 被験者の一部には、「フロリダ」、「年老いた」、「灰色」、「賢明な」などの多数の単語が、老人の典型像《ステレオタイプ》を想起させることを意図して見せられた。別の被験者たちには、老人の典型像とは関係のない単語が与えられ、それらを使って文章を作った。文章を作成する作業が終わった後、実験者が被験者たちに解散を告げた。実験者は、被験者たちがどのくらいの速度で実験室を出て歩いていくかを観察した。老人を彷彿させる単語を見せられた被験者は、そういった概念を提示されなかった被験者よりもゆっくりと、エレベーターに向かって歩いていった。

高齢の人と交流するなら――文章作成作業の一方の形式が想起させたスキーマ――走り回ったり、あまり活発に動いたりしないほうが望ましい（こちらは被験者が高齢者にたいして肯定的な態度を示す場合。高齢者に好意的ではない学生は、高齢者の概念を提示された後、なんといっそう速く歩いた！）[4]。

スキーマのない人生は、ウィリアム・ジェイムズの有名な表現を借りれば「とてつもなくうるさい混乱」になるだろう。結婚式や葬式、あるいは医師の診察を受けることについてのスキーマ、つまりは、これらの状況のそれぞれにおいてどのようにふるまうべきかという暗黙の規則がなければ、つねに物事を台無しにしてしまうことだろう。

こうした一般化はまた、ステレオタイプ、すなわち特定のタイプの人についてのスキーマにも当てはまる。ステレオタイプには、「内向的」、「パーティー好き」、「警官」、「アイヴィーリーグの大学生」、「医者」、「カウボーイ」、「牧師」などがある。こうしたステレオタイプには、これらのステレオタイプで特徴づけられる人にたいして、私たちが取る、あるいは取るべき慣習的なふるまい方についての規則が付随する。

俗に言う「ステレオタイプ」という言葉には軽蔑的な意味合いが含まれるが、医師を警官と同じように扱ったり、内向的な人を陽気な楽天家と同じように扱ったりしたら、かえって面倒なことになるだろう。しかし、ステレオタイプには二つの問題がある。いくつかの点、あるいはあらゆる点において間違いがあったり、人についての判断に不適切な影響を及ぼしたりすることもあるのだ。

プリンストン大学の心理学者が、「ハンナ」と名づけた小学校四年生についてのビデオテープを学生に見せた[5]。あるテープでは、ハンナの両親は専門職に就いているとされ、ハンナが明らかに上流中産階級の住む地区で遊んでいる様子が映っていた。もうひとつのテープでは、ハンナの両親は労働者階級に属しているとされ、ハンナがさびれた地区で遊んでいる様子をとらえていた。

ビデオテープの次の部分では、ハンナが、算数、科学、読解についての学習到達度テスト二五題を解答する様子が映っている。ハンナの出来は不安定だった。いくつかの難しい問題には正解するが、ときおり気が散ったようになり、簡単な問題を間違えた。学生たちは、ハンナが、クラスメートと比較してどの程度の成績であると思うかと質問された。ハンナが上流中産階級に属するというビデオを見た学生は、ハンナの成績は平均より上だと推測したが、労働階級の設定を見た学生は、平均より下だと想定した。

ハンナの社会的な階級について知らないよりも知っているほうが、正しい予測をする可能性が実際に高まるというのは、残念ではあるが本当だ。一般的に、上流中産階級の子どものほうが、労働者階級の子どもよりも学校の成績が良いことは事実である。人や対象についての直接的な証拠が曖昧であるときにはいつでも、現実においてもいくらかの確かな根拠があるようなスキーマやステレオタイプの類いの背景知識があれば、判断の正確性が高まりうる。

さらに残念なことに、労働者階級のハンナは、二つの不利な点とともに人生をスタートするという事実がある。ハンナが上流中産階級である場合よりも、人々のハンナにたいする期待や要求が低くなり、ハンナの成績を悪いと感じるのだ。

スキーマやステレオタイプに依存することに伴う深刻な問題がひとつある。それは、スキーマやステレオタイプが、無関係だったり、誤解を招いたりするような偶発的な事実によって生じることがあるというものだ。私たちが刺激に遭遇すると、それがきっかけとなり、関連する精神的な概念にたいする活性化拡散が生じる。最初に活性化された概念から、記憶のなかでその概念と結びつけられた概念へと、刺激が広がるのだ。「犬」という言葉を聞くと、「ほえる」という概念と、「コリー」というスキーマ、近所の犬の「レックス」というイメージが、同時に活性化される。

ある言葉や概念に遭遇すると、それに関連する言葉や概念をいっそう素早く認識するということを認知心理学者が発見したことから、活性化拡散効果が知られるようになった。たとえば、人に向かって「看護師」という言葉を言ってから一分後くらいに、「病院は病人のための施設である」などといった文について「正しい」または「正しくない」のどちらかを答えるように求めると、「看護師」という言葉を聞かなかった場合よりも素早く「正しい」と答える。[6] 後から見ていくように、偶発的な刺激は、ある主張の真偽を判断するスピードだけでなく、実際の考え方や行動にまで影響する。

だがまずは、本章の冒頭に出てきた審判たちについて考えよう。私たちはたいていの場合、二人めの審判に似ており、あるがままの世界を見て「あるがままにコール」していると考えている。この審判は、哲学者や社会心理学者が「素朴な現実主義者」とよぶものだ。[7] この審判は、感覚によって、世界についての直接的で媒介されていない理解が与えられると信じている。しかし実際には、自然や出来事がもつ意味についての私たちの解釈は、蓄積されたスキーマと、それらがきっかけとなり始動し、導かれていく推測プロセスにおおいに依存している。

私たちは日常生活においてこのことを部分的には認識しており、一人めの審判のように、本当に「見えたとおりにコール」していると自覚している場合もある。少なくとも、自分以外の人の場合はそうだと思っている。「私は世界のあるがままの姿を見ている。あなたの見方が違うのは、視力が悪いか、頭が混乱しているか、自分本位の動機があるからだ！」と考えがちだ。

三人めの審判は、「私がコールするまで、何も存在しない」と考える。すべての「現実」は単に、世界の任意の解釈でしかない。この見方には、長い歴史がある。現在では、この説を唱える人はたいてい「ポストモダニスト」あるいは「脱構築主義者」を名乗っている。この呼称に当てはまる人の多くは、世界は「テクスト」であり、それについての読み方のどれかが他よりも正確であるとみなすことはできないという考え方を支持している。この見解については16章で解説しよう。

判事の心は胃袋でつかめ

活性化拡散によって、私たちの判断や行動は、あらゆる種類の望みもしない影響にさらされる。認知の流れに入り込んでくる偶発的な刺激が、私たちの考えることや行うことに影響する場合がある。そうした刺激には、目の前の認知作業とはまったく関係のないものさえ含まれる。言葉や景色、音、気分、さらには匂いでさえ、対象についての理解に影響を及ぼし、それにたいして取るべき行動を指図することがある。これは、状況によっては良いことにも悪いことにもなりうる。

より多くの死亡者が出そうなハリケーンはどちらか？　ヘイゼルという名前のものか、ホラスという名前のものか。どちらでも違いはなさそうなものだ。名前に、それもコンピュータが無作為に選んだ名前に何があるというのか。しかし実際には、ヘイゼルのほうが多くの死亡者を出す可能性が高い(8)。女性名のハリケーンのほうが男性名のものよりも危険でなさそうに受け止められるため、用心を怠るからだ。

社員の創造性をもっと高めたい？　それならアップル社のロゴを見せることだ(9)。そして、ＩＢＭ社のロゴは見せないこと。

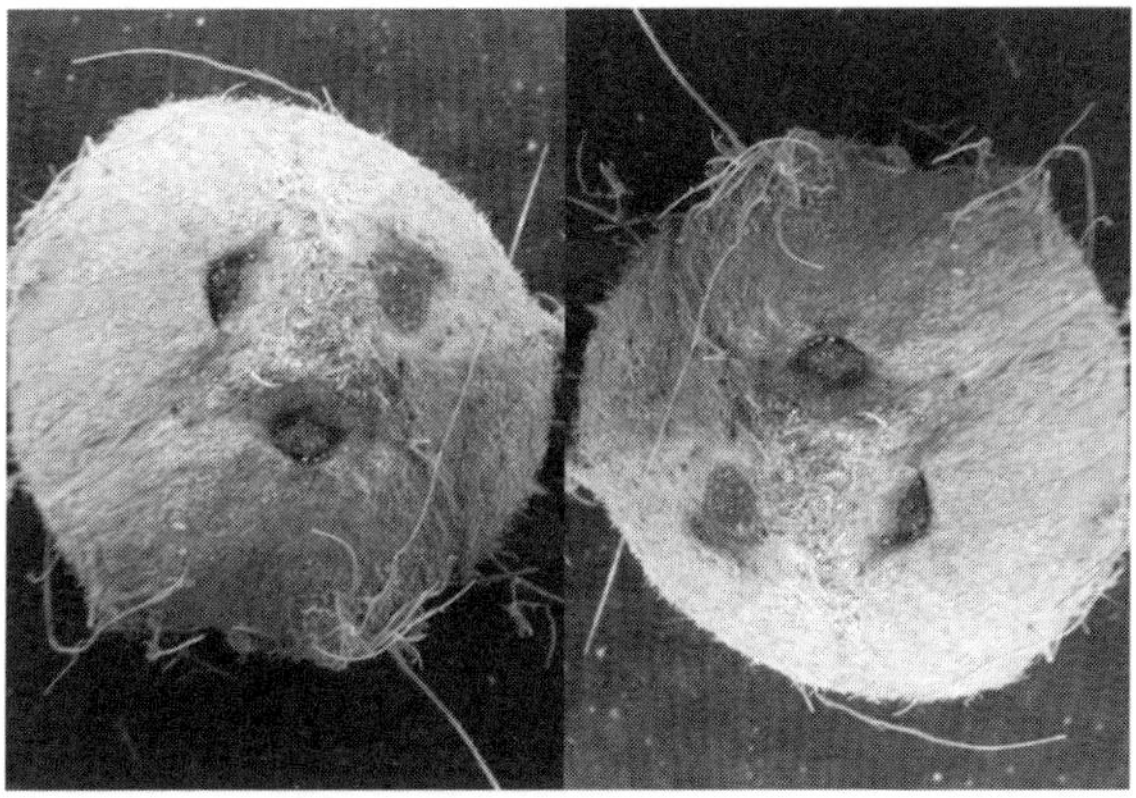

また、創造性を高めるには、職場の環境を緑色か青色にすればよい（何としても赤色は避けること）[10]。デートサイトでのアクセスを増やしたい？　それなら赤いシャツを着たプロフィール写真にするか、少なくとも写真を赤い枠で囲むこと[11]。納税者に、教育債の発行を支持してほしい？　学校を主な投票会場にするように働きかけること[12]。後期の中絶禁止に賛成票を投じてほしい？　それなら、教会を主な投票会場にしてみよう。

コーヒー代金を入れる箱に、ちゃんとお金を入れてもらいたい？　コーヒーサーバーのすぐ上にある棚に、上の写真のうち左側のほうに似たココナッツを置くこと。そうすれば、みんながより正直にふるまう可能性が高くなる。右側の写真のような、上下を逆にしたココナッツでは、効果がないだろう。左側のココナッツは人間の顔を思わせ（cocoは、頭部を表すスペイン語）、人は意識下で、自分の行動が監視されていると感じる（もちろん無意識のうちに。人間の顔が見えると文字通り思う人は、眼科医か精神科医、もしかすると両方の診察を今すぐ受ける必要があるだろう）。

実際のところ、もっとたくさんお金を入れてほしいなら、左側のココナッツにある三つの点をその配置どおりに描いた絵を貼るだけで十分だ。[13]

文章を渡して読んでもらって、その内容を信じさせたい？　文字のフォントが明確で目を惹くものにすること。見た目が乱雑な文章では、説得力が大きく低下する。[14] でも、魚介類の店か波止場で文章を読めば、その主張に同意してもらえないかもしれない[15]——読み手が、「魚のような」〔fishy〕という表現を「疑わしい」という意味で用いる文化の出身の場合は。それ以外の人なら、魚の臭いがしても、意見が左右されることはない。

子どものＩＱを向上させることを目的とした企業を立ち上げようとしている？　社名を、ミネソタ・ラーニング・コーポレーションのようなおもしろみのない名前にしてはいけない。その代わりに、FatBrain.com のような名前にしよう。セクシーでおもしろい名前の企業は、消費者や投資家の興味をもっと惹く[16]（でも、本当に FatBrain.com という名前を使わないこと。これは、さえない社名からこちらに乗り換えて本当に業績が向上した会社の名前だから）。

身体の状態もまた、認知の流れに絡んでくる。刑務所から仮釈放されたい？　昼食後すぐに審問が行われるようにしよう。イスラエルの判事を対象にした調査で、判事が食事を終えたすぐ後では、仮釈放に賛成の票を投じる確率が六六パーセントになるということがわかった。[17] 昼食の直前に審理された案件では、仮釈放となる確率はゼロに等しかった。

これから会う人に、自分のことを温かい心をもったかわいらしい人だと思われたい？　相手に一杯のコーヒーを渡して、その手に持ってもらおう。ただし絶対に、アイスコーヒーにしてはいけない。[18]

『スピード』という映画のあの場面をおぼえているだろうか。疾走するバスから危機一髪で脱出し死を免れた直後に、それまでは互いに顔も知らなかった二人（キアヌ・リーブスとサンドラ・ブロックが演じる）が情熱的なキスを交わす。こういうことは起こりうる。川の上方にかかったゆらゆらする吊り橋に立った状態で女性からのアンケートに答えた男性は、地面の上で質問を受けた場合と比べて、その女性とデートしたいという気持ちがはるかに強くなる。[19]この効果を発見した研究は、ある出来事によって引き起こされた生理学的な興奮を、まったく別の出来事のためだと勘違いすることを示した、まさに何十もある研究事例のひとつにすぎない。

心理学者はこうした例をいくらでも知っているのではないかと思うなら、それは正解だ。偶発的な刺激のもつ重要性についてのあらゆる証拠が最も明らかに示すのが、人は、自分自身を、または自身の製品を、あるいは自身の政策目標を魅力的に見せるような刺激が内在された環境を整えようとするものだ、ということである。こういう言い方ならわかるだろう。よくわかっていないのは、次の二点だ。（1）偶発的な刺激の効果は非常に大きくなりうる、（2）どのような種類の刺激がどのような種類の効果を生むかについてできる限りよく知りたい。アダム・オルター著『心理学が教える人生のヒント』〔林田陽子訳／日経BP社〕に、今までにわかっている多数の効果がうまくまとめられている。（オルターがこの題名にしたのは〔原題は*Drunk Tank Pink*〕、混雑した待機房に入れられた酔っ払いの男が、壁をピンクにすると、暴力をふるう傾向が少なくなると刑務所の職員の多くや一部の研究者が考えることに由来する）。

「偶発的」な刺激に影響されやすいということが意味することのなかで、あまり知られていないのが、対象についての判断が重大な問題になる場合、いろいろな設定において対象――とりわけ人――と接することが重要であるというものだ。そうすると、それぞれの接触に関連する偶発的な刺激が互いを相殺し、いっそう正確な印象が得られる。エイブラハム・リンカーンはかつてこう言った。「あの男が好きではない。もっと彼について知らなくては」。このリンカーンの格言に、私ならこう付け加えよう。出会いの状況にできるだけたくさんの変化をつけなくては。

フレーミング

トラピスト会修道士についての二つの（架空の）話について考えよう。修道士1が大修道院長に、祈りを捧げながらタバコを吸ってもよいかとたずねた。大修道院長は憤慨し、「断じて許されない。それは冒涜行為すれすれだ」と答えた。修道士2が大修道院長に、タバコを吸いながら祈りを捧げてもよいかとたずねた。大修道院長は、「もちろんよろしい。神は、いかなるときでも我々の言葉をお聞きになりたいのだ」

対象や出来事についての私たちの解釈は、特定の文脈において活性化させられるスキーマだけでなく、下すべき判断のとらえ方《フレーミング》によっても影響を受ける。さまざまな種類の情報に接する順番も、フレーミングの一種である。修道士2は、自分の要求を枠に当てはめる《フレーミング》にあたり、相手に与える情報の順序が大事だということをよくわかっていた。

フレーミングは、相容れない標識《ラベル》のどちらを選ぶかという問題にもなりうる。そのうえ、こうしたラベルの問題は、物事についてどのように考えるか、それにたいしてどういう行動を取るかだけでなく、市場での製品の売れ行きや、政策討論会の結果にも関係してくる。

あなたにとっての「文書に記録されていない労働者」は、私にとっては「不法在留外国人」だ。あなたにとっての「自由の闘士」は、私にとっては「テロリスト」。あなたにとっての「相続税」は、私にとっては「死亡税」。あなたは中絶を「選択」の問題ととらえており、中絶に賛成している。私は「生命を尊重」しており、中絶に反対だ。

赤身が七五パーセントを占める自社の加工肉は、脂肪を二五パーセント含む他社の加工肉よりずっと魅力的だ。[20] それに、成功率九〇パーセントのコンドームと、失敗率一〇パーセントのコンドームのどちらを好むだろうか。今したように対比させれば、別に違いはない。しかし、コンドームの成功例についてばかり聞かされている学生は、コンドームの失敗例についてもときおり聞かされている学生よりも、前者のほうが良いと考える。

フレーミングは、文字通り生死に関わる決定にも影響することがある。心理学者のエイモス・トヴェルスキーと同僚らが、ある特定の種類のガンについての手術と放射線治療それぞれの効果を医師に告げた。[21] 医師の一部には、手術を受けた患者一〇〇人のうち、術直後まで九〇人が生存し、一年後には六八人、五年後には三四人が生存していたと話した。この情報を与えられた医師の八二パーセントが、手術を勧めた。医師の別のグループにも「同一」の情報が与えられたが、その形式は異なっていた。実験者は医師たちに、手術中または術後すぐに一〇〇人の患者のうち一〇人が死亡し、一年後には三二人が、五年後には六六人が亡くなっていたと話した。生存率についてこちらの形式で情報を与えられた医師のうち、手術を勧めたのは五六パーセントだけだった。フレーミングは重要だ。それも、おおいに。

黄疸の治療法

私たちはしばしば、ヒューリスティック、すなわち問題の解決法を示してくれる経験則を使って、判断に到達したり問題を解決したりする。何十種類ものヒューリスティックが、心理学者によって特定されている。労力のヒューリスティックによって、長い時間や多大な費用がかかった事業は、それほどの労力や時間を必要としなかった事業よりも価値が高いと考えるように仕向けられる。確かにこのヒューリスティックは、どちらかと言えば役に立つだろう。価格のヒューリスティックによって、だいたい同じ種類に入る物のなかでは、より高価な物は価格の安い物よりも優れていると考えるように仕向けられる――この考え方はたいてい正しい。希少性ヒューリスティックによって、より希少な物は、それほど希少ではない同じ種類の物よりも高価であると考えるように促される。親しみのヒューリスティックによって、アメリカ人は、マルセイユのほうがニースより人口が多く、ニースのほうがトゥールーズよりも人口が多いと見当をつけさせられる。こうしたヒューリスティックは、判断にいたる道筋をうまく導いてくれる。正解に到達することが多いが、たいていはまったくの当てずっぽうだ。マルセイユの人口は確かにニースの人口よりも多い。だが、トゥールーズの人口のほうがニースの人口よりも多い。

いくつかの重要なヒューリスティックが、イスラエル人認知心理学者のエイモス・トヴェルスキーとダニエル・カーネマンによって特定された。

二人の見つけたなかで最も重要なものが、代表性ヒューリスティックだ。[22] この経験則では、類似性に頼った判断がなされる。出来事がその種の出来事の典型例に似ている場合には、似ていない場合よりも、起こる可能性が高いと判断する。このヒューリスティックは明らかに、しばしば役に立つ。殺人は、喘息や自殺よりも典型的な死因として受け止められているので、殺人のほうが、喘息や自殺よりもありうる死因のように感じられる。殺人は確かに喘息よりもよくある死因ではあるが、ある年の米国では、殺人の犠牲者となった人の数よりも自殺者数のほうが二倍多かった。

あの女性は共和党員か？　他の知識がなければ、ほぼ最善の策は、代表性ヒューリスティックを用いることだ。彼女は、私が思い描く民主党員のステレオタイプよりも、私が思い描く共和党員のステレオタイプのほうに似ている――すなわち共和党員の代表例と言える。

代表性ヒューリスティックをこのようなかたちで使うことには、注意しておくべき点がひとつある。類似性にもとづいた判断への依存を軽減させるような情報に出くわすことがよくあるのだ。その女性に商工会議所の昼食会で会ったなら、それを考慮に入れて、共和党員のほうへと推測の方向を向けるべきである。ユニテリアン派が主催する朝食会で会ったなら、民主党員のほうへと推測を向けるべきだ。

代表性ヒューリスティックがいかに誤りを生むことがあるかを示す、とりわけ不安をかき立てるような例がある。それは「リンダ」についての文章だ。「リンダは、三一才の独身で、率直でとても聡明な女性だ。哲学を学び、学生時代には差別と社会正義の問題に深い関心をもち、さらには反核デモにも参加した」。被験者は、この短い文章を読んだ後、リンダが将来になりそうな八例の人物像について順位を付けるように求められた。[23]そのうちの二つが、「銀行の出納係」と「銀行の出納係でありフェミニスト運動に積極的に関わっている」だった。大半が、リンダは、単なる銀行の出納係であるよりも、銀行の出納係でありフェミニスト運動に積極的に関わる可能性が高いと答えた。「銀行出納係」よりも「フェミニストの銀行出納係」のほうがリンダについての描写に似ているからだ。しかし、もちろんこれは論理的な誤りだ。二つの出来事を結びつけたものが、ひとつだけの出来事よりも可能性が高いことはありえない。銀行の出納係のなかには、フェミニストも共和党員もベジタリアンもいる。しかしリンダの描写は、銀行の出納係よりも、フェミニストの銀行出納係の代表例に近いために、結合の誤りを犯すのだ。

次の四行の数を見てみよう。二行は乱数発生器によって作られ、残る二行は私が作ったものだ。乱数発生器によって作られた可能性が最も高いと思う行を二つ選んでほしい。その後、どの二行がそうなのかを教えよう。

110001111111001001001
110000010101010100000
101011110101000111010
001100011010000111011

代表性にもとづいた判断は、確率についてのあらゆる種類の推測に影響を与えうる。カーネマンとトヴェルスキーは、統計学の授業を受けたことのない学部生に次の問題を与えた。[24]

ある町には病院が二つある。大きいほうの病院では、一日に約五五人の赤ん坊が生まれ、小さいほうの病院では、一日に約一五人の赤ん坊が生まれる。知ってのとおり、赤ん坊の約五〇パーセントが男児だ。しかし、赤ん坊のうち男児の占める正確な割合は、日によって変わる。五〇パーセントを超える日もあれば、下回る日もある。

ある年の一定期間、それぞれの病院で、生まれた赤ん坊の六〇パーセント以上が男児だった日が記録された。どちらの病院のほうが、そうした日を記録した回数が多かったと思うか？


大半の学生は、男児の赤ん坊の率は、二つの病院で同じになるだろうと考えた。率が高いのは大きなほうの病院だと考えた学生の数と、率が高いのは小さなほうの病院だと考えた学生の数は同じだった。実際には、男児の割合が六〇パーセントを超えるのは小さなほうの病院においてである可能性のほうがはるかに高い。六〇パーセントとは、病院が小さかろうが大きかろうが、母集団値を同等に代表する（あるいは、むしろ代表しない）ものだ。しかし、多くの事例がある場合よりも、事例が少ない場合のほうが、逸脱値が生じる可能性がはるかに高い。

もしもこの結論を疑わしく思うなら、次の問題を試しに解いてみてほしい。二つの病院があり、一方では一日に五人が生まれ、もう一方では一五人が生まれる。どちらの病院のほうが、ある一日に、男児の赤ん坊が六〇パーセントを超えると予測されると思うか。これでも難しいだろうか。では、赤ん坊の生まれる数が五人と五〇〇〇人だったらどうだろう。

代表性ヒューリスティックは、際限なく起こる出来事についての確率の判断に影響を与えうる。私の祖父はかつて、オクラホマの裕福な農家だった。ある年、農作物が雹《ひょう》でだめになった。祖父は保険に入っていなかったが、同じことが二年続けて起こる可能性は低いからと言って、翌年、保険に入ろうとはしなかった。二年続けて起こるというのは、雹にとっての代表的な例ではない。雹はまれな出来事であり、何らかの特定の順序で起こるということはありそうにない。しかし残念ながら、雹は、昨年降ったのがタルサの北西部だったのか、ノーマンの南東部だったのかをおぼえていない。祖父は、翌年も雹に降られた。その翌年も、わざわざ保険に入ることはしなかった。同じ場所に三年続けて雹が降るなど、じつに想像しにくいことだったからだ。しかし、実際にはそれが起こった。祖父は、代表性ヒューリスティックに頼って確率を判断したために、破産した。その結果、私は、小麦王ではなく心理学者をしている。

先ほど質問をした数列に話を戻そう。本当に無作為なのは最初の二行だった。その二行は、乱数発生器で作った最初の三つの数列のうちの二つだ。嘘は言っていない。出てきた数列をそのまま示しただけで、意図的に選んでなどいない。後の二行が私の作った数列だ。これらは、実際のランダムな数列よりも、ランダムな数列を代表するものになっている。問題は、ランダムさの典型についての私たちの概念が、あまり適切ではないというところにある。ランダムな数列には、そうで「あるべき」よりも、あまりに長く続く数（00000）があったり、あまりに多くの規則性（01010101）があったりする。バスケットボールの試合で、一人の選手が連続で五得点入れたときには、このことを念頭に置いておこう。ボールを、他のどの選手よりもこの選手にパスし続けるべきだという理由はない。「好調《ホット・ハンド》」な選手が、今シーズンで似たような成績を上げている他の選手と比べて、シュートを決める確率が高いわけではない（25）（バスケットボールにくわしいほど、なかなかこうは考えにくい。統計学や確率理論にくわしいほど、こう考えやすい)。

バスケットボールについての判断の誤りは、非常に多岐にわたる推論の誤りうちの特徴的な一例だ。簡単に言えば、私たちは、ランダムな配列がいかにランダムでないように見えうるのかを理解していないために、世界において、パターンのないところにパターンを認める。(二個の合計)7が三回が出たからという理由で、サイコロを振った人がずるをしているのではないかと疑う。実際、7が三回よりも疑いの余地なく多い。ある友人が去年買った四つの株すべてが市場全体よりも成績が良かったために、この友人のことを株の権威とあがめる。だが、四つの株で偶然に利益が出る可能性は、二つの株で利益が出て二つの株で損をしたり、三つの株で利益が出てひとつの株で損をしたりするのと可能性は同じだ。だから、自分のポートフォリオをこの友人に任せるのは早まっている。代表性ヒューリスティックはときおり、因果関係についての判断に影響を及ぼす。リー・ハーヴェイ・オズワルドがジョン・F・ケネディ暗殺の単独犯だったのか、それとも他の人と共謀していたのか、私は知らない。だが、これほど多くの人たちが共謀だったにちがいないと確信している理由のひとつは、これほどだいそれた事件が、あまり印象の残らないひとりの人間によって行われたということが本当とは思えないと人々が感じているからだろう。

因果関係について私たちが下す最も重要な判断に、病気の類似点と病気の治療法にかんするものがある。中央アフリカに住むアザンデ族はかつて、レッドブッシュモンキーの頭蓋骨を焼いたものがてんかんの治療に効果があると信じていた。ブッシュモンキーの、ぴくぴくと動く激しい身振りが、てんかん患者の発作の動きに似ているからだ。

こういうものがてんかんの治療に適切だとするアザンデ族の考えは、かなり最近まで、西洋の医師の目にも妥当なものとして映っていたかもしれない。一八世紀の医師たちは、「象形薬能論」とよばれる概念を信じていた。これは、病気に何らかの点で似ている自然の物質を探すことで病気を治癒できるとする考えだ。ウコンは黄色なので、肌が黄色になる黄疸の治療に効果があるとされた。キツネの肺は、呼吸能力が高いことで知られ、ぜんそくの治療に使えるとされていた。

象形薬能論という考えは、神学的な信念に由来する。神は、病気の治療法を人間が見つける手助けをしようと思われ、色や形、動きというかたちで役に立つヒントを授けてくれた。神は、我々人間が、治療法が病気の特徴を表すようなものであることを期待しているとご存じだ。現在では大半の人がこうした考えを疑わしいと感じるが、実際、同毒療法《ホメオパシー》〔病気や症状を起こしうる物質を少量投与する治療法〕や中国の伝統医学――どちらも欧米で人気が伸びている――などの代替医療の根本には、代表性ヒューリスティックが以前と変わらず存在している。

他の情報のほうが実際にはもっと役に立つ場合であっても、代表的な特徴が予測の根拠になっている例が多い。大学院を卒業してから二〇年ほど後に、私と友人で、同級生たちが科学者としてどれほど成功しているかについて話をした。同級生の多くについて当時もっていた認識がいかに間違っていたかに気づき、二人とも驚いた。立派な業績を収めるにちがいないと思っていた学生たちが、科学的に優れた実績をほとんど上げていない例がかなりあった。たいしたことはないと思っていた学生たちが、見事な成果をたくさん収めていた。なぜこれほど予測を外したのかを考えるうちに、代表性ヒューリスティックに頼っていたことがわかってきた。私たちの予測は大部分、同級生が、優れた心理学者について自分自身がもっているステレオタイプ――才気にあふれ博識で、人を見抜く力があり、能弁――にどれほど当てはまるかにもとづいていたのだ。それから私たちは、もっと良い予測を立てられるような方法はないだろうかと考えた。それはすぐに、はっきりした。大学院で良い研究をしていた学生は、後になっても良い研究をした。そうでなかった学生は、後々消えていった。

ここで得られる教訓は、あらゆる心理学における最も説得力のある教訓のひとつである。将来の行動を最も的確に予測するものは、過去の行動である。過去よりもさらにうまくできることはめったにない。将来に正直であるかどうかは、過去に正直であったかどうかによって最も的確に予測されるのであり、こちらの目をじっと見ているかとか、最近、改宗したと言っているかどうかによってではない。編集者としての能力は、それまでの編集者としての実績によって、あるいは少なくともライターとしての能力によって最も的確に予測されるのであり、しゃべり方が賢そうかどうかや、語彙が豊富かどうかによってではない。

トヴェルスキーとカーネマンが明らかにしたもうひとつの重要なヒューリスティックが、利用可能性ヒューリスティックである。これは、ある種の出来事の起こる頻度やもっともらしさを判断するために使われる経験則だ。出来事の実例が容易に思い浮かぶほど、その出来事が、いっそう頻繁に起こるものや、もっともらしいものに思われる。これは、たいていの場合は非常に役に立つ。偉大なスイス人小説家よりも偉大なロシア人小説家の名前のほうが容易に頭に浮かぶし、実際に前者よりも後者のほうが数が多い。でも、カンザスとネブラスカのどちらのほうに竜巻が多いのか？　カンザス、と答えたくなるのでは？　あなたが思いついたカンザスでの竜巻が、実際にあったものではなくても気にしないこと。

最初にrの文字がくる単語と、三番めにrがくる単語のどちらが多いだろうか？　ほとんどの人は、最初にrがくる単語のほうだと答える。三番めにrがくる単語よりもrで始まる単語のほうが、思いつきやすい——私たちは、最初の文字別に頭のなかに単語を「ファイル」している。記憶のなかを探すときにそのほうが利用しやすいからだ。だが実際には、三番めにrがくる単語のほうが数が多い。

頻度やもっともらしさの判断に利用可能性ヒューリスティックを使うことには、利用可能性が目立つ特徴と絡み合っているという問題がある。地震による死亡例のほうが、喘息による死亡例よりも思い出しやすいため、自国における地震による死亡例の頻度を（あまりに）過大に見積もり、喘息による死亡例の頻度を（非常に）過小に見積もる。

ヒューリスティックは、代表性ヒューリスティックであれ利用可能性ヒューリスティックであれ、ほとんど自動的に、たいていは無意識のうちに作動する。つまり、それらの影響力がいかに強いかに気づくことが難しい。だが、こうしたヒューリスティックについての知識があれば、個々の事例について、ヒューリスティックに惑わされているのではないかという可能性について考えることができる。

まとめ

本章に示したいくつかの簡単な提案に従うことで、判断の誤りを減らすことができる。

あらゆる認知や判断や信念は推測であり、現実から直接読み出したものではないとおぼえておくこと。こういう認識をもつことで、自分自身の判断にどの程度確信をもつべきかについて適度な謙遜が生じるはずであり、それとともに、自分自身の見解とは異なる他の人の見解が、自身の直観によって感じられるよりもはるかに妥当であるかもしれない、という認識も生まれるはずである。

スキーマが解釈に影響するということに気づくこと。スキーマとステレオタイプが世界についての理解を誘導するが、落とし穴へとつながる場合もある。その落とし穴は、スキーマとステレオタイプに依存しすぎているかもしれないという可能性を認識することで避けられる。自分自身のステレオタイプに導かれた判断と、他の人たちのステレオタイプに導かれた判断の両方をしっかりと意識しておこうと努力することができる。

偶発的で無関係の認知や認識が判断や行動に影響することをおぼえておくこと。そうした要因がどういうものかたとえわからなくても、気づいているよりもはるかに多くのものが、自分の思考や行動に影響を及ぼしているということを意識する必要がある。ここで重要なのは、対象や人についての判断が重要なものである場合、できる限りたくさんのさまざまな状況においてそうした対象や人と接するようにすることで正確性が増すということである。

判断を下すにあたりヒューリスティックの果たしうる役割に注意すること。対象や出来事が互いに似ていることが、判断を誤らせる根拠になる場合があることをおぼえておくこと。原因が結果に似ているとは限らないということをおぼえておくこと。さらに、出来事の起こる可能性や頻度についての推定が、単にそれらが容易に頭に浮かぶという事実の影響を受ける場合があるということもおぼえておく。

本書で読むことになる概念や原則の多くは、本章で説明した種類の推測の誤りを避ける手助けになる。こうした新しい概念や原則は、あなたがふだん使っているものを補足したり、ときにはそれらに実際に取って代わるだろう。

2章　状況のもつ力

前章において、関連性がなく偶発的でほとんど気づかれることのない刺激が、判断や行動が生まれるプロセスに影響を及ぼしていることを私たちが知らない場合が多いということがわかった。残念なことに、まったくの偶発的でも一時的なものでもなく、むしろ、判断や行動の原動力であるような要因の果たす役割が目に入らないこともしょっちゅうある。とりわけ、信念や行動に著しく作用する、最も重要な状況的な影響のいくつかを過小評価する——あるいはまったく気づかない——ことがしばしばある。

こうした「文脈が見えないこと《コンテクスト・ブラインドネス》」の直接的な帰結として、個人の「気質」にかかわる要因——好み、性格、能力、心づもり、動機——がある状況下の行動に及ぼす影響を過大視する傾向がある。

自分自身が下した判断の理由や、自分自身の取った行動の原因を分析しようとするときにさえ、状況を軽んじることと、内面の要因を過大視することの両方が行われる。しかし、他人の取った行動の原因を理解しようとしているときに、問題はさらに大きくなる。自分が判断を下したり、何らかの行動を起こせるようにしたいなら、文脈や状況にある多数の側面に注目する必要がある。だが、自分以外の人が置かれている状況を見通すことは、難解か不可能であるかもしれない。だから、他人の行動にとっての状況の重要性を過小評価し、内面の要因を過大評価する傾向がとりわけ強くなるのだ。

文脈や状況の重要性を認識できないことと、その結果、個人の気質の役割を過大評価することは、私たちが犯す誤りのなかで最もよく起こる、必然的な推測の誤りであると私は考える。社会心理学者のリー・ロスは、これを根本的な帰属の誤りと名づけた。

この誤りを犯す傾向は文化によって大きく異なる。このことから、誤りを犯しやすい文化に属する人が、この誤りをある程度は克服できるかもしれないという期待が生まれる。

根本的な帰属の誤り

ビル・ゲイツは、世界一の金持ちだ。わずか一九才で、ハーバード大を中退してマイクロソフト社を起業し、数年のあいだに、同社を世界で最高の収益を上げる会社にした。彼は、かつて存在したなかで最も賢い人間のひとりにちがいない、と思いたくなる。

ゲイツは、間違いなくとてつもなく賢い。だが、あまり知られていないことだが、大学に入る前から彼は恵まれていた――コンピュータの利用環境において。一九六八年、シアトルの公立中学で退屈しきっていた中学二年生の彼を、両親が私立学校に転校させた。その学校にはたまたま、メインフレーム・コンピュータに接続された端末があった。ゲイツは、高性能のコンピュータを使う時間をたっぷりもつ、世界中でごくわずかしかいない人々の仲間入りをした。その幸運は、それから六年間続いた。地元企業のソフトウェアを検査する仕事と引き換えに、自由にプログラミングをする時間を与えられた。いつも午前三時に自宅を抜け出して、ワシントン大学のコンピュータセンターに行き、その時間帯に一般開放されていたコンピュータを利用した。ゲイツのようにコンピュータを利用できたティーンエイジャーは、世界に二人といなかったにちがいない。

多数の成功した人々の背景には、私たちには見当もつかないような、一連の幸運な出来事がある。経済学者のスミス氏は、査読制学術誌への論文の掲載数が、経済学者のジョーンズ氏の二倍ある。私たちは自然と、スミス氏のほうがジョーンズ氏よりも才能があり勤勉なのだろうと思うだろう。だが実際には、大学の働き口がたくさんある「豊作の年」に博士号を取得した経済学者は、「凶作の年」に博士号を取得した経済学者と比べて、研究職にはるかに就きやすく、それ以降も成功を収めやすいのだ。スミス氏とジョーンズ氏の成功度合いの差は、知性よりも単なるまぐれによるところが大きいのかもしれないが、私たちはそこに気づかない。

大不況の時期に学位を取得した多くの大学生の経歴は、その後も長くぱっとしないだろう。就職先が見つからないことがなぜ悪いかというと、職がないとやる気がそがれるからだけでなく、その影響がおそらくずっとついて回るからである。二〇〇九年に大学を卒業して苦労しているジェーンについて、両親は、どこでどう間違ったのだろうか、二〇〇四年に卒業して順調満帆なジョーンと育て方がそんなに違っていたのだろうかと悩むことになるだろう。

目に付かないところに重要な影響が隠されている場合もあるだろうが、行動を決定する強力な状況的な要因が目の前にある場合でさえ、その影響力に気づかないことがある。

一九六〇年代に行われた古典的な実験で、社会心理学者のエドワード・ジョーンズとヴィクター・ハリスが、教授に指示されて大学生が書いたとされる、キューバの政治体制についての二つのレポートを被験者に読ませた。[1] 一方のレポートはキューバにたいして好意的で、もう一方は否定的だった。キューバにたいして好意的なレポートを読んだ被験者には、これは宿題として書かれたものだと告げた。政治科学の教官（あるいは別の実験では、ディベートの指導者）が、親キューバ的なレポートを書くように求めたのだと。また、他の被験者たちには、否定的なレポートを書いた学生は、反キューバ的なレポートを書くように指示されていた、と告げた。学生たちのキューバにたいする実際の意見について何の情報も得ていなかったという点については、被験者たちに同意してもらえるだろう。それなのに被験者は、前者の学生のほうが後者の学生よりもキューバにたいして著しく好意的であると評価した。

日常生活において私たちは、人々の行動にたいするこれと同様に強力な影響に気づかないでいる。私の友人の大学教授は、スタンフォード大学で学部生の授業を二つ担当している。ひとつが統計学で、もうひとつが地域支援活動についての授業だ。統計学の授業を受けた学生は、学期の終わりに、教授のことを厳しくてユーモアがなく、どちらかというと冷たい人だと評価した。地域支援の授業を取った学生は、教授を、柔軟でおもしろく、とても温かい人だと評価した。

人が勇敢になるか冷酷になるかは、文脈的な要因によって変わるかもしれない。その影響は、私たちが一般的に想定するよりもはるかに大きい。社会心理学者のジョン・ダーリーとビブ・ラタネは、後に「傍観者の介在」とよばれることになった一連の実験を行った[2]。二人は、てんかんの発作が起こったり、隣の部屋で本棚が人の頭上に倒れたり、誰かが地下鉄で気絶したりするなど、緊急事態と言えるような状況を多数設定した。人が「犠牲者」に助けの手を差し伸べる可能性は、他人がその場にいるかどうかで大きく変わった。目撃者が自分しかいないと思ったときには、たいてい助けようとした。別の「目撃者」（実際には実験者の協力者）がいる場合は、助ける例がはるかに少なくなった。多数の「目撃者」がいる場合、助けようとすることはほとんどなかった。

ダーリーとラタネが行った「発作」実験では、被験者にはインターホンで通話をしていると説明されていた。発作が起こったことを知っているのが自分だけだと思った場合には、被験者の八六パーセントが急いで「患者」を助けに行った。傍観者が二人いると思った場合には、六二パーセントが助けの手を差し伸べた。四人が叫び声を聞いたことになっている場合には、三一パーセントだけが進んで助けを申し出た。

親切と思いやりが状況的な要因ほど重要ではないという点を明確にするために、ダーリーと同僚のダニエル・バトソンは、神学生――困っている人を助ける可能性がとりわけ高いと思われる人たち――を対象に実験を行った。[3] 多数のプリンストン大の神学生を、善きサマリア人(!)についての説教を行うために、通るべき道順を示して、キャンパスの向かい側にある建物へと向かわせた。一部の神学生には、到着までに十分な時間の余裕があると言い、残りの神学生には、もうすでに遅刻していると言った。説教に向かう途中、神学生の全員が、出入り口に腰を下ろし、頭を垂れて、うめきながら咳き込んでいる、明らかに助けを必要としている男のそばを通った。急いでいない学生のうち三分の二近くが男に手を差し伸べた。すでに遅刻している学生のうち、男を助けたのは一〇パーセントだけだった。

もちろん、ある特定の神学生のみが男を助けて、他の学生が助けなかったということだけを知らされたなら、助けを申し出た学生のほうを、そうしなかった学生よりも、好ましく感じるだろう。急いでいたという状況が、善きサマリア人になり損ねた神学生に影響を及ぼす要因であったとは思いつかないだろう。しかも、この実験の設定を他の人に説明するとしても、遅刻しているかいないかという状況が、苦しんでいる男の人を神学生が助けるか無視するかに何らかの影響を及ぼすだろうとは思わない。[4] そうなると、男を助けなかったのは、性格がよくないから、つまりは個人の内面に関わることのせいであるとみなすだけだろう。

隠れた状況的な要因は、人がどの程度賢く見えるかにも影響しうる。社会心理学者のリー・ロスと同僚らは、テレビのクイズ番組の形式に沿った実験に学生たちを参加させた。無作為に選ばれたひとりの学生が質問をし、別の学生がそれに答えることとなった。質問者の役割は、一〇個の「難解ではあるが、回答不可能ではない質問」を考え出すことであり、「回答者」は、答えを大きな声で言うことを求められた。質問者は、自分の立場を利用して、提示する質問において知る人ぞ知る知識をひけらかした。「鯨から取られ、香水の主成分に用いられる、甘い匂いのするなめらかな物質は何か?」（答えは竜涎香《りゅうぜんこう》、最近『白鯨』を読んでない人のために教えよう）。解答者は、質問のほんの一部にしか答えられなかった。

実験の終わりに、質問者と回答者、ならびに観客役の傍観者たちが、質問者と回答者の一般的な知識を評価するよう求められた。質問者はその役割からしてとても有利な立場にあったことを、被験者と傍観者のどちらも同じようにはっきりわかっていただろうと思うかもしれない。役割上、質問者には無知な分野が露呈しないように保証されていた一方、回答者には、そのような、自分に都合よく話題を選んで知識をひけらかす機会が与えられていなかった。しかし、質問者の立場が有利だったことは、回答者にとっても傍観者にとっても、質問者の知識がとても豊富だったという判断を思い留まらせるほどには十分に明らかではなかった。回答者と傍観者はどちらも、質問者が、回答者や大学の「平均的」な学生のどちらよりもはるかに知識があると評価した。

このクイズ実験は、日常生活ととても深く関係している。組織心理学者のロナルド・ハンフリーは、実験室に職場の縮図を構築した。[5] そうして被験者に、「職場環境において人々がどのように協力して働くか」に興味があると告げた。大げさな無作為の手順に従い被験者の一部を「管理職」に選出し、監督責任を負わせた。一部の被験者は、命令に従うただの「事務員」に選ばれた。ハンフリーは管理職たちに業務を説明したマニュアルを読む時間を与えた。管理職がマニュアルを読むあいだ、実験者は事務員たちに、郵便箱やファイリングシステムなどについて説明した。新たに構築された職場のチームはそれから二時間、仕事に取り組んだ。事務員たちには、技術を必要としないさまざまな反復作業が与えられ、自主性はほとんど認められなかった。管理職たちは、実際の職場と同じように、かなり高い技術を要する作業を行い、事務員の仕事を指図した。

仕事の時間が終了すると、管理職と事務員は、役割に関連したさまざまな特徴について、自分自身とお互いを評価した。評価項目には、リーダーシップや知性、仕事への意欲、積極性、サポート力などがあった。これらすべての特性について、管理職は、自分と同じ管理職を、事務員にたいする評価よりも高く評価した。勤勉性以外のすべての点において、事務員は、自分と同じ事務員にたいする評価よりも、管理職のほうを高く評価した。

外見の内面へと入り込み、社会的役割がどの程度まで行動に影響するかを見抜くことが、とても難しく感じられる場合がある。たとえ、役割が無作為に割り当てられていたり、特定の役割に特権が与えられたりしていることが、十分に明確にされている場合でも。しかも、日常生活では当然ながら、人がなぜその役割を担っているかがあまり明確でない場合が多いため、役割への要求やそれがもつ利点を、役割を担う人の内面にある属性から切り離すことが非常に困難になりうる。

これらの実験についての資料を読んだ後になってようやく、博士号取得のための最後の口頭試問で同僚たちが発する鋭い質問に私がいつも感心する理由と、学生の明快とは言いがたい回答にいつも多少がっかりする理由がわかった。

根本的な帰属の誤りによって、私たちはつねにトラブルに巻き込まれる。信頼すべきではない人を信頼し、実際には非の打ち所のない良い人を避け、それほど有能でない人を雇う。どれも、人の行動に作用しているかもしれない状況のもつ力を認識できていないことが原因である。その結果、私たちは、将来の行動には、現在の行動から推測されるその人の気質が反映されるものとみなす（この一般論が、過去の行動が将来の行動の最適な指針であるとした先ほどの主張と一致しないと受け止めないように。あそこで言ったのは、たくさんの多様な状況において観察された長期にわたる過去の行動であることに留意すること。そうした過去の行動は、数例の状況、とりわけ種類がどれも同じである数例の状況においてしか観察されていない行動とは異なり、優れた予測の根拠となる）。

なぜ、ドラッグの売人になる子どももいれば、大学生になる子どももいるのか？

あなたは、多くの時間をともに過ごした五人を平均した人間である。
——ジム・ローン、アメリカ人起業家、自己啓発作家、講演家

息子が一五歳のとき、たまたま仕事部屋の窓から外を見ていると、息子がもうひとりの少年と駐車場

を横切って歩いて行くところを見かけた。二人ともタバコを吸っていた。私も妻も、息子はタバコを吸っていないと思っていたし、吸わないだろうと思っていた。その晩、私は息子にこう言った。「今日、タバコを吸っているところを見たぞ。がっかりだ」。息子は反抗的な態度でこう答えた。「そうさ、吸ってたよ。でも、友だちが吸ってるから吸ったんじゃない」

それは事実ではない。いずれにせよ、友だちの多くがタバコを吸っていたから、息子はタバコを吸っていたのだ。私たちはいつでも、他の人たちがやっているからという理由で物事を行う。他の人たちの行動が私たちの模範となり、しばしば公然と、あるいは暗黙のうちに、彼らの例にならうように促される。その効果は、想像をはるかに超えている。

社会的な影響はおそらく、あらゆる社会心理学において最も研究されているトピックだろう。他の人たちの行動を観察しているときだけでなく、自分自身の行動の原因を自分にたいして説明しようとするときでも、そうした影響に気づかないことがある。

最初の社会心理学の実験は、一八九八年にノーマン・トリプレットによって行われた[6]。トリプレットは、自転車競技のタイムが、時計だけを頼りに単独で走ったときよりも、他の選手と競い合ったときのほうがはるかに速くなることを発見した。それに続く多数の実験で、この主張が確認された。人は、他の人たちと競争しているときだけでなく、他の人たちからただ観察されているときでも、いっそう熱心に物事を行う。行動にたいする社会的促進効果は、犬やオポッサム、アルマジロ、カエル、魚にさえも認められている。

（この効果がゴキブリにも認められるかどうか、たぶん疑問に思っていることだろう。実際、それは確認された！　社会心理学者のロバート・ザイアンスが、明かりをつけるとゴキブリが走って逃げるという実験をした。隣に他のゴキブリがいると、ゴキブリはいつもより速く走った。特別に作成したゴキブリ用の観覧席にいるゴキブリたちから見られているだけの場合でさえ、いつもより速く走った。）

何年も前、サーブを購入した。その後まもなくして、同僚の何人かがサーブに乗っているのが目につき始めた。後に、妻と私がテニスを始めると、友人や知り合いが何人もテニスを始めたのに驚いた。数年後、私たち夫婦はテニスをしなくなった。二人でしょっちゅうプレーしていたテニスコートから、順番を待つ人たちの列がなくなり、ほとんど無人のままになっているのに気づくようになった。それから二人でクロスカントリースキーを始めた――数人の友人が始めたのとほぼ同時期に。それにも結局興味をなくした。その後、スキー仲間のほとんども、だいたいスキーをやめたことがわかった。食後の飲み物をふるまったり、ミニバンに乗ったり、芸術性の高い難解な映画を観に行ったり……などということにはあえてふれないでおこう。

今では、友人や近所の人々が妻と私の行動に影響していたとわかっているが、その頃はまったく意識していなかった。当時なら、サーブを買った主な理由は、『コンシューマー・レポート』誌に高い評価が載っていたからだと答えただろう。妻と私は定期的に運動したかったし、家の向かい側にテニスコートがあったので、テニスをするのがごく自然なことに思えた。自分たちの行動を、知り合いの影響ではなく他の何かのせいだと説明づけられるようなものが、つねにたくさんあった。

知り合いになる人は注意深く選ぶべきだ。なぜなら、知人から大きな影響を受けることになるから。これはとりわけ、若者に当てはまる。年齢が若いほど、友人の態度や行動に受ける影響が大きくなる。(7)

親の最も重要で難しい役割のひとつが、子どもが知り合いから良い影響を受けるようになる可能性を確実なものにすることである。

経済学者のマイケル・クレマーとダン・レヴィが、ルームメイトが無作為に割り当てられた大学一年の男子学生たちの学業平均値を調査した。[8] 二人は、学生たちが高校生のときにどの程度のアルコールを摂取する傾向にあったのかを調べた。アルコール摂取量の多かった同級生がルームメイトになった学生は、酒を飲まない同級生がルームメイトになった学生よりも、学業平均値が四分の一ポイント低かった。これは少なくとも、BプラスとAマイナスや、CプラスとBマイナスの差ぐらいになる。大学入学前に自分自身も酒をたくさん飲んでいた学生は、ルームメイトが酒を飲まなかった場合よりも飲んでいた場合のほうが、平均値が丸々一点も下がった。これは、評判の良い医学部に進学できるのと、そもそも医学部に行けないくらいの差になる（「男子学生」という言葉を使ったのは意図的だ。女子学生にとっては、酒を飲むルームメイトがいても別に影響はなかった）。

何も怪しんでいない被験者の学生たちが、ルームメイトの飲酒が、自分の残念な成績の主な原因であるとわかっていただろうとは、とうてい考えにくい。それどころか実験者自身も、ルームメイトの行動がなぜそれほど重要なのか、はっきりとわからないでいる。飲酒をするルームメイトがいると、飲酒がごく自然な娯楽に思われるようになるとは考えられるが。それにもちろん、酒をたくさん飲むほど、勉強する時間が減り、勉強したとしてもあまり頭は働かない。

ちなみに、学内でどれほど飲酒されているかを知らせるだけで、大学生の飲酒を減らすことができる。[9] 飲酒量は、学生たちが思っているよりも大幅に少ない傾向にあり、学生たちは自分の飲酒量を仲間のレベルと同程度になるように調節するのだ。

なぜ［オバマ大統領が］皆に大学に入ってもらいたいのか、私にはわかる。彼は、皆を彼のイメージに合わせて作り変えたいのだ。

――リック・サントラム上院議員、二〇一二年の大統領選の選挙運動にて

では、大学が学生にたいして行うことについてのサントラム氏の意見は正しかったのか。大学の影響で、学生たちは実際に、オバマ大統領を支持するようになったのか。

事実はそうだ。経済学者のエイミー・リューと同僚らが、大規模校や小規模校、公立や私立、宗教色のある学校とそうでない学校など、一四八のさまざまな単科大学や総合大学において、学生を対象に調査を実施した。(10) その結果、大学卒業時に、自分自身の政治的な立場をリベラルか極左であると表明した学生の数は、新入学時にそう語った学生の数から三二パーセント増加したことがわかった。自身を保守か極右とした学生数は二八パーセント減少した。学生たちは、マリファナの合法化、同性婚、中絶、死刑の廃止、富裕層の増税といった項目について、左寄りになった。大学に行く人の数が減れば、共和党がもっと多くの選挙で勝つだろう。

大学時代に左派へと移行していった、という可能性も高い。もしもそうなら、教授たちのリベラル主

義が原因だと思われるだろうか？　人気の高い上級生たちの意見をまねしたいという気持ちがあるのか？　そうではないだろう。私の場合、自分が大学時代に左寄りになっていったのは、教授たちの見解をうのみにしたり、仲間の学生たちを盲目的に模倣したりした結果ではなく、社会の性質と、社会を改善するようなことについて、自分の力でもっと理解できるようになった結果だと思っている。

だがもちろん、私が左寄りになったのは確かに、大部分が学生や教授たちからの社会的な影響の結果でもあった。しかも教授たちは、学生だけでなく、互いにも影響を与え合っていた。連邦選挙委員会が公開しているデータから、二〇一二年におけるアイヴィーリーグの教授たちによる政治献金の九六パーセントがオバマ大統領に渡っていることがわかった、と保守派の学生グループが発表している。ミット・ロムニー〔二〇一二年大統領選挙共和党候補者〕に献金したのは、ブラウン大学のひとりの教授だけだった。（しかも、献金する気になったのは、政治的な信念からではなく、単に意固地だったからかもしれない！）

こうした政治献金の傾向については誇張があるかもしれないが、社会心理学者として、また元アイヴィーリーグの教授として、こうした教授たちは（a）実際に圧倒的にリベラルで、しかも（b）周囲と一致すべきであるとする圧力が自分自身の意見を左右していることを認識していない、と断言できる。周囲からの影響を受けないとすれば、アイヴィーリーグ教授の九六パーセントが、毎日の歯磨きは良い習慣だと思うと回答はしないだろう。

他にも、リベラル派の温床となっている組織がある。グーグルから技術者を引き抜こうとしている共和党員が、グーグルの社員は、自分が共和党員であると知られるよりも、ゲイであるとばれるほうがましだと思っているという事実を知った。

言うまでもないが、保守主義を促進し強制するのに間違いなく同じくらい成功している団体もある。名前を挙げるとしたら、ボブ・ジョーンズ大学とダラス商工会議所だろう。

それにもちろん、米国全体が、世代を下るにつれ急激に左寄りになっていっているわけではない。リベラル派の大学の卒業生は、幅広い見解をもつ人々のいる世界へと戻っていく。今度はそのために、たいていはもっと右へと移行させるような影響を受けるようになる。

他の人たちから影響を受けるのは、態度やイデオロギーだけではない。誰かと会話をしている最中に、身体の位置をわざとときどき変えてみよう。数分間、腕を組んだままにする。体重をほとんど片側に預ける。片手をポケットに入れる。こちらがポーズを変えるごとに相手が何をするか観察しよう。ただし、くすくす笑ったりしないこと。「観念運動《イデオモーター》の模倣」とは、まったく無意識のうちに行われるものだ。これを行わない人と出会うと、気まずくて不満の残る体験となる。[11] だが、何が悪かったのか、当事者にはわからない。その代わりに「彼女は冷たい人だ」とか「あまり共通点がない」とか思われるだけだ。

社会的な影響への気づき

社会心理学者のジョージ・ゴーサルズとリチャード・レックマンは、社会的な影響のもつ力を示すあらゆる研究の草分けとなる実験を、それとは知らずに実施した。[12] 白人の高校生たちに、多数の社会的な問題について意見をたずねた。そのなかには当時、地域において論争の的となっていた大問題、すなわち人種統合を目指したバス通学も含まれていた。[13] 数週間後、実験者は彼らに電話をかけ、バス通学についての討論会に参加してほしいと頼んだ。四人ずつのグループが作られ、そのなかの三人は似た意見をもっていた。つまり三人ともがバス通学に賛成であると表明しているか、バス通学に反対していると表明していた。各グループに割り振られた四人めは、実験者が雇った偽の被験者で、グループの残りのメンバーの意見とは反対の、説得力のある多数の理論で身を固めていた。討論が終わると、参加者は、前とは異なる形式のアンケートに記入した。そのなかのひとつの設問が、バス通学についての意見をたずねるものだった。

もともとバス通学に反対していた生徒たちは、大幅に立場を変えて賛成に近くなっていた。バス通学に賛成していた生徒の大半は、なんと反対の立場へと転向していた。実験者は被験者に、バス通学についての設問に最初はどう答えたのかをできる限り思い出すように求めた。ただしその前に、もとの意見の評価値が手許にあり、記憶が正確であるかどうかを確認することができると告げていた。討論会に参加するよう求められなかった被験者は、もとの意見を正確に思い出すことができた。しかし、討論会に参加したメンバーのうち、もともとはバス通学に反対だった被験者は、自分の最初の意見は実際よりも賛成に近かったと「思い出し」た。もともとはバス通学に賛成していた被験者は、なんと、自分の最初の意見はバス通学におおむね反対だったと思い出した！

ゴーサルズとレックマンの研究は、強力な社会的影響の存在と、それをほとんどまったく認識できていないということを示したうえに、いくつかの非常に重要な問題を含む多くのことがらについての私たちの考え方が、頭のなかから取り出したものではなく、即席に作られたものであるという、不安をかき立てるような重大な点も指摘している。同様に当惑させられるのが、過去の自分の意見についての認識も、しばしばでっち上げられたものであるということだ。私のある友人は、二〇〇七年に、一時の人気があるだけで経験のないオバマ以外なら、どんな共和党候補にでも投票する、と言っていた。彼が二〇〇八年にオバマを熱烈に支持して投票しようとしていた直前に、この話を蒸し返すと、そんなのはお前の作り話だと怒られた。私はしょっちゅう、今の確固たる意見が、過去に表明していた意見と違うと指摘されている。こう言われると、そんな意見を表明していたような人間——すなわち私——の姿を再構築することが不可能なように感じられる。

行動の原因を評価するときの行為者と観察者の違い

数年前、私と一緒に研究をしていた大学院生が身の上話をしてくれた。それは思いもよらない話だった。殺人の罪で服役していたというのだ。彼自身は引き金を引かなかったが、知り合いが殺人を犯す場にいて、共犯者として有罪判決を受けた。

その院生は、刑務所で出会った殺人犯たちについて驚くような話をしてくれた。彼らは例外なく、殺人を犯したのはその場の状況のせいだと言っていた。「カウンターの向こうにいる男に、レジのなかのものを全部出せと言ったのに、そいつはカウンターの下に手を伸ばしたんだ。だから、弾をぶち込むしかなかった。悪いと思ったけどな」

こうした原因の説明のしかたには、明らかに利己的な動機がある。だが、人々がおおむね、自分自身の行動は主として、たまたま自分が置かれていた状況にたいする妥当な対応である——素晴らしい対応であれ忌まわしい対応であれ——と考えていることを知ったのは意義が大きい。他人がそれにたいして対応している状況的な要因にはなおのこと気づきにくく、その結果、他人について判断をするときに、根本的な帰属の誤りを犯す傾向が強くなる。つまり、その人の気質的な要因を、行動の主なあるいは唯一の原因であるとみなすのだ。

若い男性に、なぜその女性と付き合っているのかとたずねれば、「心がとても温かい人だから」とかいう答えが返ってくるだろう。同じ男性に、彼の知り合いがなぜあの女性と付き合うっているのかとたずねれば、「あいつは、怖い女性が苦手だからさ」と答えるだろう。[14]人に、その人の行動や、あるいはその人の親友の行動が、ふつうは性格的な特徴を反映したものであるかどうか、または、行動が主として状況に依存したものであるかどうかをたずねると、親友の行動のほうが、自分自身の行動よりも、さまざまな状況においても一貫している可能性が高いと答えるだろう。[15]

原因の特定のしかたが行為者と観察者のあいだで異なることの主な理由は、行為者にとっては文脈がつねに目立って見えるというものだ。状況に順応してふるまうためには、自分を取り巻く状況の重要な側面がどういうものであるのかを知る必要がある（もちろん、たくさんの重要なことがらを見逃したり気づかなかったりするだろうが）。だが、あなたは、私が直面している状況にそれほど詳細な注意を払う必要はない。その代わり、あなたにとって最も目に付くのは、私の行動だ。そして、私の行動の特性を評価すること（良い、またはひどい）から、私の性格の特性を評価すること（親切または残酷）へは容易に飛躍できる。あなたはしばしば、私の置かれた状況がもつ重要な側面を見ることができない――あるいは無視しているのかもしれない。だから、私の行動を私の性格で説明づける傾向に、ほとんど制約がかからないのだ。

文化、背景、根本的な帰属の誤り

西洋文化で育った人は、自分自身の人生において、かなりの自由と自主性をもっている。自分自身の興味を追求することが多く、他の人たちの不安にはあまり注意は払わない。他の多くの文化に属する人々は、もっと制約の多い人生を送っている。西洋の自由は、古代ギリシア人がもっていた個人の主体性という注目すべき観念に由来する。対照的に、同じくらい古い歴史をもち発展していた中国文明では、個人の行為の自由よりも、他者との調和にはるかに重きが置かれていた。中国では、効果的な行為にはつねに他者との円滑な相互作用が必要であるとされていた——目上の者とも仲間とも。西洋と東洋における独立性と相互依存性の程度の相違は、今日でも残っている。

私の著書『木を見る西洋人、森を見る東洋人』〔村本由起子訳／ダイヤモンド社〕で私は、こうした社会的な志向の違いは経済に由来するという説を提示した。[16] ギリシア人の暮らしは、交易や漁業、畜産など、ひとりで行うことの多い職業や、家庭菜園やオリーブの木の栽培などの農業の上に成り立っていた。中国人の暮らしは、農業に、それもとりわけ、人との協力をさらに必要とする米の栽培の上に成り立っていた。「自分の身は自分で守る」という選択肢がない社会を運営するには、独裁政治（慈悲深いものもあれば、そうではないものもある）がおそらく効果的な方法だったのだろう。

だから、ギリシア人とは違い、中国人は、社会の文脈に注意を払うことが必要だった。両者の注意の向け方の違いが、ギリシア人の独立性を受け継いだ西洋人と、儒教的な中国の伝統文化を受け継いだ東洋人とを対象に行われた実験において、十数例のさまざまな手法で実証されてきた。私のお気に入りの

実験のひとつ、社会心理学者の増田貴彦《たかひこ》が行った実験では、日本人とアメリカ人の大学生に、次の漫画の中央にいる人物の表情を評価させた。(17)日本人の大学生は、中央の人物が悲しい顔をした（あるいは怒った顔をした）人物たちに囲まれているときには、もっと幸せな顔をした人物たちに囲まれているときより、幸せではないと評価した。アメリカ人の大学生は、周囲の人物の感情にそれほど左右されなかった（この実験は、中央に悲しい顔または怒った顔の人物がいて、背景に幸せな顔、悲しい顔、怒った顔を配置しても行われたが、似たような結果が得られた）。

文脈への注意は、物理的な背景にたいしても同じように向けられる。この文脈への注意における違いがいかに根深いものであるかを知るために、次の場面を見てみよう。これは、水中を映した二二秒のカラーの動画からの一場面だ。増田氏と私は、数十人にこうしたビデオを見せて、目に見えたものを説明するように求めた。(18)

アメリカ人は、次のように話し始める例が多い。「左の方向に泳いでいく大きな三匹の魚が見えました。ひれがピンク色で腹が白く、背に縦縞模様がありました」。日本人は次のように言うことが多かった。「小川みたいなものが見えました。水は緑色で、底に石や貝殻がありました。三匹の大きな魚が左のほうへ泳いでいきました」。日本人は、文脈をし

っかりと説明してからようやく、アメリカ人にとって最も目立つ対象に着目する。全体的に、日本人はアメリカ人よりも背景にある対象を六〇パーセントも多く認識したという結果が出た。東アジア人が西洋人よりも文脈に注目するということを考えれば、予測できたことだろう。

文脈への注意に見られる違いは、行動について、東洋人が状況にもとづいた説明を好むことと、西洋人のほうは個人の性質にもとづいて説明する傾向が高いことにつながる。韓国人の社会心理学者の研究から、ある人が、その人の置かれた状況でほとんどの人がするような行動を取ったという話を韓国人にすれば、韓国人はとても合理的に、状況にある何かが、その人の行動を動機づけた主な要因であると推量することがわかった。[19] だがアメリカ人なら、その人の行動を、その人自身の気質という観点から説明するだろう——他の人たちもその状況において同じように行動したという事実には目を向けずに。

東洋人は根本的な帰属の誤りを犯すが、西洋人ほどではない。たとえば、人は、課題で指定された意見をレポートの筆者自身の意見であると思いがちであると示した、ジョーンズとハリスによる研究に似た研究において、チェ・インチョルと同僚らが、韓国人の被験者がアメリカ人と同じ間違いを犯したことを示した。[20]しかし、その後に読むことになっているレポートの筆者と同様に、強制的な状況に置かれた韓国人は、要点を理解し、筆者の実際の意見がレポートに書かれたものに一致するとは考えなかった。しかしアメリカ人は、状況がそれほど明確になってもそこから何も悟らず、レポートに書かれたことは筆者の意見の一部であると考えた。

東洋人は世界を全体論的な視点で見る傾向がある。[21]文脈において対象（人も含む）を見て、行動の原因を状況的な要因に求めがちであり、人と人との関係や、対象と対象との関係を注意深く観察する。西洋人は、もっと分析的な見方をする。対象に注目し、その属性を認め、そうした属性にもとづいて対象をカテゴリーに分類し、その特定のカテゴリーに入る対象に適用されると想定する規則に従って対象について考える。

どちらの見方にも意義がある。分析的な見方が、西洋が科学の分野で優位に立つことを支えてきたのは間違いない。科学とは要するに、カテゴリーに分類し、そのカテゴリーに当てはまる規則を見出すというものだ。そうして実際に、中国文明は——数学やその他の多くの分野において大きく前進していたにもかかわらず——、現代的な意味では本物の科学の伝統をもたない一方、科学はギリシア人によって発明された。

しかし、全体論的な見方のおかげで、東洋人は、なぜ他の人がそのように行動するのかを理解するにあたり、深刻な誤りを犯さないでいられる。さらに、行動の原因を人の気質に帰属したがらないことが、人には変わる能力があるとする東洋人の考えの一因となっている。14章で弁証法的な推論について検討するが、東洋人は、人間の行動は柔軟であるいう前提をもっているおかげで、西洋人的な見方では間違えてしまうような重要な問題を正しく解くことができる。

まとめ

この二つの章で得られた主な教訓のひとつは、私たちが実感しているよりもはるかに多くのことが頭のなかで起こっているというものだ。こうした研究が日常生活にたいしてもつ意味はとても深い。

文脈にもっと注意を払うこと。そうすれば、あなたの行動や他人の行動に影響を及ぼしている状況的な要因を正確に見抜ける確率が高まるだろう。とりわけ文脈に注目すると、作用しているかもしれない社会的な影響を認識する可能性が高くなる。自分の内面について考えても、自分自身の志向や行動にたいする社会的な影響について、あまり多くのことはわからないだろう。しかし、他人にたいしてどのような社会的な影響が作用しているかを見ることができれば、間違いなく、自分自身もそうした影響を受けているだろうとわかる。

状況的な要因はふつう、見た目よりももっと、自分の行動や他人の行動に影響を及ぼしており、一方で人の気質的な要因はふつう、見た目よりももっと影響が少ないということを認識すること。一例か二例の状況におけるある人の行動が、必ず将来の行動を予測するものであるとは思わないこと。また、その人のもつ特徴や信念や好みが、その人の行動を生み出したと想定しないこと。

他の人は、あなたがそう思う傾向よりももっと強く、自身の行動が状況的な要因に反応したものであるとみなしているということを認識すること――しかも、彼らのほうがあなたよりも正しい可能性が高い。他の人たちは、現状――さらにはそれに関連する自身の歴史――について、あなたよりもほぼ確実に把握している。

人は変われるということを認識すること。古代ギリシアの時代から、西洋人は、世界はおおむね静的であり、対象や人間は、変更不能な性質のためにそのように行動すると考えてきた。東アジア人はつねに、絶え間なく存在するものは変化だけであると考えてきた。環境を変えれば人間が変わる。物事は変化すると考えることは、静止していると考えるよりも、だいたいの場合、正しくて役に立つということを、今後の章で説明しよう。

これらの指針は、あなたが世界を理解するために用いる道具の一部となりうるだろう。これらの原則をひとつずつ適用することで、その後の適用も容易になる。なぜなら、原則の有用性がよくわかり、その結果、適用しうる状況の範囲が広がっていくだろうからだ。

私たちはたいてい、自分の頭のなかで何が起こっているのか、すなわち何について考えているのか、どのような思考プロセスが進行しているのかについて、かなりのことを知っていると感じている。しかし、この考えと現実のあいだには純然たる隔たりがある。

先の二つの章から明らかなはずだが、私たちの判断や行動に影響を及ぼす大量のことがらが暗闇のなかで作用している。たとえ注意を向けることがあっても、意識的にはほとんど認識をしていない刺激が、私たちの行動に著しい影響を及ぼすことがある。実際に気づいている刺激の多くは、そうであろうと感じられるよりもはるかに大きな意味をもっている。

高齢者のことを考えているときにはふだんより歩き方がゆっくりになるということを、私たちは知らない。ジェニファーのほうがジャスミンよりもよくできると評価したのは、ジェニファーがジャスミンよりも社会階級の高い家の出身だと知っていたという理由もあったからだと、私たちは知らない。ふだんの投票時の姿勢とは異なり、居住地域における教育税の引き上げを支持したのは、選挙の投票会場が学校だったという理由もあったからだと、私たちは気づいていない。ボブの嘆願書に署名して、ビルの嘆願書に署名しなかったのは、ボブの嘆願書に使われていたフォントのほうがきれいだったという理由もあったからだと、私たちは気づいていない。マリアンのほうがマーサよりも心が温かいと思っているのは、マリアンとはホットコーヒーを、マーサとはアイスティーを一緒に飲んだという理由もあったからだと、私たちは気づいていない。自分の心の働きを近くで見ることができるように感じていても、大方のところはそうではない。しかし私たちは、自分の判断や行動について、正確な説明からはかなり遠い、あるいはまったく別物の説明をかなり素早く思いつく。気づきや意識についてのこれらの事実には、私たちが毎日の生活をどのように送っているかにおおいに関わる暗示が豊富に含まれている。

意識と作話

何年も前、ティモシー・ウィルソンと私は、ごくふつうの日常的な状況下で自分の判断に影響を与えている認知プロセスを、人がどのように自分自身に説明しているのかを明らかにするための計画に着手した(1)。自分の頭のなかで何が起こっているかについての理論を知らない、あるいは間違った理論をもっている人は、実際に起こっていることを誤って認識することがあるということがわかるだろうと、私たちは予測していた。そうした誤認が生じるのは、認知プロセスを観察する機会がないから——そうした認知プロセスとはおそらくこういうものだろうという説しか知らないから——だろうと考えていた。

ある簡単な実験で、二つ一組になった単語を被験者に記憶してもらった。それから、単語の連想実験に参加してもらった。たとえば、最初の実験で提示した単語のペアに「海—月」があった。「第二回の実験」で行った単語連想作業では、洗剤の名前を挙げるように指示をした。「海—月」という単語のペアを記憶したことにより、洗剤に「タイド」〔潮汐〕のような名前を挙げる傾向が強まったと聞いても、おそらく驚きはしないだろう（もちろん、比較の基準とするために、「海—月」の単語のペアを見せられなかった被験者もいた）。単語連想作業が終わってから、被験者に、なぜその名前を思いついたのかとたずねた。被験者は、記憶した単語のペアにはほとんど一切言及しなかった。その代わりに、対象となった商品の特徴や（「タイドは最も知られている洗剤だから」）、それについての個人的な意味づけや（「母がタイドを使っている」）感情的な反応（「タイドの箱が好き」）に着目した。

単語の手がかりが何らかの影響を与えなかったかと具体的に質問したところ、被験者のおよそ三分の一が、いくつかの単語はおそらく影響しただろうと答えた。だが、こう答えた被験者たちが、そのつながりを実際に意識していたと想定するだけの根拠はない。影響を与えるような単語のペアの一部については、被験者は誰ひとりとして、商品名の連想に影響を与えたと答えなかった。他のいくつかの単語のペアについては、多くの被験者が影響を与えたと答えたが、それらに実際に影響を受けたのは、ごくわずかの被験者だけだった（そうわかっているのは、単語のペアを記憶することが実際にどの程度、対象となる商品名を思いつく確率に作用するかということがわかっているから）。この実験によって、人が、自分の頭のなかで起こっているプロセスに気づくことができないばかりか、そのプロセスについて直接的にたずねられても、プロセスを取り出すことができないということが立証される。

何らかの要因Aが何らかの結果Bに影響したということを単に認識できない場合があるばかりか、結果Bのほうが要因Aに影響を与えたと実際に思い込むことがあるかもしれない。

私たちの行ったいくつかの実験で、被験者に自身の下した判断についての理由を述べてもらったところ、実際には、現実の因果関係とは方向が逆になっていた。たとえば、被験者の学生たちに、ヨーロッパ風のアクセントで話す大学教師のインタビューを見せた。被験者の半分にたいして、教師は、心が温かく、愛想が良く、熱心な人のようにふるまった。残りの半分の前で、教師は、冷たく独裁的で、規律に厳しく、学生を信頼しない人物のようにふるまった。それから被験者は、教師の好感度と、それに加えて、実験上の二通りの条件のどちらにおいても、その性質からして本質的には変わることがない三つの属性、すなわち外見、身振り、アクセントについても評価した。

温かくふるまう教師を見た学生はもちろん、冷たくふるまう教師を見た学生よりも、教師に好感をもった。教師の属性についての学生の評価を見ると、学生たちが非常に顕著なハ、ロ、ー、効果を受けていたことがわかった。ハロー効果とは、ある人について、とても良い（あるいはとても悪い）何かを知っていることが、その人についてのあらゆる種類の判断を色づけるという効果である。温かくふるまう教師を見た被験者の大多数は、教師の外見と身振りが魅力的だと評価し、アクセントについての評価はたいてい中間だった。冷たくふるまうほうの教師を見た被験者の大多数は、すべての性質が、不快でいら立ちを感じさせるものであると評価した。

親しみやすいほうの教師を見た被験者は、教師にたいする肯定的な感覚が、教師の属性の評価に影響したことに気づいていたのか？　そして、冷たいほうの教師を見た被験者は、否定的な感覚が、教師の属性の評価に影響したことに気づいていたのか？　私たちはこの質問を、被験者の一部に投げかけた。彼らは、教師にたいする肯定的あるいは否定的な感覚は、教師の属性の評価には一切影響しなかったと断言した（実際は、「おいおい、誰かのアクセントについて判断するくらい、その人をどれくらい好きかに影響されないに決まってるじゃないか」という反応だった）。これとは逆の質問を他の被験者にした。つまり、教師の属性についての感覚がどの程度、教師への全体的な好感度に影響したか、という質問だ。温かくふるまう教師を見た被験者は、教師の属性についての自分の感覚が、教師の全体的な評価に影響することはなかったと答えた。だが、冷たいほうの教師を見た被験者は、三つの属性それぞれについての嫌悪感が、おそらく教師への全体的な評価の一因となっただろうと感じていた。つまり、被験者たちは物事をまったく逆の方向にとらえていたのだ。教師への嫌悪感が、その外見や身振り、アクセントの評価を下げていたのに、そういった影響を否定し、その代わりに、それぞれの属性への嫌悪感が、全体的な好感度を下げていたと主張したのだ！

したがって私たちは、実際に自分に影響を与えた何かから影響を受けなかったと思い込むことがある。また、それと同じくらい、自分に影響を与えなかった何かから実際に影響を受けたと思い込むこともある。これほどまでに混同をすることで、人についての判断がめちゃくちゃになりうる。私たちは、なぜ自分がその人のことを好きなのか、あるいは嫌いなのかを必ずしも知っているとは限らず、そのせいで、その人への対応において重大な間違いを犯してしまうことがある。たとえば、その人のことを嫌いに感じさせていると自分では思っているが、実際には可もなく不可もなく、その人についての自分の全体的な感覚とは何の関係もないような属性や行動を変えさせようとしてしまうのだ。

サブリミナルの知覚とサブリミナルの説得

刺激から影響を受けるにあたり、その刺激に気づいている必要はまったくない。「閾下の《サブリミナル》」という言葉は、人が意識の上で気づいていない刺激を指すために用いられる（閾《いき》とは、光や音、または何らか種類の出来事などの刺激が検出可能になる点である）。

心理学における有名な発見に、歌や漢字、トルコ語、人の顔など、何らかの種類の刺激にさらされる回数が増えるほど、その刺激がいっそう好きになるというものがある(もともとその刺激が嫌いでなければ、という条件付きで)[2]。この、いわゆる単純な親密性の効果は、片方の耳には何からのやり取りを再生して聞かせ、もう一方の耳には音の連なりを聞かせるという実験によって明らかにされている。ある音の連なりを聞く回数が多くなるほど、それをより好きになるということが判明している。しかも、このことは、音が発せられていることにまったく気づいていない場合にも、実験が終わった後に、何度も聞かされていた音の連なりと、一度も聞いたことのない音の連なりとを区別することさえできない場合にも当てはまる。

心理学者のジョン・バージとポーラ・ピエトロモナコが、コンピュータの画面に単語を〇・一秒間だけ表示してから、被験者が見えたものを意識しないようにするために、Xという文字を並べた「遮蔽刺激」を単語のあった場所に表示した[3]。被験者の一部は、敵意のある意味をもつ単語に触れさせられ、被験者の一部は中立的な単語に触れさせられた。それから被験者は、その行動が敵意あるものにも、単に中立的なものにも解釈できる「ドナルド」についての文章を読んだ(「セールスマンがドアをノックしたが、ドナルドはその人をなかに入れなかった」)。敵意に関係する単語に触れさせられた被験者は、中立的な単語に触れさせられた被験者よりも、ドナルドを敵意をもつ人物であると評価した。文章を読んだ直後、被験者は、見た単語と見なかった単語とを区別することができず、そもそも単語が画面に現れたことすら知らなかった。

このような研究結果からは、いわゆるサブリミナル説得が存在するのかしないのか、という疑問がわいてくる。つまり、あまりに低い強度で提示されたために何かを見たかどうかも報告できないような刺激に呼応して、何かを信じたり、何かを行ったりするように影響される現象があるかどうかということだ。長年にわたり、この問題についてかなりの量の研究が行われてきたが、存在するかしないかが確信できるほど巧みに行われた実験はほとんどなかった。

最近行われたいくつかのマーケティング研究によって、サブリミナル刺激が実際に、製品の選択に影響を与えうることが示されている。たとえば、被験者の喉を渇かせてから、気づかないほどの短時間だけ特定の商標名を提示すると、その商品と、商標名が提示されなかった商品とのどちらかを選択するように求められると、商標名が提示された商品を選ぶ傾向が強くなる。(4)

しかし、スプラリミナル（意識レベルの上にある）の刺激が、一見すると偶発的なものであり、ほとんど気づかれることがなくても、消費者の選択に作用しうるということに疑問の余地はない。(5)商品の選択肢を示すために使われているペンの色というようなささいな刺激でさえ、影響を及ぼすことがある。(6)消費者調査にオレンジ色のペンで記入している人は、緑色のペンで記入している人よりも、オレンジ色の製品をより多く選択する。文脈上の手がかりは、消費者の選択にも、他のどのようなことにでも、同じように大きな意味をもつ。

知覚する前にどのように知覚するか

世間では、無意識とは主に、暴力やセックスなど、口に出さないことが最も好ましいことがらについての抑圧された思考の宝庫だとされている。しかし実際のところ、意識には自身を棚に上げて無意識を悪く言う権利はまったくない。意識のなかには、おびただしい数のセックスと暴力が駆け巡っている。大学生にブザーをもたせて、ブザーが鳴るたびに、そのときに考えていたことを書き出させると、たいていはセックスのことを考えている。しかも、大学生の大多数が、人を殺す考えにふけったことがあると回答している。(7)

許されない思考をもてあそぶだけでなく、無意識は、役に立つ、さらには不可欠でさえあるようなことをつねに行っている。

無意識は、私たちのために「前知覚《ぜんちかく》」する。自身の知覚機構が、無数の刺激を無意識のうちに観察しているところを想像しよう。意識は、そうした無数の刺激のなかのごく一部にしか気づいていない。無意識が、自身の興味を惹きそうな刺激や、対処する必要のある刺激を、意識のほうへと転送しているのだ。

もしもこの主張を疑うなら、振り子時計のある部屋にいる状況を思い浮かべよう。あなたは、意識していてもしていなくても、振り子のカチカチという音をずっと聞いている。なぜ、そう言い切れるか? 時計の音が止まったら、すぐにそれに気づくからだ。あるいは「カクテルパーティー現象」について考えよう。三〇人もいる部屋にいて、喧噪のなかで話している相手の声を聞こうと耳を澄ませている。あなたの耳には、彼女の声しか聞こえていない。だが実際はそうでなく、他にもたくさんの音がずっと耳に入ってきている。一・五メートル離れたところで誰かがあなたの名前を口にしたら、すぐにそれを聞きつけて、その人のほうを向く。

無意識のもつ知覚能力が、意識のもつ知覚能力よりもはるかに大きいのと同じように、思考のなかに多数の要素を保持する能力も、無意識のほうがはるかに優れている。しかも、無意識の思考のなかに保持される要素の種類は、意識の場合よりもはるかに多岐にわたっている。その結果、意識を活動に参加させると、物事の評価が台無しになることがある。ポスターやジャムなど、それぞれの対象について、どこが好きでどこが嫌いかを口にするように求められると、ただ対象についてしばらく考えてから選択をする場合よりも、上手に選択できない可能性が高くなる。(8) なぜ判断力が低下するとわかるかというと、思考プロセスを口に出して言うように求められた人は、少したってから対象を評価するように求められたとき、選んだ物への満足度が下がったと報告しているからだ。

選択について意識的に考えることが判断を鈍らせることがあるということの理由のひとつに、そうすることで、言葉で描写できる特徴のみに注目しがちになるというものがある。しかもたいていの場合、そうした特徴は、対象がもつとても重要な特徴のごく一部にすぎない。無意識は、言葉にできるものだけでなく言葉にできないものについても検討し、その結果、より良い選択をするのだ。

選択のプロセスから意識を閉め出せば、ときにはさらに良い結果が得られるだろう。この結論を支持する研究がある。オランダ人研究者が学生たちに、四つのアパートの部屋から最も良いものを選ぶように求めた。それぞれのアパートには、魅力的な特徴がいくつかと(「町のなかのとても良い地区」)、魅力的でない特徴がいくつか(「大家が無愛想」)あった。(9) 客観的に見て、あるひとつのアパートが他よりも優れていた。八つの肯定的な特徴と、四つの否定的な特徴、三つの中立的な特徴という、他のアパートを上回る組み合わせをもっていたからだ。被験者の一部のグループは、ただちに選択を行わなければならず、どれを選ぶかを、意識的にも無意識的にも考える時間がほとんどなかった。被験者の別のグループは、どれを選ぶかを三分間念入りに考えて、できる限りしっかりと、すべての情報を検討するように求められた。こちらのグループには、選択について意識的に考える時間がたっぷりあった。残りの被験者のグループにも他の被験者たちと同じ情報が与えられたが、とても難しい作業を三分間こなさなければならなかったので、その情報を意識的に処理することができなかった。たとえアパートについての情報を処理していたとしても、そうとは気づかずに行っていた。

驚いたことに、正しいアパートを選ぶ確率は、難しい作業に従事して気がそらされていた最後のグループのほうが、意識して考える時間が豊富に与えられたグループよりも、三倍近く高かった。さらに、時間が豊富にあったグループの選択は、考える時間がほとんど与えられなかったグループの選択よりも劣っていた。[10] こうした研究結果は明らかに、人生においてどのように選択や判断を行うべきかということと深く関連してくる。本書の次の部で、このことについてもう一度考える機会がある。そこでは、人がどのように選択を行うか、さらにはその選択が考えられるなかで最良のものとなる可能性をどのように最大にできるかについての理論を検討する。

学習

無意識は実際、意識よりも上手に非常に複雑なパターンを学習することができる。それだけでなく、じつは意識が学習できないことも学習できるのだ。パウェル・レビスキーと同僚らが、被験者に、四分割されたコンピュータの画面を注視させた。[11] 四分割された区域のひとつに、文字Xが現れる。被験者のすべき作業は、Xが次はどの区域に現れるかを予測してボタンを押すことだった。被験者は知らなかったが、どの区域にXが現れるかは、非常に複雑な一連の規則によって定められていた。たとえば、Xは同一の区域に二回連続して出ることはない。Xは、少なくとも他の二つの区域に現れてからでないと、もとの位置に戻らない。Xが二度目に現れた区域によって三度目の区域が決まり、直前の二回の位置によって四度目の区域が決まる。人間が、これほど複雑な規則体系を学習できるだろうか？

その答えは、イエスだ。なぜ人間がこれを学習できるとわかるかといえば、（1）被験者が正しいボタンを押す速度が時間とともに速くなっていったから、そして（2）規則がとつぜん変化すると被験者の成績が著しく低下したからだ。しかし、意識は、起こっていることに関わってはいなかった。被験者は、どんなパターンがあるかをはっきりとわかっていないばかりか、パターンが存在するということにさえ意識上で気づいていなかった。

しかし、被験者は、成績がとつぜん下がったことを巧みに説明した。被験者が心理学の教授たちだったから、特にそうだったのかもしれない（ちなみに彼らは、無意識の学習についての実験に参加していると自覚していた）。教授のうち三人は、「リズムが乱れた」からだと言った。二人は、実験者が画面に、気が散るようなサブリミナルメッセージを映したからだと文句を言った。

なぜ私たちは、自分の学習したパターンがどういうものかを意識的に認識しないのか？　では簡潔に問おう。「なぜ認識する必要があるのか？」と。ほとんどの目的にとって最も大切なことは、パターンを学習することであって、パターンの背後にある規則がまさにどういうものであるかを明確に述べられるということではないのだから。

無意識は、あらゆる種類のパターンを見出すことにとても長けている。それぞれの色を白か黒にできる一〇〇〇個のピクセルからなるコンピュータのグリッド画面を想像しよう。グリッドの半分を使い、ランダムな割合でピクセルを白と黒にする。それから、この半分のグリッドを裏返し、もとのグリッドの鏡像を作る。二つの像を横に並べて置くと、二つある半分のグリッドのあいだに、対称性がすぐに見て取れるだろう。完全に対称的であることが、どうやってわかるのか。意識的に計算し、鏡合わせになっているピクセル一個一個が、同じ位置にあるかどうかを確かめているのではないことは明らかだ。完璧な対称性があるかどうかを確かめるために必要とされる計算の回数は、五〇万回にも及ぶのだから。完かなり最近になるまで、コンピュータですら、これほどの計算を素早くやってのけることはできなかった。

複雑なパターンを察知するにあたり、明らかに、骨の折れる計算はなされていない。瞬時に自動的に、鏡像を見て取っている。鏡像があれば、それを見ないことはできないのだ。しかも、ピクセルが厳密にはどんなパターンを作っているのかと誰かに問われたなら、困り果てるだろう(何らかの奇跡によって、ピクセルの作る形が、いくつかの明確で説明しやすい形になっていないなら)。あなたの神経系は、絶妙に設計されたパターン発見器なのだ。しかし、それがパターンを認めるプロセスは、自分ではまったくわからない。

残念なことに、私たちはあまりにも上手くパターンを発見してしまう。パターンがないところにさえ、パターンを見る。第三部で見ていくように、完全にランダムな出来事の集まりが、誰か別の人などの行為者によって引き起こされたものだと確信してしまうことがしばしばある。

問題解決

素数とは、1とそれ自身でしか割ることのできない数である。エウクレイデス〔ユークリッド〕は二千年以上前に、素数は無限にあるということを証明した。素数には、3と5、17と19というように、2だけ離れた「双子」となって出現する例が多いという興味深い事実がある。双子素数は、無限にあるのだろうか？　著名な数学者もアマチュアもこの問題に魅了されてきたが、二千年余りのあいだ未解決のままである。コンピュータによって、3,756,801,695,685×$2^{666,689}$±1までの大きさの双子素数が発見されている。しかし、すさまじい計算能力をもってしても、予想の正しさは証明されておらず、双子素数問題の解は長らく数学界において最大の謎となっている。

二〇一二年四月一七日、『数学紀要（*Annals of Mathematics*）』に、ニューハンプシャー大学所属の無名の数学者から、双子素数予想の検証に向けて大きく前進したと主張する論文が寄せられた。[12] 論文の著者は、張益唐という、会計士や地下鉄職員などの仕事を長年転々とした後にようやくニューハンプシャー大学に職を得た五〇代の人物だった。

数学の研究誌はつねに、無名の数学者から寄せられる壮大な研究成果をさばいているが、『数学紀要』の編集者は、張の論理が正しそうだとすぐに感じ、ただちに査読に付した。『数学紀要』に論文が届いてから三週間後――学界の基準で言えばワープぐらいの高速で――論文の審査委員らが全員、この主張が有効であると回答した。

張が証明したのは、隔たりが七〇〇〇万以下の双子素数が無限に存在する、というものだった。壮大なまでに大きな数の素数の領域に分け入っても、素数に出会う回数がいかに少なくなっても、隔たりが七〇〇〇万以下の双子の素数がいつまでも見つかるのだ。

数論学者は、この結果は「驚異的」であると述べた。張は、ハーバード大学に招待され、大勢の一流の学者たちを前にして、みずからの研究について講演した。その話は、論文が審査員らを驚嘆させたのと同じくらい、聴衆に感銘を与えた。

張は三年間、双子素数予想の研究に取り組んでいたが、まったく進展が得られなかった。すると、とつぜん答えが頭に浮かんだ。仕事場で研究に精を出しているときではなく、コロラド州にある友人の家の裏庭で、コンサートに出かけるまでの時間をつぶしていたときのことだった。「その答えが正しいと、すぐにわかりました」と張は言った。

無意識がその役割を果たした後は、意識による大変な仕事が始まった。解のあらゆる詳細を明らかにするまで、数か月かかった。

張の体験は、非常に高い次元における創造的な問題解決にとても特有なものである。芸術家や作家、数学者、科学者などの創造的な人々が、どのように成果を出したかを語る話には、驚くほどの一致が見られる。ポアンカレからピカソにいたるまでの非常に創意に富むさまざまな人々が、自身の体験した創造的なプロセスについて書いた多数の文章を、アメリカの詩人ブルースター・ギースリンが一冊の本にまとめている。(13)

「純粋に意識の上での計算プロセスから成果が生まれることは、まったくないように思われる」とギースリンは述べる。それぞれの筆者自身は、ほとんど傍観者のような描写をしている。ただし、観察者と唯一違う点として、意識から隠されている問題解決プロセスの成果を最初に目撃する。

筆者たちは次のように述べている。（a）どのような要因によって解がもたらされたか、ほとんど、あるいはまったくわからない。（b）問題について何らかの種類の思考が働いていたということにすら、気づかないこともある。

数学者のジャック・アダマールはこう述べている。「外から聞こえた音でまったく唐突に目を覚まし、自分ではほんの一瞬も思考していないのに、長く探し求めてきた解が一気に目の前に現れた……それまでに模索したどのような方向からも、かなりかけ離れたところに」。数学者のアンリ・ポアンカレはこう書いている。「旅という変化によって、私は数学の研究のことを忘れていた……［乗合馬車の］上り段に足をかけた瞬間、それまで考えていたこととはまったく関係なく、フックス関数を定義するために用いた変換が、非ユークリッド幾何学の変換と同一であるというアイデアがひらめいた」。哲学者で数学者のアルフレッド・ノース・ホワイトヘッドは、「混乱したあやふやな想像にふけった後、帰納的な一般化に成功した」と書いた。

詩人のスティーヴン・スペンダーは、「おぼろげな着想が浮かび、それをおびただしい数の言葉に凝縮しなければならないと感じる」と描写する。詩人のエイミー・ローウェルは、「明確な理由もなくアイデアが頭に浮かんでくる。たとえば『ブロンズの馬』がそう。馬を、詩の題材に良いと思って心に留めた。そうしてから、馬について意識してさらに考えることはしなかった。実際にしたことといえば、手紙をポストに投函するように、その題材を無意識のなかに放り入れただけ。半年後、詩の一節が頭のなかに現れてきた。詩は——私の個人的な表現を用いれば——『そこに』あった」

史上最高の創造性をもち、最も興味深いアイデアに取り組んでいる人たちに言えることは、はるかに平凡な問題に取り組んでいるあなたや私にとっても当てはまる。

二〇世紀の間中、心理学者のN・R・F・メイヤーは、締め具やペンチ、延長コードなどの多数の物が散らばり、二本の紐が天井から垂れ下がっている部屋で、被験者とともに実験を行っていた。[14] メイヤーは被験者に、二本の紐の端と端を結びつけるように指示した。ところが、二本が遠く離れているため、一方を手に持っていると、もう一方に手が届かないという問題があった。被験者はすぐに、天井から垂れている紐のどちらか一方に延長コードを結びつけるなど、いくつかの解決策を思いついた。解決策を試すたびに、メイヤーは、「では、違う方法でやってみよう」と宣言した。

他のどの解決策よりもはるかに難しい解決策がひとつあった。ほとんどの被験者は、独力でそれを見つけることができなかった。被験者たちが途方に暮れて突っ立っているあいだ、メイヤーはずっと部屋のなかを歩き回っていた。被験者が数分間とまどったままでいると、メイヤーが一本の紐を何気なく振って動かす。すると、この手がかりが示されてからたいてい四五秒以内に、被験者は、錘を拾い上げて一本の紐の端にくくりつけ、その紐を振り子のように揺らし、もう一方の紐のほうへと走って行ってそちらを手に持つと、揺らした紐が近づいてくるのを待ち受けた。メイヤーはすぐに、振り子のアイデアをどうやって思いついたのか、と被験者にたずねた。この質問には、「ただ、ひらめいた」、「それしか方法が残っていなかった」、「錘を結び付けたら紐が振動するのではないかと考えた」などといった答えが返ってきた。

心理学教授であるひとりの被験者は、とりわけくわしく説明した。「他の方法をすべて検討し尽くしたから、次にすることは紐を揺らすことだった。紐を揺すって川を横断する状況を思い描いた。猿が木から木へと身体を揺り動かして移動していくイメージが頭にあった。このイメージと同時に解決策が現れた。そのアイデアは完璧に思えた」

被験者たちの説明を聞いてから、メイヤーは、自分が紐を揺らしたことに何らかの影響を受けたかとたずねた。三分の一近くが、影響があったと認めた。しかし、そう答えた被験者たちが、紐がどういう働きをするかを実際に悟っていたとみなす理由はない。そういう理論がもっともらしく感じられ、それを実証しただけかもしれない。被験者たちが、自分自身の思考の内部を実際に把握してはいなかったということを確かめるために、メイヤーは新たな実験を行い、紐の上で錘をくるくると回してみせた。このヒントは効果がなかった。この手がかりが与えられても、誰も問題を解決しなかったのだ。別の回の実験でメイヤーは、錘をくるくると回してから、ほとんど間を置かずに紐を揺らした。すると大半の被験者がすぐに、振り子の解決策を試した。しかし質問をすると、被験者全員が、錘を回したことが問題解決につながったとは認めたが、紐を揺らしたことにはまったく影響を受けなかったと答えた!

メイヤーの実験からは、深い教訓が得られる。問題解決のプロセスは、他のどのような種類の認知プロセスとも同様に、意識の近づくことのできないところにある場合があるのだ。

それはそうと、なぜ意識があるのか?

無意識について知っておくべき最も重要なことは、意識が対処したとしてもうまく処理できないような、特定の種類の問題を無意識が見事に解決するということだ。しかし無意識には、交響曲を作曲でき、何世紀も未解決のままだった数学の問題を解けても、173×19の計算はできない。眠りにつこうとしているとき、この計算をしておいてくれと自分に依頼しておき、翌朝、歯磨きをしているあいだに答えがぱっと頭に浮かぶかどうか確かめよう。そうはならないだろう。

だから、無意識が扱うことのできないような種類の規則がある——おそらくは、かけ算の規則のような、単純な規則だがとても大きな範疇でくくられるようなものが（ただし、あなたや私のようなふつうの人の場合。サヴァンならどうにかしてやってのけられる）。極端な話をすると、小学四年生なら誰でも意識的にできる計算を、フォン・ノイマンであっても無意識には計算できないというのは、矛盾しているように感じられる。無意識は間違いなく、規則に従って作用している。しかし、どの規則体系には意識が必要で、どの規則体系は無意識で操作できるのか——あるいは、意識と無意識のどちらでも扱うことのできるようなものが存在するのかどうか——を明らかにする良い方法は、実際のところまだ見つかっていない。

確かに、ある特定の作業は、意識の規則、無意識の規則のどちらを用いても実行できるということがわかっている。しかし、あるひとつの規則に従って導き出された解答は、そのときどきによってまったく異なる場合がある。いや、おそらくは違うのがふつうだ。ノーベル賞を受賞した経済学者でコンピュータ科学者、心理学者、政治学者でもあるハーバード・サイモンは、心のプロセスを意識が観察することなどないとするティム・ウィルソンと私の主張に異議を唱えた。思考を声に出しながら問題を解決している人は、その解決のプロセスを正確に描写することができるということをサイモンは発見したのだ。だが、この例は、どのような規則を用いて問題を解決しているのかについての理論を作り出すことができて、そうした理論はときには正確であるということを示しているだけであり、プロセスを観察しているということを示しているのではない。

意識を使って問題を解決するとき、私たちは次のことに気づいている。（1）頭のなかにある一定の思考と知覚、（2）そうした思考や知覚の処理のしかたを決定する（あるいは決定すべき）と私たちが考える特定の規則、（3）実行されている心のプロセスがどのようなものであれ、そこから生み出される認知的および行動的な多数のアウトプット。私は、かけ算の規則を知っている。173という数と19という数が頭のなかにあるのを知っている。3に9を掛けて、7をそのままにして2を繰り上げて……としなくてはならないと知っている。私の意識が使うことのできる材料が、適切であると私がわかっている規則と矛盾していないことを確かめることができる。しかし、こういうことのどれひとつとして、私が、かけ算が行われるプロセスに気づいているということを意味しているものとして受け止めることはできない。

サイモンは私との会話のなかで、無意識の規則、あるいは意識に提示された規則のいずれかによって処理をして作業をこなすことができるという完璧な例を見せてくれた。

人が初めてチェスをするとき、もしも規則があるとしても、どんな規則に従っているかを説明できないままに駒を動かす。しかしそういう場合でも、実際は規則に従っている。そうした戦い方は「へぼチェス」とよばれ、上級者たちにはすぐに見抜かれる。

その後もしばらく、解説本を読んだり、上手な人と話したりしながらチェスを続ければ、とてもよく意識され、正確に言い表すことのできる規則に従ってプレーするようになる。だが、何が起こっているかを見ることはできないと言っておこう。自分の行動が、意識の上に示された規則と、そうした規則を用いながら考えている内容と一致していることを確認できるだけだ。

複雑な問題を解決する際の根底にあるプロセスを観察することができないということは不運である。しかし、自分にはそれができると信じがちだということのほうが、いっそう不運だ。誰かが、プレーがどのように進行しているかを知っていて、あなたが指摘しようとしている間違いを自分は犯していないと確信している場合、使っている戦略や手法が優れているというその人の思い込みを変えることは困難だろう。

プレイヤーが本当に熟達すると、自分の用いている規則をきちんと言葉で説明することが、またもやできなくなる。中級のプレイヤーのときに学習した規則の多くがもはや意識にのぼらないことや、自分をマスターやグランドマスターにまで押し上げた戦略が無意識のうちに編み出されたものだったということも、理由の一部である。

自分の判断の根底にあるプロセスに近づくことができないという主張は、次の二つの考察に照らし合わせると、さほど極端であるとは思えないかもしれない。

1　私たちは、判断や行動の根底にあるプロセスを知っていると主張するが、知覚や、記憶からの情報の取り出しの根底にあるプロセスに気づいているとは主張しない。後者のプロセスは完全に自分の知識の及ばないところにあるとわかっている。知覚や記憶を生み出す完璧に適切なプロセスは、私たちの気づかないうちに起こっている。それならなぜ、認知のプロセスがそれとは違うということになるのか？

2　進化論的な観点から見るならば、私たちのために仕事をしている心のプロセスに近づくことがなぜ重要になるのか？　必要とされる推論や行動を生み出している心のプロセスに気づくことが求められていなくても、意識にはやるべきことが十分にある。

心のプロセスに直接的に気づくことはないとはいえど、私たちがふだんから、舞台裏で起こっていることを間違って認識しているというわけではない。私はたいてい、おそらくはいつでも、今このとき注意を向けている最も重要な刺激が何であるか、自分がなぜこういう行動を取ったのかを、もっともな自信をもって述べることができる。リスに衝突しないように車のハンドルを切ったことを、私は知っている。自分が会社で寄付をした主な理由は、みんながそうしていたからというものだと、私は知っている。あまり勉強しなかったから試験のことが心配なのだと、私は知っている。

しかし、自分の判断や行動を動かしているものを正しく知るためには、正確な理論をもっていなくてはならない。コーヒーのお金を入れる箱の上にココナツの絵があれば代金をごまかす可能性が低くなるとか、教会で投票することで中絶に反対票を投じる可能性が高くなったというようなことを示す理論を私はもっていない。あるいは、空腹のせいで、仕事に応募してきた人に冷たい態度を取るとか、魚の臭いがするせいで、読んでいる文章の内容を疑うとか、温かいコーヒーの入ったコップをもっているせいで、相手が心の温かい人に思えるとかいったことを示す理論も、私はもっていない。いったい、そのようなことを示す理論とは、どのようなものなのか？「私の行動に影響するようなどんなことが起こっているかなんて誰が知るものか」とかいう理論よりも、もう少し具体的でもう少し役に立つものなのか？

こうした行動の根底にあるプロセスについての理論があるとしたら、自分の取った行動の理由として、そうした理論を引き合いに出すだろう。実際、多くの事例において、私たちはこうしたプロセスに抵抗し、しばしばより良い結果が生まれもする。しかし、こうした種類のプロセスについての正確な理論がないために、自分がなぜそのように行動をしたかについて、正確な説明ができないでいる。

まとめ

本章には、私たちが日常生活でどのようにすべきかについての多くの意味が提示されている。最も重要なもののうち、数例を挙げよう。

なぜこういうことを考えているのか、なぜこういうことをしているのかを自分はわかっていると決めつけない。ほとんど気づかれることがなく、すぐさま忘れ去られるような偶発的な要因が果たしたであろう役割について、私たちは知らない。さらには、非常に目立つ要因が果たした役割についても、はっきりと認識することすらできない場合が多くある。なぜ、自分は自己認識ができているという確信を捨てるべきなのか？　それも、自信が打ち砕かれてまでも。なぜかというと、自分が本当に考えていること、あるいは、自分がそもそもこういうことをしている理由を知っているかどうかについて、健全な疑いをもっていれば、自分にとって最善ではないことを行う可能性が低くなるからだ。

他の人々が自身の理由や動機について行う説明が、あなたが自身の理由や動機について行う説明より

も正しい可能性が高いと決めつけない。私はふと気づくと、自分がしたことの理由を他の人たちにしょっちゅう説明している。そういうとき、私はしばしば、しゃべりながら話をでっちあげているのであって、私の言うことはどれもうのみにすべきではないと、痛いほど感じている。だが、私の話を聞いている人はたいてい、うなずいて、私の言葉をひとつ残らず信じているように見える（心理学者が相手のときには、たいてい、私を信じるべき理由は特にないと親切に教えてあげる。心理学者以外の人には、そういうことをしようとしてはならない）。

しかし私には、自分の説明が「たぶん本当」と「誰にもわからない」の中間あたりであるということを自覚しておきながらも、他の人たちの説明はうのみにする傾向がある。相手が正確に報告しているのではなく、もっともらしい説明をでっち上げていることをはっきり見抜いている場合もときにはあるが、たいていは、私の説明に他の人たちがだまされるのと同じように、私も他の人にだまされる。私がなぜこんなにもだまされやすいのかをきちんと説明することはできないが、だからといって、人の話を疑ってかかるようにとあなたに忠告することの妨げにはならない。

ちなみに、判断や行動の原因について人が述べることを疑えという指導は、法律の分野にも広まっている。目撃者や被告や陪審員が、自分がどうしてこういう行為をしたのか、どうしてそういう結論にいたったのかについて語ることは信用してはならないという認識が、ますます高まってきている。たとえ彼らが、完璧に正直であろうと最善の努力をして、そう言っているのであっても。[15]

無意識が自分を助けてくれるように、無意識を手助けしなければならない。モーツァルトからは音楽があふれ出ていたように思われる（映画『アマデウス』を観た人なら、音符を書き直すこともせずにいつでも楽譜を書いていたと知っているだろう)。しかし、ふつうの人間なら、創造的な問題解決には、二つの重大な場面において意識が必要になるとみなすだろう。

1　問題の要素を特定するために、そして、解決策がどのようなものであるかをおおまかに描くために、意識が必要不可欠であるようだ。『ニューヨーカー』誌のライターであるジョン・マカフィーは、紙に実際の原稿を書き始めることが可能になる前に、どれだけ下手なものであっても、草稿に取りかからなくてはならないと述べている。「万が一、草稿がなければ、草稿を改善するようなことがらを思いつくことは明らかにないだろう。つまり、一日のうち実際に書いているのは二時間か三時間だけかもしれないが、頭のなかでは、一日二十四時間、あれこれとかかりきりになっている。そう、眠っているあいだも。だがそれは、何らかの草稿や、前の原稿がすでに存在する場合に限られる。そうしたものが存在するまでは、書くことは実際には始まっていないのだ」(マカフィー、二〇一三年)。プロセスを開始させるもうひとつの良い方法は、これから何について書こうとしているかという手紙を母親にあてて書くことだ、とマカフィーは言う。

2　無意識が到達した結論を確かめたり、それに磨きをかけたりするために、意識が必要だ。ある解法がとつぜん頭に浮かんだと言う数学者当人が、その解法が正しいことを確認するために、意識的な作業を何百時間もしなければならなかったと言うだろう。

本書を通じて私がみなさんに言うべき最も重要なことは、無意識が行う無償の労働を利用し損なってはならないということだ。

私はゼミの授業を行う際、次回の討論の題材に使う思考問題の一覧を掲示している。こうした問題例を思いつくぎりぎりまで待つとしたら、長い時間がかかるだろうし、あまり良い問題が浮かんでこない。とても有効なやり方が、締め切りの時間まで——数分だけは余裕をもって——二、三日かけて、どんな重要な問題があるだろうと考えを巡らせることだ。それから本気で問題を作り始めると、たいてい、問題を一から作成しているのではなく口述筆記をしているような気分になる。みなさんが生徒だとすると、提示すべき問題はこれだ。授業の最終日が締め切りの学期レポートへの取り組みを開始すべきときはいつか？　答えはこうだ。最初の授業の日。

問題への取り組みがはかどらないなら、それを放置して他の何かをする。問題を無意識に手渡して、仕事をさせる。微積分の宿題をしていた頃、絶対にこれ以上は進まないという問題に出くわす時がいつもあった。私は、その問題に長い時間かかりきりになり、それから、混乱した状態のまま次の問題へと進んだが、それがたいていは前の問題よりもっと難しかった。意識を働かせてさらに苦しんだ後、結局はあきらめて本を閉じたものだ。この状態を、ある友人が、微積分の問題につまずいたときにどう対処していたかを語った話と比べよう。その友人は、さっさとベッドに入り、翌朝ふたたび問題に取り組んだらしい。たいていは、正しい方向が頭に浮かんだという。私が大学生だった頃、この人と知り合いだったらよかったのに。

心がどのように働くのかをもっとはっきりと理解していれば、本書に述べた概念がどれほど有用であるかがもっとわかりやすくなると思いたい。ある概念が役に立つとは思えないと感じるかもしれなくても、だからといって、その概念を知っていてもそれを使わない、しかも適切に使わない、というわけではない。そうして、ある概念を使えば使うほど、それを使っているという意識が薄れていくものだ。

第2部　かつての陰鬱な科学

経済学者について考えるとき頭に思い浮かべるのは、おそらく、大学教授や政府職員、企業の役員などが、式を操ってさまざまな国の国内総生産を算出したり、翌年の石炭市場の予測を立てたり、オーバーナイト・ローンの金利設定について連邦準備銀行に助言をしたりする姿だろう。こうしたスケールの大きな研究をマクロ経済学と言う。この類いの研究を行う経済学者には、最近では昔ほどの敬意が払われていない。ノーベル経済学賞を受賞したポール・クルーグマンという信頼筋から聞いた話だが、二〇〇八年の大不況を予測した経済学者はひとりもいなかったらしい（株式市場だけは、先の五回の不況のうち九回を見事に予測していた！）。そればかりか、投資銀行や格付け会社に所属する経済学者が間違った数学モデルを用いたことが、不況を招いた状況の一因であったと述べる評論家もいる。

二〇一三年、二人の経済学者が、株式債券市場は完全に正確で合理的であることを証明し、ノーベル賞を受賞した。株式と債券は、いついかなる瞬間でも、つねにその売値の分だけの価値がある。したがって、タイミングを見計らって市場を出し抜くことは不可能だ。同じ年に、別の経済学者がノーベル賞を受賞した。こちらは、市場は完全に合理的というわけではなく、感情的な過度な反応にも部分的に影響されるということを証明した！（私の友人の経済学者たちが、この二つの見解はまったく矛盾するわけではないと教えてくれた。一応お知らせしておこう）。

どちらの経済学者のほうが大局的な問題を正しくとらえているかは別として、最も効果的に人生を送るために、マクロ経済学に熟知している必要があるというわけではなさそうだ。だが、個々の生活と関わりのある経済学の分野もある。ミクロ経済学とは、個人や企業、社会全体が、選択を行う方法を研究する学問である。ミクロ経済学者はまた、私たちがどのように決定を下すべきかについて、つねに講釈してくる。ミクロ経済学のなかでは、記述的ミクロ経済学と規範的ミクロ経済学が争っている。過去一〇〇年余りのあいだに、選択についての、さまざまな記述的理論と規範的理論が提唱された。ときおり、これらのあいだで合意が形成されそうになったが、そこで誰かが新しい枠組みを提示しては新たな戦いが始まっている。

ミクロ経済学における最も新しい戦いは、認知心理学者と社会心理学者が争いに加わることがきっかけとなって始まった。行動経済学という分野は、心理学の理論と研究に、経済学からの新しい視点を加えたものだ。この混成の学問は、選択についての伝統的な記述的・規範的な理論を覆そうとしている。さらに、行動経済学者は、人の選択を手助けするところまでふみ込みつつある。どのように選択をすべきかを人に教えるだけでなく、行動経済学者が最適とみなす選択を人々が行うように世の中を操作しているのだ。もしもオーウェルの描く全体主義的な社会を想像するなら、それは実際とは異なる。一部の行動経済学者が自身の研究を表すために、「リバタリアン・パターナリズム」〔自由主義的な介入主義〕という皮肉めいた名称を用いている。彼らは、どのように選択をすべきか、そして、良い選択を行う可能性を高めるために世の中をどのように調整すべきかを教えてくれるだろう。だが、強制はしない。あなたはいつでも、彼らがあなたに選ばせようとしている選択肢を無視することを選べるのだ。

お察しかもしれないが、経済学の分野に心理学者が参入することで、これまでの章で説明した基本的な前提のいくつかがもち込まれた。それらのなかには、私たちは、なぜこの選択をしたのかをいつでもわかっているとは限らないという考えや、私たちの行う選択は、他の行動と同じように、つねに十分に合理的であるとは限らないという論点がある。だから手助けが必要なのだ、と行動経済学者たちは言う。

4章では、人々がどのように選択を行うのか、どのように選択を行うべきかについての、かなり伝統的な経済学理論を提示する。それらの論理の大半は、独自の路線を行くタイプの行動経済学者も含め、ほとんどの経済学者に受け入れられている。5章では、日々のあらゆる選択において人々が犯しうる誤りの種類を示す。こうした誤りについて知ることで、日々直面する無数の選択への対応のしかたが上手になるだろう。6章では、私たちがどのように選択をするか、どのように選択をするべきか、そして、専門家が人々を優れた選択へと向かわせる《ナッジする》ことがなぜ得策なのかについての行動経済学者の見解を紹介しよう。

4章　経済学者のように考えるべきか？

難しい問題［決定］が発生したとき、それらが難しいのは主に、検討しているあいだに賛成と反対のすべての理由が同時に頭のなかに出そろわないからである。……これを克服するために私の取っている方法は、一枚の紙に線を引いて二つの部分に分けることだ。上半分に「賛成」と書き、下半分に「反対」と書く。それから……それぞれの見出しの下に、さまざまな……方策への賛成理由と反対理由についての……動機についての短いヒントを書く。そしてそれぞれの重みを推定しようと努める。重みが等しく思われることが両方の側にあれば、どちらも線を引いて消す。ひとつの賛成理由と二つの反対理由の重みが等しければ、その三つとも線を引いて消す……このように進めていくと、ついに、釣り合いの取れるところが見つかる……。そうして、代数のような量的な正確性でもって理由の重み付けができなくても、それぞれをこのように別々に比較して検討し、全体が目の前に示されれば、より良い判断ができ、軽率なことをしにくくなるだろう。

――ベンジャミン・フランクリン

ベンジャミン・フランクリンが行った、どのように選択に取り組むべきかという説明は、現在では決定分析とよばれている。フランクリンの示す手順は、もともとは一七世紀半ばに、数学者で物理学者、発明家、キリスト教哲学者のブレーズ・パスカルが提唱した意思決定のための方法をさらにくわしく解説したものだ。いわゆる期待価値分析を行うには、一連の選択肢それぞれについてのありうる結果を列挙し、それらの価値を決定し（肯定的あるいは否定的）、それぞれの結果の確率を計算する。それから価値に確率を掛ける。その積が、一連の行動それぞれの期待される価値となる。そうして、期待価値が最も高い行動を選ぶ。

　パスカルは、誰もが神の存在あるいは不在を信じるかどうかを決めなければならない、という有名な賭けについて考えるという設定で、彼なりの決定理論を説明した。パスカルの行った分析の中核にあるのが、今日、利得行列とよばれるものである。

　神が存在し、神の存在を信じるなら、報酬は永遠の命となる。神が存在し、神の存在を信じないなら、その結果、永遠の罰を受ける。神が存在せず、神の存在を信じるならば、それほど大きくはない損失を被る——主として、やましい快楽を控え、他人を傷つけるような利己的な行動を避けるくらいの。神が存在せず、神の存在を信じないなら、比較的少ない利得を受ける——やましい快楽に浸り、利己的にふるまうような（ちなみに、今日の多くの心理学者なら、パスカルは無限の利得と損失を取り違えていたかもしれないと言うだろうと指摘しておく。自分が幸福になるためには、実際のところ、お金をもらうより与えるほうが効果があり[1]、他人にたいして優しくするほうが幸せになるからだ[2]。しかし、それによってパスカルの利得行列の論理が左右されることはない）。

表1　パスカルの賭けを表す利得行列

	神は存在する	神は存在しない
神の存在を信じる	＋∞（無限の利得）	－１（有限の損失）
神の存在を信じない	－∞（無限の損失）	＋１（有限の利得）

神が存在する場合の利得をパスカルが正しくとらえているなら、無神論者は哀れなことだ。神を信じることができないのは、愚か者だけだろう。しかし残念ながら、ぶつぶつ文句を言いながらとりあえず神を信じることにする、という態度は許されない。だがパスカルは、この問題についての解決策をもっていた。問題を解決しながら、心理学の新しい理論を作り出した。それは現在、認知的不協和理論とよばれている。信念が行動と一致しないなら、何かを変えなければならない。信念か行動のどちらかを。自分の信念をじかに操作することはできないが、行動ならじかに操作できる。さらに、不協和は不健全な状態なので、信念のほうが行動と調和する方向へと動いていく。

パスカルの無神論者への処方は、「神の存在を信じているかのようにあらゆることを行ったり、聖水を口に含んだり、ミサを捧げてもらったり」を続けることで、「信じる気持ちがわいてくるだろう……何を失うものがあろうか」というものだ。社会心理学者なら、パスカルは正しいと言うだろう。人の行動を変えれば、心や頭もそれに従う。さらに、パスカルの決定理論は基本的に、その後に形成されたあらゆる規範的意思決定理論の中核をなしている。

費用便益分析

経済学者なら、どのような重要度であっても、決定を行う際には、費用便益分析を実施しなくてはならないと主張するだろう。これは、期待される価値を計算する手法である。費用便益分析の正式な定義は、純便益——便益から費用を引いたもの——が最大になるような行為を、考えられる行為のなかから選ぶべきであるというものだ。もっと具体的に、すべきことを以下に挙げる。

1　代替可能な行為を列挙する。
2　影響を受ける当事者を特定する。
3　各当事者の費用と便益を特定する。
4　測定形式を選ぶ（たいていはお金）。
5　対象期間における各々の費用と便益の結果を予測する。
6　これらの結果の予測に、それらが起こりうる確率を掛けて重み付けをする。
7　時間の経過とともに減少する量だけ、結果の予測から割り引く（新しい家の価値は、現在よりも二〇年後のほうが低くなる。残りの人生において、家で楽しく過ごす時間が少なくなるから）。割り引いた結果は「純現在価値」となる。
8　感度分析を行う。たとえば、費用と便益の推定において起こりうる間違い、もしくは確率を推定する際の誤りから生じた費用便益分析の結果を調整する。

言うまでもないが、これらの手順をふむのは面倒だろう。実際、いくつかの段階が省かれたり、簡略化されたりする。

費用便益分析を実際に行うと、このリストから想像されるよりかなり単純ですむことがある。電化製品メーカーなら、新製品のジューサーの色をひとつか二つ増やすべきかどうかを決定する必要があるかもしれない。自動車メーカーなら、二つのモデルのうちのどちらかに決定する必要があるかもしれない。費用と便益を特定するのは簡単で（ただし、その二つの確率を推定するのはとても難しいだろう）、測定にはきっとお金が使われ、割引率はどちらの選択肢についても同一で、感度分析は比較的簡単に行える。

個人が行う決定も同様に複雑ではないだろう。私の友人夫婦が直面した実際の例を見てみよう。古い冷蔵庫が壊れかけている。選択肢Aは、たいていの人がもっているようなふつうの冷蔵庫を買うことである。価格帯は、品質と、製氷機や冷水機のような機能があるかどうかによって、一五〇〇ドルから三〇〇〇ドルまでの幅がある。こうした冷蔵庫には、修理記録が好ましくないとか、耐用年数が比較的短い――一〇年から一五年くらい――などといったあまり魅力的でない特徴がいくつかある。選択肢Bは、非常に優れた設計で、魅力的な特徴がたくさんある、質が一段上の冷蔵庫を買うことだ。機能は素晴らしく、修理記録も申し分なく、耐用年数は二〇年から三〇年はあると見込まれる。しかし、こちらの値段は、ふつうの冷蔵庫の数倍高い。

このような場合、期待価値の計算はそれほど難しくはない。便益と費用はかなり明確で、それらの確率を確定するのもさほど難しくはない。友人夫婦にとっては難しい選択だったかもしれないが、検討すべきことがらをすべて検討し、費用と便益や、それらについての確率を合理的に数値化したので、自分たちの決定に満足することができた。

しかし、多数の費用と便益を査定するような、もう少し難しい選択について考えよう。あなたは、ホンダ車かトヨタ車のどちらかを買おうと検討している。全体的な資産価値がXであるホンダ車と、全体的な資産価値がこれもまたXであるトヨタ車がある場合、ホンダ車のほうの価格が高ければ、ホンダ車を買わない――あるいは買うべきではない。

まあ当然だろう。だが、物事は細部が難しい。

ひとつめの問題は、選択余地、すなわち、実際に検討しようとする選択肢をどのように制限するかである。ホンダとトヨタのどちらかを選ぶべきと誰が言ったのか？　マツダはどうだ？　それになぜ、日本車にこだわるのか？　フォルクスワーゲンもよい車だし、フォードもそうだ。

二つめの問題は、情報収集をどの時点でやめるかだ。実際に、ホンダ車とトヨタ車のあらゆる点を検討したのか？　予測される年間のガソリン消費量を知っているのか？　これら二つの車の相対的な下取り価値は？　トランクの容量は？　最適化選択――考えられる最適な決定を下すこと――は、実生活における決定の多くが目指す現実的なゴールではない。本当に選択を最適化しようとするとしたら、哲学者が引き合いに出すような、二つの干し草の俵のあいだで腹ぺこになっているロバのような立場に置かれるだろう（「こちらのほうが少し新鮮に見える。あちらのほうが干し草が多そうだ。こちらのほうが少し近い」）。

前章で紹介した、経済学者で政治学者、科学者、心理学者、コンピュータ科学者、経営理論家である人物、すなわちハーバート・サイモンをここに登場させよう。サイモンは、費用便益理論を用いてこの二つの問題を解決しようと試みた。彼が言うには、選択を最適化しようとすることは合理的でない場合が多い。そういうことは、高速コンピュータに無限の情報を与えてやらせることであり、いつかは死ぬ私たち人間のやることではない。私たちの意思決定にはその代わりに、限定された合理性という特徴がある。私たちは、決定を最適化しようとするのではなく、むしろサティスファイスする（「サティスファイ（satisfy）」〔満たす〕と「サフィス（suffice）」〔十分である〕を組み合わせた造語、satisfice）。ある決定にたいしては、それのもつ重要性に応じて、時間とエネルギーを使うべきである。標準的なミクロ経済学理論をこのように修正したものは、確かに現状においては正しく、サイモンも、この原理を評価されてノーベル経済学賞を受賞した。チョコレートとバニラのどちらを選ぶか決めるのに一〇分もかけている人には、助けが必要だ。一方、「慌てて結婚し、ゆっくり後悔せよ」とも言う。

しかし、サティスフィスという概念にも問題がある。これは、規範的な規定（私たちがすべきこと）としては申し分ないが、実際に人々が取っている行動を現実にはあまりうまく表現していない。人は、冷蔵庫よりも一枚のシャツを買うのにもっと多くの時間をかけたり、住宅ローンを比較検討するよりも、バーベキューグリルの値段を調べるほうにもっとたくさんの労力を費やしたりするかもしれない。

選択にかける時間を、選択の重要性に応じて上手に見定めることができていないことを示す、びっくりするような例がある。ほとんどの学者が、これまでの人生において最も重要である財政問題の決定に、およそ二分しかかけていない。彼らは、雇用契約書に記入するとき、退職投資を株式と債券にどういう割合で配分しますかと職員からたずねられる。典型的な答えはこうだ。「みなさんどうしているのですか」。すると「たいていは半分ずつにされています」という答えが返ってくる。そこで、「では、私もそうします」となる。こういう決定をしたために、過去七〇年余りのあいだで、一〇〇パーセントを株式に配分する決定をした場合よりも、退職時に手にする金額がかなり少なくなったことだろう（私が本物の金融アナリストではないことを承知しておいてほしい。私が素人であると知っていながら私の助言に従おうというのなら、何人かのアナリストの次のようなアドバイスを念頭に置いてほしい。退職時に株式市場が低迷期に陥った場合に被る損失を少なくするために、退職する数年前に、株式を相当な分だけ手放して債券や現金に換えておくべきだ)。

では、車を買う決定にかけるべき妥当な時間はどれくらいか。もちろん、妥当な時間は人によって異なる。裕福な人なら、どのオプションを選ぶべきかあれこれ考える必要はない。全部つけてしまえ、でいい。それに、確率を正確に計算しなかったせいで悪い結果になったとしても、お金を払って問題を解決できる。だが、たいていの人にとっては、数時間、さらには数日もかけて車について調べることは妥当なことのように思われる。

ここで、非常に複雑で重要な選択について考えよう。これは、本書を執筆している最中に、私の友人が直面した現実の問題である。

中西部にある大学の教授をしている友人が最近、南西部の大学から誘われた。その大学は、この友人が他の研究者と共同で立ち上げた医学の分野に主眼を置いた研究所を開設することを期待していた。このような研究所は世界中のどこにもなく、医学部の学生や、博士課程修了《ポスドク》後の研究者たちは、この分野を研究したくても行くところがこれまでなかった。友人は、大学にこのような研究所を設置してほしいと強く願っていて、承諾する気が満々だ。

友人が計算すべき費用と便益のリストの一部をお見せしよう。

1　選択しうる行動はわかりやすい。行くか留まるかの二つ。

2　影響を受ける当事者は、友人とその妻と、すでに大人になり、どちらも中西部に住んでいる二人の子どもたち。将来性のある学部生、医学部生、ポスドク。さらには世界中の人々。なぜなら、友人の専門分野におけるどのような研究結果も多大な医学的な意義をもち、この分野に特化した研究所があれば、そうした成果が増えるだろうと考えられるから。

3　友人と妻にとっての費用と便益を特定するのは複雑だった。いくつかの便益は簡単に特定できた。新しい研究所を運営してこの分野を前進させる喜びと、中西部の冬から逃れられること、給料が上がり、知的展望が変化すること。こうした便益のうちのいくつかの確率を推定することは、容易ではない。費用の一部は同様に明確だった。引っ越しにかかる手間、事務作業の負荷、南西部の夏、大切な友人や同僚と別れること。では、世界に与える影響は？　これは予想が非常に難しい。どのような成果が得られるか、あるいは、他の人ではなく友人が研究所の舵取りをした場合に成果が上がる可能性がどれほど高くなるのかは、わからない。友人の妻にとって計算すべき便益と費用の数は少ない。小説家なので、どこにいても変わらずに仕事ができるからだ。しかし、価値や確率については、彼女の場合も同様に推定が難しい。

4　測定は？　給料の点では、金銭的には大丈夫。だが、晴天の一月に一五度という温かい気候と、曇った一月の日にマイナス七度という気候には、どれくらいの価値があるのか。研究所を開設するという刺激や喜びの推定値を、スタッフの採用や研究所の運営といった負担で相殺するとどうなるのか。未知の成果を発見することの便益と費用はどうなのか（金銭面と他の面で）。こうなるとお手上げだ。

5　割引は？　給料についてはわかるが、残りの大部分については、難しいか不可能だ。

6　感度分析を行うのか？　便益と費用の大部分についての価値が取りうる範囲が非常に広いという他に、何が言えるのか？

では、そもそも費用便益分析をするのはなぜなのか。これほど多くの不測の事項があるというのに。フランクリンの言ったように、より多くの情報にもとづいた判断ができ、軽率な決定をする可能性が低くなるからだ。しかし、分析をすればつねに、何をすべきかを教えてくれる数字が出現するというような、甘い考えをもつべきではない。

別の友人が、大きな意味をもつ転居を検討し、それについての費用便益分析を行ったことがある。分析作業がもうすぐ終わる頃になって、ふとこう思った。「これじゃだめ、全然うまくいかない！　こっち側にいくつかプラスを追加しないと」。それが彼女の答えだった。パスカルの言うように、「心には、理性が知らないような理由がある」。また、フロイトはこう語っている。「あまり重要でないことについて決定するときにはいつでも、賛成と反対の理由をすべて検討することが役に立つ。だが、とても重要な問題となると……決定は、無意識から、自分自身の内側にあるどこかから来るべきである」

この友人の心は、とても適切に頭脳を支配したが、心もまた情報の影響を受けるという事実に気づくことが大切だ。前の章で指摘したように、無意識は、ありうるすべての関連情報を必要としており、そうした情報の一部は、意識的なプロセスによってのみ生成される。意識的に獲得した情報はそれから、無意識の情報に加えられることができる。そうして無意識が答えを計算し、意識へと伝達する。自分にとって本当に重要な決定については、ぜひとも費用便益分析を行うこと。結果が出たら、捨ててしまおう。

組織の選択と公共の政策

ここまで、期待価値理論と費用便益分析に関わる、ひとつの大きな問題を避けてきた。それは、まったく異なる性質の費用と便益をどのように比較するかという問題だ。組織——たとえば政府など——にとって、費用と便益を同じ物差しで比較することが必要となる。費用と便益を「人間の幸福の単位」あるいは「功利主義的観点」という観点から比較することができるなら素晴らしいだろう。しかし、そうしたことがらを計算する実用的な方法を考えついた人はまだいない。だからふつう、残るはお金しかない。

非常に複雑な政策決定について、どのように費用便益分析が行えるのかを考えよう。貧しいマイノリティの子どもたちを対象に、質の高い就学前保育を提供することは割に合うかどうか、という例がよいかもしれない。このような分析が、ノーベル賞を受賞した経済学者のジェームズ・ヘックマンとその同僚らによって実際に行われている。[3] 選択肢となる行為——質の高い保育を提供するかしないか——は簡単に特定できる。それからヘックマンらは、影響を受ける当事者を特定し、一定の期間における便益を推定しなければならなかった。その期間は、子どもたちが四〇歳になるまでと適当に設定した。すべての費用と便益を金銭的な量へと変換し、割引率を決めなければならなかった。すべての費用と便益が行き着く結果の確率と価値については、推定する必要がなかった。なぜなら、それらの一部は、以前に行われた研究から明らかになっていたからだ。たとえば、生活保護費用の低減、特別教育実施率の低下と成績の保持による費用の節減、大学に進学した者についてはその費用、四〇歳になるまでの所得の増加がある。これ以外の帰結は推定する必要があった。対照群の子どもたちにたいして、質の高い保育を実施した場合の費用と、通常の保育を実施した場合（あるいは保育を一切実施しない）の費用との比較が推定された。ただし、それらの費用はあまりかけ離れてはいなさそうだった。

ヘックマンらは、犯罪には年間一・三兆ドルの費用がかかるという主張にもとづき、犯罪費用を計算した。この年間コストは、全国統計から導き出された犯罪件数と深刻度の推定にもとづいている。しかし、犯罪費用の推定は当てにならない。こう言ってはなんだが、犯罪の全国統計は信頼性が低いのだ。未就学児が四〇歳になるまでに犯す犯罪の数と種類が個々人の逮捕歴にもとづいて推定されているが、これもまた明らかに非常に不確かだ。子ども自身が虐待や育児放棄を受ける可能性の減少と、その子どもが後に大人になったときにその可能性が減少する度合いを推定することや、そこに金銭的な値を代入するのは難しい。ヘックマンらは単に、そこにはゼロを割り当てた。

質の高い保育の影響を最終的に受けるすべての当事者を特定することは、不可能のようだ。したがって、人数が不明なこうした人々についての費用と便益を計算することはできない。実際ヘックマンらは、わかっている便益のすべてを対象に含めてはいなかった。たとえば、質の高いプログラムを受けた人はタバコを吸う傾向が低く、調査の対象となった人々と、喫煙に関連する病気の治療に備えてふつうよりも高額の保険料を支払っている人も含めた、その他の数えきれない人々の両方にとって、便益を計算することが難しくなっていた。犯罪の犠牲者にかかる金銭的な費用は、ドルベースでしか計算されていな

表2

ヘックマンが計算したペリー就学前プログラムの経済的便益と費用（2006年)。すべての価値は3パーセント割引されており、2004年時点のドルで示す。所得、生活保護、犯罪は、大人の時点での結果を金銭的価値で表したものを指す（所得の上昇、生活保護費用の低減、犯罪費用の減少)。K-12とは、補習教育費用の低減を指す。大学／大人は、学費を指す。(『サイエンス』誌の許可により転載。)	
保育	$986
所得	$40,537
K-12	$9,184
大学／大人	－$782
犯罪	$94,065
生活保護	$355
総便益	$144,345
総費用	$16,514
純現在価値	$127,831
便益－費用の比	8.74

かった。痛みや苦しみの費用は明らかに計算に入っていなかった。

最後に、プログラムを受けていた人々の自尊心が向上したことにたいして、どのように値を代入するのか？　あるいは、そうした人々が人生において他の人々に与えるいっそう大きな満足については？

不明なことが大量にある。だが、ヘックマンらは、なんとかプログラムの価値を指定した。そうして、費用にたいする便益の比を8.74と算出した。支払った一ドルにつき、九ドル近くが返ってきたことになる。これほどたくさんの未解決の事項や曖昧な見積もりを抱えた分析にしては、ずいぶんと精密な値だ。みなさんが今後、経済学者のこの種の分析を話半分に聞くのは間違いないだろう。

費用便益分析の結果は手軽な作り話ではあるが、それでも、この作業は無意味だったのか？　そんなことはまったくない。なぜなら、これから感度分析という最終段階に進むからだ。多くの数値がきわめて曖昧なのはわかっている。だが、回避できた犯罪コストが一〇倍誇張されているとしてみよう。それでも純便益はプラスのままである。さらにもっと重要なことに、ヘックマンらは、知られていないから、あるいは、金銭的な価値や確率を推定しようとすることが明らかに無意味であるからという理由で、多くの便益を考慮に入れなかった。

表2の項目以外には知られている重要な費用がなく、見落としているのは便益だけであることから、質の高い保育プログラムは成功であり、得な買い物であったとわかる。さらに、費用便益分析を行う狙いは、政策に影響を与えようとするところにあった。「政策の駆け引きでは、例外なく、数字がないよりも、どんな数字でもあったほうがよい」という言い回しがあるように。

一九八一年にロナルド・レーガンが大統領に就任したとき、手始めに行ったことのひとつが、左派の強硬な反対を押し切って、政府が発効するすべての新しい規制について費用便益分析を行うべきである、と宣言することだった。この方針は、その後歴代の大統領たちが継承している。オバマ大統領は、すべての既存の規制に費用便益分析を実施せよと命じた。大統領命令を実行する担当者は、公共費用の低減はすでに膨大な額に上がっていると主張した。[4]

人命の価値はいくらか？

企業や政府が下す非常に重要な決定の一部は、現実の人命にかかわる。それは、何らかの方法で計算しなければならない便益だ（あるいは費用）。でも、人命の価値を計算したいとは、なかなか思わないのではないか？

実際には、どれだけ不快に感じられようとも、人命の価値を、少なくとも密かに評価しなければならないということに同意せざるをえないだろう。交差点に一台ずつ救急車を配備すれば、人命を守れるだろう。だが、当然ながらそうしようとはしないだろう。救急車のおかげで、中規模の都市で一週間につきひとりか二人の命を救えるかもしれないが、そのための支出は法外な額になるだろうし、そうなると、適切な教育や娯楽施設、あるいは、（救急車以外の）医療など、公共の利益に資するものを提供する資源がなくなるだろう。しかし、ひとつの都市において、妥当な数の救急車を配備するために、正確にはどれだけの教育を犠牲にするつもりがあるのか？　はっきりと答えることも、ぼかして答えることもできる。だが、どのような結論にいたろうとも、人命の価値を設定したことになるだろう。

では、人命の価値はいくらなのか？　政府機関の情報をあさって、その答えを見つけたいだろうか。[5]食品医薬品局は二〇一〇年に、人命を、どうやら適当に七九〇万ドルと査定した。この値は、人命が五〇〇万ドルと見積もられていた二年前よりも急上昇していた。運輸省は、これもまたおそらく適当に、六〇〇万ドルと算出した。

人命の価値を見積もるための根拠のある手法もある。環境保護庁は、人命を九一〇万ドルと見積もっている（正確に言えば二〇〇八年に）。[6]この値は、特定のリスクを避けるために人が払うつもりのある金額と、追加のリスクを負うことを従業員に承諾させるために企業が余分にどれだけの金額を支払うか、にもとづいて出されたものだ。[7]人命の価値を見積もるもうひとつの方法に、ある特定の人間の命を守るために実際にどれだけの金額を払うか、について考えるものがある。スタンフォード経営大学院の経済学者らが、腎臓透析にいくら払うかという問題を例に取り、この計算を行った。[8]いかなる時でも、腎臓透析治療がなければ死亡していたであろう人たちが何十万人も存在する。研究者らは、一年の「質調整生存」にかかる費用が、透析患者の場合には一二万九〇〇〇ドルであると確定した。したがって、生活の質を調整した人命に、社会が一二万九〇〇〇ドルの値をつけていると推定される（透析患者が生活する一年がそれほど楽なものでないことから、平均して、健常者の生活する一年の価値の半分にしか相当しないという見積もりにもとづいて、生活の質が調整されている。認知症などの障害は、同じ年齢で透析を受けていない人よりも、透析患者のほうに多く見られるものである）。透析を根拠とした分析では、五〇年間の人命を一二九〇万ドルと見積もっている（129,000ドル×2×50）。

経済学者は、このように特定の根拠にもとづいて導き出した値を顕示選好とよぶ。何かの価値は、人がそれを得るために支払うつもりのある額で示されるという意味だ。ちなみに、これだけ支払おう、とその人が言う金額ではない——こちらの金額はまったく違ってくる可能性がある。選好を口に出して言うことは、正当化するのが難しいだけでなく、自己矛盾をはらむ恐れもある。無作為に選ばれた人たちが、石油被害のために苦しんでいる二千羽の鳥を救うために支払うと言っている金額と、これもまた無作為に選ばれた人たちが、同じ種の鳥を二〇万羽救うために支払うと言っている金額が、ほぼ同額な場合がある。[9] どうやら人には、対象となる鳥が何羽であるかに関係なく、石油に汚染された鳥を救う予算に上限があるようなのだ！

先進国の大多数は、ある一定の医療措置にたいする公的保険または民間保険金として、質調整生存年一年の価値を五万ドルとしている。この数字に科学的な根拠はない。ほとんどの人が妥当とみなす値だろうとは思われる。五万ドルという値の意味は、これらの国々が、健康であれば平均余命が一〇年ある七五歳の人の命を救うことができるなら、五〇万ドルかかる医療措置の費用を負担するつもりがあるということだ。しかし、六〇万ドルかかるなら払わない（さらに言えば五〇万と一ドルかかるなら払わない）。これらの国々は、平均余命が八五年の五歳児の命を救うために四〇〇〇万ドルまでなら支払うつもりがある（アメリカ合衆国には保険金という観点から合意された人命の価値というものがまだない――ただし、世論調査から、アメリカ国民の大多数が、この例のような計算に少なくともいくらか満足していることがわかっている）。

しかし、たとえばバングラデシュやタンザニアなど、発展途上国の人の命についてはどうなのか？　こうした国々は、先進国ほどには豊かではないが、まさか、こうした国々の国民の生命が、私たちの生命よりも価値が低いと言うわけではあるまい。

実際には、まさにそう言っている。政府間機関の計算によれば、先進国の国民の価値は、発展途上国の国民の価値よりも大きい（一方、この慣習には、発展途上国の人々の立場からすればありがたい側面も確かにある。気候変動に関する政府間パネルは、気候変動が死因となる死を回避するために、先進国は、発展途上国が支払う額の一五倍を支払うことができると想定している）。

そろそろ、人命の価値を計算する手法について疑わしく感じている頃だろう。おもしろい話は、まだこれからだというのに。たとえば保険会社は、炭鉱夫はみずから危険な職業を選んだのだからその生命の価値が低いのは明らかだとして、会社員の命よりも炭鉱夫の命にたいして支払う保険金の額が少ない！　あるいは、フォード・モーター社が、安全なガソリンタンクと取り替えるためにピントをリコールする決定を下さなかったのは、リコールをすると一億四七〇〇万ドルの費用がかかるのにたいし、理不尽な死を遂げた所有者たちに支払う弁償金がたったの四五〇〇万ドルですむからだ！

それでも……人命の価値を示す何らかの基準値は確かに必要だ。そうでなければ、質調整生存年がわずかに増えるだけの規制を実施するために、多額の金を費やす危険を冒しながらも、質調整生存年を何百倍や何千倍も伸ばすための方策に、適度の金額をかけることができないかもしれないからだ。

共有地の悲劇

費用便益理論には、私の便益があなたの費用になりうるという問題がある。有名な共有地の悲劇について考えよう(10)。誰でも利用できる牧草地がある。どの羊飼いもその牧草地で、できるだけたくさんの羊を飼いたい。しかし、全員が牧草地で飼う羊の数を増やせば、どこかの時点で羊が草を食べ尽くし、羊飼い全員の暮らしが危うくなる。問題——この場合は悲劇——は、羊飼いひとりにとって、羊を一頭増やすことから得られる利得は+1であるが、共有地の劣化を引き起こす責任は-1の数分の一でしかないというものだ（-1を、牧草地を共有する羊飼いの数で割った値）。私が私利を追求し、さらには他の誰もが自身の私利を追求すると、私たち全員の破滅につながる。

では、統治を始めよう。当事者自身による自己管理でも、外部の組織から課される統治でもよい。羊飼いたちは、各々が飼うことのできる羊の頭数を制限することに合意しなければならない。あるいは、何らかの統治機関が、制限を設定しなければならない。

汚染も、共有地の悲劇に似たものを生み出す。私は、飛行機の旅や冷暖房、自動車での旅をおおいに楽しんでいる。だが、このことは、空気中の汚染物質を増やし、ついには地球の気候を破滅にいたらせるもしれないほど変化させることで、全員の環境を、いっそう危険で不快なものにしている。こうした、経済学者が負の外部性とよぶものは、地球上の全員に害を与える。もちろん私も、汚染と気候変動の被害を受ける。だが、私にとってのうしろめたい快楽の合計値は+1であり、私にとっての費用は次の値となる。

$$\frac{-1}{7,000,000,000}$$

七〇億人が自己統治することは、個人のレベルでは不可能だ。国家における地域社会レベルでの「自治」が、唯一可能な形態である。

本章を通じて論じた費用便益分析という考え方は、誰にとっても目新しいものではない。生活において、これと似たことを行った経験があるのは明らかだ。しかし、費用便益理論のもつ意味のなかには、まったく一般に知られていないようなものもある。そのうちのいくつかは、本章で提示した。次章では、費用便益理論がもつ、知られていないいくつかの意味を見抜いて適用することができないせいで、数種類の最適ではない結果にいたる場合があることについて見ていこう。

まとめ

ミクロ経済学者は、人が決定を下す方法がどのようなものであるか、あるいは、どのように決定を下

すべきなのかについて、合意していない。しかし、人々は通常、数種類の費用便益分析を行っており、しかも、それを行うべきであるという点においては、意見が一致している。

決定が重要で複雑なものであればあるほど、そのような分析を行う重要性が高くなる。また、決定が重要で複雑なものであればあるほど、いったん分析が終わったら、それを捨て去ることが賢明になる。

明らかに欠陥のある費用便益分析でさえ、ときには、どのような決定を下すべきかをはっきりと示すことがある。感度分析によって、特定の費用または便益の考えうる値が非常に幅広いとわかるかもしれないが、それでもなお、ひとつの特定の決定が、最も賢明な決定として明示される場合があるかもしれない。それでも、経済学者に費用便益分析結果を見せられたら、眉に唾をつけて聞こう。

費用と便益についての完全に適切な測定基準はないが、たいていの場合、とにかく比較することが必要だ。お金が、不十分ではありながらも、使えるなかで唯一実際的な測定基準となることが多い。

人命の価値を計算することは不愉快なことであり、ときにはひどく誤用されるが、賢明な政策決定をするためには、それでもなお必要とされることが多い。そうした計算をしなければ、少数の生命を救うために莫大な資源を費やしてしまったり、多数の生命を救うためにささやかな量の資源を費やすことをしなかったりする危険性がある。

私の利得があなたの負の外部性を生むような共有地の悲劇にたいしては、一般的に、拘束力があり強制的な介入が必要とされる。こうした介入は、関係当事者間、または、地域、国家、国際的な行政機関の共通の合意によってなされるだろう。

5章　こぼれたミルクとただのランチ

あまりおいしくないという理由で、すでに代金を支払った料理を最後まで食べずにレストランから出てきた経験があるだろうか？

経済学者なら、そうした状況で店を出るのは賢明な決断だ、と言うと思うだろうか？

演劇を観に、劇場に入ろうとしているところだとしよう。五〇ドルのチケットをすでに購入している。この演劇にはそれくらいの価値があると思っている。あいにく、チケットをなくしてしまった。五〇ドルを出してもう一枚チケットを買おうと思うだろうか？　そうすれば、合計で一〇〇ドルを払って演劇を観ることになるのだが。

あなたは、庭仕事やペンキ塗りや掃除など、自分が好きでない外周りの仕事を、人にお金を払ってしてもらうか？

あなたの町の病院が、新しい病院が建てられるために、もうすぐ取り壊される。建設にとてもお金のかかった古い病院を改修するには、新しい病院を建てるのと同じくらいの費用がかかる。改修と新築のどちらに賛成するか？

本章を読んだ後では、こうした問いにたいするあなたの答えが変わるかもしれない。費用便益理論には、とらえにくいが、日常の生活にとってとても重要ないくつかの含意がある。それらは、純利益が最大になるような選択肢を選ぶべきだという理論の中心的な要件と、ほぼ同等に重要である。偶然にも、これらの含意は、理論の要件から論理的に引き出すことができる——あなたはたぶん、いつもそれらを無視していることに気づくだろう。これらの含意に気づけば、お金と時間の無駄を防ぐことになる。そのうえ、あなたの生活の質も改善されるだろう。

埋没費用《サンクコスト》

たとえば、自宅から五〇キロメートル離れた町で行われるバスケットボールの試合のチケットを一か月前に買ったとしよう。今晩に試合がある。しかし、スター選手が出ないため、期待していたほどおもしろい試合にはならなそうだし、雪まで降り出した。チケットは、一枚八〇ドルだった。それでも試合を観に行くか、行くのをやめて家にいるか？　経済学者ならどうするだろうか？

経済学者なら、思考実験を行うように言うだろう。実際にはチケットを買っていなかったとしてみよう。買うつもりだったのに、うっかり忘れていた。そうして、友人から電話があり、試合のチケットを持っているけれども、自分は行かないからただでチケットをあげると言ってきたとする。あなたの答えが「それはうれしいなあ。すぐにチケットをもらいに行くよ」だったら、なんとしてでも、すでにお金を払っている試合を観に行くべきだ。しかし、あなたの答えが「冗談だろ。スター選手が出ないし、雪も降り始めてる」なら、お金が無駄になるのであっても、試合を観に行くべきではない。この決断がしっくりこないなら、意思決定に埋没費用の原則を十分に組み込んでいないからだ。

埋没費用《サンクコスト》の原則とは、将来の費用と便益だけが選択のなかで考慮されるべきであるというものだ。バスケットの試合を観るために払ったお金は、ずっと前に過ぎ去っていて――つまり埋没していて、試合を観に行くことで取り返すことはできない。自分の受け取る純利益がプラスになると思う場合に限り、試合を観に行くべきだ。次のように自分に言えるのなら、試合に行く。「まあ、スター選手は出ないし、雪も降ってる。これは辛い。でも今夜は本当に、試合を観たい気分なんだ。おもしろそうなことがないかどうか新聞で調べたけど、テレビでは何もやってない」。そうでなければ、試合には行かないこと。行けば事実上、取り返すことのできない費用を正当化するために、費用を支払うことに等しいからだ。

町にある古い病院を建設するのに高額の費用がかかったということは、病院を改修するか、取り壊して建て替えるかという選択とはまったくの無関係だ。その病院を建てるためにあなたの祖父が支払った税金は、かすかな記憶でしかなく、病院を残そうと決めたからといってそのお金がふたたび現れてはこない。その病院をそのままにするか壊すかの決定は、将来にかんしてのみ下されなくてはならない。病院を改修した場合の総利益と比較した、病院を新しく建てた場合の総利益のみが、考えるに値するものだ。

かなりの金額を払ったひどい料理を食べるべきか？　家に帰ってからサンドイッチを作るためのピーナツバターを買えないくらいの貧乏でないのなら、食べるべきではない。スープのなかにハエが入っていたら返金を求めるかもしれないが、支配人を出せと要求して、まずいラザーニャの代金を返せとまでは、おそらく言わないだろう。つまり、食事の費用は埋没しているのだ。まずい料理を食べるという付加的な費用を発生させても、何にもならない。

一五ドルを払ったが、あまりおもしろくなく、おもしろくなりそうな気配もない映画を観るのをやめて、外に出るべきだろうか？　絶対にそうすべきだ。
経済学者のモットーであり、あなたのモットーともすべきことが、人生の残りは今始まる、というものだ。昨日起きたことはどれも取り戻すことができない。覆水盆に返らず。
経済学を理解していない政策立案者は、すでに使ったお金を取り返すためという理由だけで、お金を使うことがしばしばある。「この武器は確かにあまり優れていないが、納税者のお金をすでに六〇億ドル費やしたから、それを無駄にはしたくない」。代議士たちに、「盗人に追い銭」〔損失を取り戻そうとしてさらにお金をつぎ込むこと〕という格言を思い出させるべきだ。損失はすでに埋没している。さらにたちが悪いのが、「戦死者の命を無駄にしないために」、さらにたくさんの命を危険にさらして、戦争を継続させようとする政治家たちだ。

製薬会社はときに、「開発費用を取り戻す」必要性があるとして、薬の法外な価格を正当化する。だまされるな。開発費用はすでに使い切っている。製薬会社は、新しい薬についての負担をすべて市場に押し付けるつもりなのだ——たとえその薬の開発費用がごく小額だったとしても。大衆が埋没費用の概念をしっかりと理解していないから、そういう主張でごまかしているだけだ。

ただし、少し忠告をしておこう。埋没費用の原則を意識した生活を始めるとすると、ときおり間違いを犯すことになるだろう。私はもう、観劇の途中で外に出ることはしない——なぜなら、休憩時間終了後に空席を見つけると、俳優たちのやる気がそがれるだろうとわかってきたからだ。それに、すっかり退屈している映画の続きをまだ観たいかと妻にたずねることは、もうしない。私は妻と何度か気まずいやり取りをした。「この映画、おもしろいかな？」「ええ、まあまあ。でも、あなたが外に出たいなら、そうしてもいいわ」「いや、構わない。このまま観てたっていいよ」。それから二人は、不満を抱えて座席に留まる。妻のほうは、私がいたくないのに、そこにいると知っているから。私のほうは、映画を観る妻の楽しみに水をさしてしまったから。

妻や夫と言えば、埋没費用の概念について知ると、長い時間一緒にいたという理由や、結婚に多大なエネルギーを費やしてきたからという理由だけで、結婚を継続すべきではない——時間とエネルギーは埋没しているから——という意味ではないか、と言ってくる人が何人かいる。この種の推論については、私はとても注意深くありたい。結婚に費やした時間とエネルギーは、結婚生活を続ける理由に確かになりうる。もしも、時間とエネルギーがこれまでに価値があったのなら、将来においても価値があるかもしれない。「結婚とは、愛のない期間を乗り越えるためのものである」という名言があるだろう。

機会費用

母はよく、新聞から切り抜いた二ドル分のクーポンを使って洗剤を最もお得に買おうとして町中を車で走り回り、私をいらいらさせていた。こんなふうに車で走り回ることには、隠れた費用がかかっていた。母の車のガソリンや保守のために、お金がかかっていた。そのうえ、小説を読んだり、ブリッジをしたり、それとも母がもっと価値があるとみなしていただろうことを、その時間にできていたかもしれない。言い換えれば、母は、安い商品を探して町を車で走り回ることで、機会費用を招いていたのだ。

機会費用は、ある一連の行動を行うことによって、次善の行動を行ったときの利益を失うことから生じる費用と定義される。この原則は、資源が限られていて、選択した行動によって、他の行動を取ることが妨げられる場合に成り立つ。この費用とは、選ばれなかった選択肢すべての合計ではなく、選ばれなかった選択肢のうち最善のものの費用である。価値のあるものは何でも、機会費用に入れることができる――お金も時間も、あるいは快楽も。

小麦を栽培する農家は、トウモロコシを栽培することで得られる利益を失っている。学校のサッカーチームに選ばれた子どもは、学校のフットボールチームでプレーしたり、オーケストラで演奏をしたりする喜びを失っているのかもしれない。

人生には、たくさんの機会費用が転がっている。それらを避けることは不可能だ。避けることが可能なのは、同じくらい容易にできたであろう他の行動ほどは価値のない行動にかかる機会費用を支払うことだ。

経済学者は、自分の庭の芝生を刈ったり、車を洗ったりしない。だが、あなたは、自分の庭の芝生を刈るべきか？（a）それをすることが楽しい、あるいは（b）現金が乏しいために、ハンモックに寝転んで、近所の一四歳の子どもが芝生を刈るのを眺めるという贅沢をする余裕がない場合に限って、そうすべきだ。もしも自分で芝生を刈るとなると、もっと楽しめるかもしれない他のことができなくなる。たとえば庭仕事とか。庭をいじれば、そうしているあいだも、できあがった庭からも、もっと大きな喜びが得られるかもしれない。

公共交通機関ではなく車を運転する人は、車の代金だけでなく、ガソリン代、保守費用、保険料を支払っている――これらのお金は、旅行や、ランクが上の家に住み替えることのために使うことができただろう。しかし、いったん車を購入した後には、車を所有するための費用は隠される傾向があるが、バスやときおりタクシーを使って毎日通勤する費用はかなり目立つ。したがって、車を運転する費用はわずかな額に思われ（車を持っているんだから使ったほうがよい）、一方で、他の手段を使って移動すると、そのたびに少し懐が痛む（市内に行くだけなのに一五ドル!?）。たまたま、たくさんの若者が、車での移動は、他の手段での移動に比べて高くつくという原理を知るようになった。それで、親の世代に比べて、若者たちの車の購入台数が減ってきている（これは、ジップカーや、後続のカーシェアリングサービス会社の出現によって後押しされている）。

ビル内のオフィスを所有し使用している人は、賃貸料がかかっていないとみなしがちだ。会計士も、その人が賃貸料を払っていないという記録を付けるだろう。だが実際には、オフィスを使うために何らかを支払っている。すなわち、そのオフィスを他の誰かに賃貸しをするなら入ってくる家賃の分を。もしも、現在所有しているオフィスと同じくらい良いか、さらに良く、今のオフィスから得られるであろう賃貸料よりも少ない額の費用しかかからないオフィスを見つけることができるとしたら、今のオフィスを使うために機会費用を支払っていることになる。この費用は隠れているが、それでも現実に存在する。

機会費用を避けるのに役立つような、おなじみの標語がある。「ただの昼飯なんてものはない」（この表現は、昼食が無料と宣伝することで得意客を集めた大恐慌時代の酒場が使っていた謳い文句に由来する。昼食は無料だったが、ビールは無料ではなかった）。どのような行動をとっても、それはすなわち、よく考えてみればさらに好むものかもしれない他の行動を取ることができないことを意味するのだ。

住宅の建設数が増えつつあり、製造業がいくらかアメリカ国内に戻りつつある今では、基礎的な建設業や工場での仕事の給料が上がり始めている。大学は、学費の援助を増やして、こうした仕事のどれかに就きたいと思うかもしれない若者たちを引き寄せるべきだろうか？　経済学者なら、給料が増えるにつれ、大学に進学する機会費用も増加すると指摘するだろう。大学の年間学費が一万ドルで、入学するかもしれない学生が、建設業か工場の仕事に就けば年間で四万ドル稼げるとしたら（数年前の三万ドルから上昇）、大学に進学する機会費用は四万ドル増えたことになる（四年で卒業するとして）。大半の経済学者は、大学が、収入の少ない学生にたいしてさらに多くの奨学金を提供することで、この機会費用に対応することが適切であると言うだろう。しかし私は、自分自身の調査から、ほとんどの学者たちがこの考えを快く思わないことを知っている。「人を買収してまでして大学に行かせたくはない」という理由で。

選ばなかった選択肢の価値が、選んだ選択肢の価値よりも実際に大きいと理解することが、ときにはとても難しい場合もある。会社で採用した人は誰でも、機会費用を生じさせる。採用できるさらに能力の高い人がいないなら、失われたものは何もないと考えたくなる。だが、近い将来、さらに適任な人を雇うことができるだろうと考えるもっともな理由があるのなら、今採用する人が会社に、採用を先延ばしにすべきだということを示すかもしれない機会費用を与えていることになる。

機会損失を気にしすぎると、埋没費用を気にしすぎる場合と同様の費用が発生するということを、心に留めておくべきだ。私が学部生の頃、一緒にいてとても楽しい友人がいた。彼はいつも、おもしろそうなことを思いついた。散歩に出かけてしばらくすると、バスに乗って市内のパレードを見に行こうと提案したりした。ものすごくおもしろいとは言えないパレードの途中で、手早く夕食を済ませれば、二人とも見たがっていた新作映画を観る時間が作れるだろうと言ったりした。映画の後、たまたま近所に住んでいる友だちを訪ねようと提案をしたりした。

さて、この友人が提案をした行動の転換それぞれは、ひとつだけを見れば、現在している活動よりも優れたものであり、そうすることで機会費用を避けていた。しかし、全体として見れば、この友人と過ごす時間は、体験すべき新たな楽しみをつねに計算しない場合よりも、楽しさが少なかった。機会費用の計算は、それ自体が費用になりうるのだ。

さて、母の話に戻ろう。私はやっと、買い物はできる限り短縮すべき必要悪であるという私の見解は、すべての人には当てはまらないということに気づいた。私の母は、いつもしている他の多くのことをするよりも、安売りの商品を探しているほうが好きだったのだ。そのうえ、買い物は外に出かける口実になる。だから、母が買い物をすることによって純機会費用が生じていたと考えていた私は間違っていた。

経済学者は正しいか?

どうすれば、経済学者が正しいと確認できるのか? 費用便益理論に従い、埋没費用と機会費用の推論も考慮に入れて、選択をすべきだということを、どうやって確認できるのか?

経済学者は、私たちを納得させられるようなどのようなことを言っているのか? 彼らは二つの論を提示している。

1　費用便益理論は論理的にしっかりしている。優れた意思決定をするための合理的な指針になると大半の人が合意しているようないくつかの前提、すなわち、お金はないよりあったほうがよい、決定にかかる時間は費用とみなされる、将来の利益よりも現在の利益のほうが価値が高いなどの前提にもとづいている。これらの前提に同意できるなら、この理論に賛成しなくてはならない。なぜなら、理論は、前提から数学的に導き出されたものだから。

2　あまり一般的ではなく、おそらくたいていは冗談で言われることが、会社が専門家にお金を払って、経営についての費用便益分析をやらせているくらいだから、費用便益分析は有益にちがいないというものがある。会社はばかではなく、何をしたいかわかっている。だから、費用便益のルールは、従うべき正しいルールであると思われる。

この二つの論で納得しただろうか？　私は納得していない。

論理的な構成から適切なふるまいを導き出すことは、私にとっては、あまり説得性があるとは思えない。議論が正しくなくても論理的であることはありうる（13章の形式主義についての議論を参照してほしい）。論理にもとづいた議論を受け入れてしまう前に、社会的な影響や、意識の外側で作用しているその他多数の要因から受ける影響によって、形式的な議論が、説得力の高いものにはならないかもしれない、ということについて検討する必要がある。さらに、前の章にあったように、ハーバート・サイモンが現れて、最善の方策とはじつはサティスフィスするものであると言うまでは、基本的には最適化が推奨されていたということを思い出してほしい。しかも、人々が実際にサティスフィスを行っているとか、さらには、人々がサティスフィスすることができるということを示す証拠はあまりない。だから、もしかすると、サティスフィスしないことが正解なのかもしれない。人々が現在従っていて、理論家が将来、人間の認知力の限界があっても、最も合理的な戦略であると認めることになる別の原則があるのかもしれない。選択のしかたについての優れた規範的な理論においては、合理性について第一部で論じた問題と、私たちがどの程度、自己を認識できるかということと、意思決定において無意識が果たす適切な役割を考慮に入れる必要がある。ほとんどの心理学者がこうしたことがらを信じているため、彼らは、選択と行動についての経済学者の説明や、それにたいする彼らの処方を怪しく感じがちなのだ。

企業は、費用便益分析にお金をかけている。それはよい。しかし企業はまた、筆跡鑑定家にお金を払って性格を評価させたり、技術者に嘘発見器を操作させたり、風水の「専門家」を雇ったり、自己啓発講演家にステージを跳び回らせたり、星占い師に運勢を読んでもらったりしている。これらのどれひとつとして、効果があると実証されていない。占星術は、有効な予測がまったくできないことがわかっており、嘘発見器と筆跡鑑定の両方が、企業が知りたいようなことについては有効性がゼロであることを示すたくさんの証拠がある。

ならば、費用便益の原則を利用するべきだということを、どうやって納得させられるのか？

費用便益の原則に理論上は賛成しているという身近な人を多く知っているほど、この原則を利用する可能性が高くなるのだとしたら、どうだろう？　私はこれにには、いくらかの説得力があると感じられる。経済学者がまっさきに言いそうなことだが、私たちは、そうではないと判明するまでは、人は合理的であると仮定しなければならない。もしも人々が、理論的な原則を知った後で、その原則と一致させるために自身の行動を変えるなら、そうした原則が役に立つということを示す証拠の一種としてみなされる。

そうして実際に、リチャード・ラリックとジェームズ・モーガンと私は、費用便益の原則についてどの程度教えられてきたかに比例して、その原則を利用するという事実を発見した。(1) 経済学の教授たちは、生物学や人文科学の教授たちよりも、費用便益の原則にもとづいた選択を支持する傾向がはるかに強い。経済学の授業を受けたことのある学生たちは、経済学の授業を受けたことのない学生たちよりも、この原則の理論を知っている傾向が強く、この原則に沿った選択を行うと述べる傾向が強い（ただし、その差はあまり大きくはない）。

しかし、このような調査結果は、自己選択（11章を参照）の好ましくない影響を受けている。人は、経済学者か、弁護士やレンガ職人などの職業に、無作為に割り当てられているのではない。もしかすると、経済学者は生物学者より賢いのかもしれない。あるいは、経済学者になる前から、費用便益という概念に好意的だったのかもしれない——じつのところ、まさにその理由のために、経済学者になったのかもしれない。そうして、経済学の授業を取る学生たちは、そうしない学生たちよりも頭が良く、経済学の授業をどれだけ取ったかにかかわらず、このルールを理解し利用する可能性が高いのかもしれない。

もちろん、こちらの代替案が成り立つためには、他のことがらが等しいとして、より賢い人は、あまり賢くない人よりも、経済理論に従って選択を行うと報告するという事実がなくてはならないだろう。実際、これが事実である。大学進学適性試験（SAT）とアメリカン・カレッジ・テスト（ACT）の言語検査は、IQを測るためのかなり優れた代用物である。SAT（およびACT）の言語検査の得点と、費用便益のルールを使用しているという本人の報告との相関は約〇・四である——とても高い相関ではないが、人がどのように生活を送るべきかにたいする含意としては間違いなく、取るに足らないものではない[2]（相関は、経済学の授業を取った学生と、取っていない学生の両方に認められる）。

私が行った実験では、費用便益の原則を短時間だけ教えると――本章で見てきた例よりも少ない材料を提示したとしても――その原則を用いてなされた選択を支持する可能性が高くなることが示された。実験とは一見関係のない電話調査という名目で、数週間後に実験をしたときでさえ、ルールから導かれる選択を支持する可能性が高くなる。

したがって、より賢い人、費用便益の規則体系を教えられた人は、あまり賢くなく、規則について教えられていない人よりも、この原則を使う可能性が高い。そうすることで、人はより幸せになっているのか？　それほど賢い人は、裕福なのか？

実際、そうした人たちのほうが裕福だ。費用便益分析に従って決定をしていると答えたミシガン大学の教職員は、著しく高い報酬を得ている[3]。この関連性は、経済学の教授たちよりも、生物学と人文科学の教授たちについてさらに強い（その理由はおそらく、経済学の教授は全員、この原則をよく知っており、その点については彼らのなかであまり差がないからだろう）。さらに、生物学と人文科学の教授たちが経済学について学ぶほど、稼ぐ金額が高くなる。さらに、過去五年間における昇給が、教授たちが自身の選択を、費用便益原則を用いて報告する程度と関連する傾向が強いということを私は発見した。

費用便益の規則に従って選択を行うと答えた学生のほうが、そうではない学生よりも成績が良い。その理由は、規則を使う人のほうが頭が良いからだけではない。実際、規則を用いることと成績とのあいだの関連性は、ＳＡＴまたはＡＣＴの言語検査を式から除くといっそう強くなる。言語能力のどのレベルにおいても、より良い成績を取るのは、規則を用いる学生なのだ。

なぜ、費用便益の規則によって、人がいっそう有能になるというのか？　一部には、規則を用いることで、最善の効果が出るところにエネルギーを集中させ、うまくいきそうにない計画を捨てる方向に促されるからだ。言い換えれば、埋没費用の罠を避け、機会費用に注目する。私がこれまでにもらったなかで最高の助言をくれた人は、計画を三つに分類せよと教えてくれた。非常に重要かつ緊急のもの、重要かつ速やかに行うべきもの、そしていくらか重要だが急ぐ必要はないもの。そして必ず、どんなときも第一の区分に入るものだけに取り組み、残りの二つの区分には手をつけないこと。こうすれば、効果がいっそう高くなるばかりか、のんびり楽しむ時間が多くなる（しかし、未知の利得を伴い、思考の材料を生み出すかもしれない活動については、私は例外としている——特に、それ自体が楽しいものである場合は。ヘンリー・キッシンジャーの顧問は、政治についての勉強をやめて、もっと小説を読むことを勧めた）。

まとめ

すでに使い切られて取り戻すことのできない資源が、そうした資源を用いて得られた何かを消費するかどうかについての決定に影響を与えさせてはならない。そのような費用は、あなたが何をしようともすでに埋没しており、したがって、費用を生じさせた行動を実行することは、その行動から純利益がまだ得られる場合に限って意味をなす。すっぱいぶどうを、値が張ったからという理由だけで食べるのは意味がない。企業や政治家は、過去の支出を正当化するために、商品や事業の費用を一般大衆に支払わせる。ほとんどの人が、埋没費用の概念を理解していないからだ。

今か将来にすることができるだろう他の行動よりも純利益の少ない行動に関わることを避けるべきだ。

そうした行動がもっと有益な行動の妨げになる可能性があるなら、物を買ったり、行事に出席したり、人を雇ったりすべきではない。少なくとも、そういう場合、即座に行動を取ることが厳密には求められていない。重要性に関係なく、決定を精査して、その決定により機会費用が生じるかどうかを確認すべきだ。一方、ささいな問題について機会費用を過度に計算することは、それ自体が費用となる。確かに、バニラアイスを選んだらチョコレートは食べられないが、それについてはあきらめよう。

埋没費用の罠に陥ると、いつも不要な機会費用を支払うことになる。やりたくなくて、やる必要のないものを行うと、もっと良いことを行う機会を自動的に無駄にしていることになる。

埋没費用と機会費用を始めとして、費用と便益に注目することは割に合う。過去数世紀にわたり、何らかの形式で費用便益分析を行うことを推奨してきた思想家たちは、おそらく正しかった。明確な費用便益決定を下し、埋没費用と機会費用を避ける人のほうが成功しているという証拠がある。

6章　行動経済学で弱点をつぶす

ある人が、家の頭金を作るために株をいくつか売る必要があるとしよう。この人は、二つの銘柄をもっている。近頃業績の良いＡＢＣ社と、損失の出ているＸＹＺ社。そうしてＸＹＺ社の株ではなくＡＢＣ社の株を売る。なぜなら、ＸＹＺ社の株を売ることで損失を固定させたくないから。これは良い考えか、悪い考えか？

私の心からの善意で、あなたに一〇〇ドル差し上げるとしよう。それから私は、コイントスを申し込む。その結果、あなたはその一〇〇ドルを失うか、もっと高額のお金を受け取るかもしれない。この賭けに乗ろうと思わせるような額はどれだけか？　一〇一ドル？　一〇五ドル？　一一〇ドル？　一二〇ドル？　それとももっと大きい額か？

これまでの章から、私たちは費用便益理論の教えを、さまざまな点において守らないとわかった。この章では、それ以外のいくつかの例外を扱い、そうした例外をどのように避けられるか、そうすることで非経済的な決定を下すような傾向から自分自身を守れるかを示す。私たちは、費用便益理論が求めるような完璧に合理的な方法でつねにふるまうとは限らない。だが、経済の専門家であるとする場合に受け取る利益と同等のものを受け取るために、完璧に合理的にふるまう必要がないような世界を設定することができるだろう。

損失嫌悪

私たちには、すでにもっているものを手放すことを避ける一般的な傾向がある。たとえ、もっと良いものを得られるという明確な見込みがあり、今もっているものを手放すべきだということが、費用便益分析の結果から判明しているような状況であっても。この傾向は、損失嫌悪とよばれる。さまざまな状況において、何かを得ることで幸せになる度合いは、同じ物を失うことで不幸せになる度合いの半分程度でしかないらしい[1]。

私たちは、損失を嫌悪するために大きな犠牲を払っている。多くの人が、価格の上昇しつつある株よりも、価格の下降しつつある株を売りたがらないだろう。ありうる利得ではなく、確実な損失を選ぶのは辛いことだ。人はいつも、強い株を売って、得た利益を喜び、弱い株を手許に置いて、一定の損失を回避できたと喜ぶ。他のことがらが同じなら、価格の上昇している株がこのまま上昇し続けることのほうが、価格の下降している株が方向転換して同じ率で上昇し始めることよりも可能性が高い。生涯にわたり、強い株を捨てて弱い株をもち続ければ、退職時に、貧しいか、かなり貧しいかの違いが出る（あるいは、裕福か、かなり裕福かの違いが）。

損失の見込みがどの程度嫌悪を生じさせるのかを、ギャンブルを例に引いて明らかにすることもできる。賭けに乗りたいかどうかを、あなたにたずねるとしよう。コインの表が出ればあなたがXドルもらい、裏が出ればあなたが一〇〇ドルを失う。Xが一〇〇ドルだとしたら、公平な賭けになるだろう。このギャンブルに参加しようと思わせるには、Xがいくらでなくてはならないか？　Xが一〇一ドルであったとしても、賭けはわずかにあなたに有利になるだろう。たとえば一二五ドルだとしたら、ものすごく有利だ。お金がなくて、損をするリスクを受け入れられないのでなければ、賭けに乗る価値が絶対にある。しかし、大半の人は、Xが二〇〇ドルあたりであることを望む。もちろんこれは、一方的に有利な条件となる。このように、一〇〇ドルを失う見込みに釣り合うためには、二〇〇ドルを得る見込みが必要とされる。

次の実験について考えよう。ビジネススクールの授業で何度も実践されてきたものだ。クラスの生徒の半数に、大学のロゴが目立つところに入っているコーヒーカップを渡す。カップをもらえなかった不運な生徒は、カップをよく見て、これによく似たカップにいくらくらい払うか、とたずねられる。カップをもっている生徒は、いくらでならカップを売るか、とたずねられる。二つの金額には、とても大きな食い違いがある。平均して、カップをもっている人は、カップをもっていない人が平均して払ってもよいとする金額の二倍の額をもらえる場合にのみ、カップを売ってもよいとする。[2]この授かり効果の背景には、損失嫌悪がある。人は、自分の所有する物を手放したくない。たとえ、もともと公正な価格とみなしていた金額よりも高い額のお金をもらえるとしても。サッカーの試合のチケットを二〇〇ドルで買ったが、もともと五〇〇ドルまでなら払ってもよいと思っていたとしよう。二、三週間後、チケットがどうしてもほしくて、二〇〇〇ドルまでなら払ってもよいという人がたくさんいることをインターネットで知る。あなたはチケットを売るか？　おそらく売らないだろう。買う場合にどれくらいの価値があるかと、売る場合にどれくらいの価値があるかには、大きな隔たりがありうるのだ。もっている物を手放さなければならないという理由だけで。[3]

私の大学の舞台芸術家は、宣伝にあたり授かり効果を有効に活用する。チケットの購入に使える二〇ドル分のクーポン券を送るほうが、二〇ドルを割引してもらえるコード番号を記した手紙を送るよりも、チケットの売上げが七〇パーセントも高くなる。人は、手許にあるクーポンを現金化せずにお金を失うことを避けたいのだ。しかし、チケットを買うときにコード番号を使うことで得られるかもしれない利益のほうは、見過ごしても構わない。

経済学者のローランド・フライヤー率いる研究チームは、生徒の成績が上がったら教師の給料を引き上げようと提案しても、生徒の成績には影響がないことを発見した。学期の始めに同じ額のお金を教師に渡し、生徒の成績が指定された目標に届かなかったら全額を返さなくてはならないと告げると、生徒の成績に著しい好影響が見られた。(4)

授かり効果を費用便益の観点から正当化することは不可能だ。本来なら、商品を、それに払った代金と同額か、わずかに高い額で売っても構わないとなるはずだ。経済学者でさえ、授かり効果を始めとするさまざまな偏り《バイアス》の影響を受けやすく、そのために、費用便益の観点において十分に合理的でいられなくなる。じつは授かり効果は、経済学者のリチャード・セイラーが、ワイン愛好家である経済学者の同僚の行動について考察していたときに思いついた概念だ。その同僚は、一本三五ドル以上のワインは絶対に買わないが、その値段で買ったワインを、たとえ一〇〇ドルものお金と引き換えにでも売りたがらないときがある。(5)購入価格と販売価格のあいだにこれほど大きな隔たりがあることは、費用便益理論の規範的な規則の観点から説明することができない。

この例については、かなりの補足説明が必要だ。取り引きを検討するにあたっては、感情に訴えかける価値を適切に考慮する。私の結婚指輪を買える人は、まずいないだろう。だが、感傷的と形容できるような愛着を、シャトー何とかというワインにたいしてもつ人はほとんどいない。

現状を変える

損失嫌悪からは惰性が生まれる。行動を変えることにはふつう、ある種の犠牲が伴う。「テレビのチャンネルを変えようかな。起き上がってリモコンを見つけないと。どの番組がおもしろいか決めなくちゃ。もしかすると本を読むほうがもっと楽しいかも。どの本がいいだろう？　おっと、『ジェパディ！』か、久しぶりに観るな。おもしろいかも」

テレビ局は、私たちがこんなふうに無精なのをよくわかっていて、最も人気のある番組をゴールデンタイムの早い時間帯に設定し、人気番組が終わってからでも視聴者の多くがチャンネルを変えずにいることを期待する。

損失嫌悪にある最大の問題は、これにより現状維持バイアスが引き起されるというものだ。(6) 私は、もうずいぶん前に読まなくなった会報を何冊か、いまだに受け取っている。このどうでもいい物が届くのをどうやって止めればよいか、それを調べるのにぴったりの機会がないからだ。ちょうど今、私はXの真っ最中だ（庭に水をやるか、金物店で買う品のリストを作っているか、論文を書く準備中か）。会報の購読を止める作業をすることは、私が価値があるとみなしている何かをするのを止めることになる。だから明日の、他にやることがあまりないときにそれをしよう（あきれた話だ！）。

経済学者のリチャード・セイラーと法学者のキャス・サンスティーンは、現状維持バイアスが自分の有利に働くようにすることのできる多数の方法を示した[7]。最も重要性の高い研究のいくつかは、あるひとつの概念、「デフォルト選択」の上に成り立っている。

ドイツ人は一二パーセントしか政府による臓器摘出を認めていないが、オーストリア人は九九パーセントが認めている。オーストリア人のほうがドイツ人よりもはるかに人道主義的であるとは知らなかった。

実際のところ、同胞への思いやりという点で、ドイツとオーストリアに違いがあるとみなす理由はない。オーストリアでは、臓器摘出についてオプト・アウト方策を取っている。つまり、死亡した人の臓器を移植に利用できるという前提が既定《デフォルト》になっているのだ。そこでは、臓器を提供しないと自分から政府に申告する必要がある。ドイツではオプト・イン方策が取られている。当事者が明確に賛同していない限り、人の臓器を摘出する権利を政府はもたない、という前提がデフォルトになっている。アメリカでもオプト・イン方策が取られている。アメリカでは、もしも国がオプト・アウト方策を取っていたなら生き延びていただろう何千何万の人々が亡くなっているのだ。

選択設計〔選択アーキテクチャ〕は、人がどのような決断を下すかを決めるにあたり、重要な役割を果たす。決定のための構造を設定する方法には、個人や社会にとって、他の方法よりも優れた結果につながるようなものがいくつかある。臓器提供のようなことがらについては、オプト・アウトの手順に従っても誰も傷つかない。自分の臓器を摘出されたくない人は断っても構わないため、強制力は働かない。個人や共同の利益に向けて機能することを意図して作られた決定の枠組みの設計を、セイラーとサンスティーンは「リバータリアン・パターナリズム」〔自由主義的な介入主義〕と名づけた。

正しい選択を後押しするような選択設計と、そうではない選択設計との違いが、微妙な場合もある。少なくとも、損失嫌悪と、それに続く現状維持バイアスの力をよく知らない人にとっては。

「確定拠出」退職プランでは、従業員が拠出する金額のうちの一定の割合を雇用主が支払う。雇用主が、従業員の給与の六パーセントという範囲内で、従業員の拠出額に応じて支払う場合があるかもしれない〔マッチング拠出〕。雇用主と従業員の拠出金の双方が投資に回され、退職時にお金を受け取る。投資の種類――個々の株、債券または投資信託――は従業員が決定する。どれだけの利益が出るかはわからない。投資の成果次第だ。従業員は、雇用された時点で確定拠出プランを提示される。このプランは持ち運び可能だ。その点が、自動車メーカーや多数の州政府や地方自治体が提供しているような「確定給付」プランとは異なる。後者では、ある年齢でいくら受け取るかが事前にわかっている。

確定拠出プランを提供している雇用主からただでもらえるお金を、ほとんどすべての人が利用すると思うだろう。しかし実際には、従業員の約三〇パーセントがこうしたプランに署名していない。[9] 確定拠出プランを提供している――しかも拠出金の一〇〇パーセントを支払っている――二五社の企業を対象に行ったイギリスでの調査では、従業員のわずか半数しかプランに署名していないことがわかった！[10] これでは、給与の一部を燃やしているようなものだ。

預金プランのための賢い選択設計では、加入《オプト・イン》を選択することは求められず――加入を選択するといっても結局は、四角に印をつけるくらいの手間しかからない――加入《オプト・アウト》を選択しないこと――前者よりもはるかに少ない労力しか必要とされない――がデフォルトになるだろう。プランに加入しないと申告しない限り、プランに入る。あるプランでは、オプト・イン方式が取られていて、仕事を始めて三か月後の加入率は二〇パーセントになるかならないかで、入社後三年たっても六五パーセントにしか届かなかった。自動的に加入する方式では、数か月後の加入率は九〇パーセントであり、三年後には九八パーセントとなっていた。[11]

たとえ退職プランに加入するように仕向けることができても、退職時に十分なお金があると保証されるわけではない。一般的に、雇用された時点において退職預金プランに積み立てることにした金額は、退職後にそれで生活するには十分ではない。どのようにしたら、十分な金額を貯蓄させられるのか？

シュロモ・ベナルチとリチャード・セイラーは、この問題に対処するために「セーブ・モア・トゥモロー」計画〔「明日はもっと貯蓄しよう」〕を考案した。[12] 従業員は、給与の三パーセントを貯蓄するところから出発し、仕事を始めてしばらくしてから、退職後に十分な資金を手にするにはもっと高い貯蓄率が必要だという説明を受け、ただちに五パーセントの貯蓄を追加して、その後、年々、貯蓄率を上昇させていくことが求められると告げられるだろう。もしも従業員がためらえば、担当者が、賃上げのあるたびに貯蓄率を引き上げることを提案する。四パーセントの賃上げなら、退職貯蓄の金額を何らかの固定額、たとえば三パーセント分だけ自動的に引き上げる。これが、適切な額、たとえば一五パーセントが預金として天引きされるようになるまで続けられる。この方式はとても効果的だ。なぜなら、何もしないことが従業員にとって有利に働き、貯蓄額の引き上げが損失と感じないようにすることで損失嫌悪を防いでいるからだ。

選択　少ないほうが多くなりうる

何年も前にドイツ出身の人が私の学部に加わったとき、アメリカ人は、朝食のシリアルの選択肢が五〇も必要だと思っているようだが、それはなぜかと質問してきた。私は答えが思いつかず、たぶん人は——とにかくアメリカ人は——たくさんの選択肢があるのが好きなのだろうと言うしかなかった。

確かに、コカコーラ社は、アメリカ人はたくさんの選択肢を好むと固く信じている。あなたはどれが好きか？　コカコーラ、カフェインフリーのコカコーラ、カフェインフリーのダイエットコーク、チェリーコーク、コカコーラゼロ、バニラコーク、バニラコークゼロ、ダイエットチェリーコーク、ダイエットコーク、ライム入りダイエットコーク、ステビア入りダイエットコーク？（缶は緑色！）あるいは、ドクターペッパーがお好みかもしれない。

選択となると無制限を想定するのは、コカコーラだけではない。カリフォルニア州にある高級食料品店メンロパークは、七五種類のオリーブオイルと、二五〇種類のマスタード、三〇〇種類のジャムを販売している。

だが、選択肢はつねに、少ないよりも多いほうがよいのか？　選択肢が少ないほうがよいと言ってくれる経済学者を見つけることは難しいかもしれない。しかし、選択肢の多いほうが必ずしも望ましいとは限らないということが、明らかになりつつある。商品を提供する側と消費者のどちらにとっても。

社会心理学者のシーナ・アイエンガーとマーク・レッパーは、メンロパークの店内に台を置き、豊富な種類のジャムを並べた。[13]　一日のうち半分の時間は、台に六種類のジャムを置き、残り半分の時間には二四種類のジャムを置いた。この台に立ち寄った人は、店内で購入したどのジャムにも使える一ドル割引のクーポン券をもらった。二四個のジャムがあるときのほうが、六個しかないときより、はるかに多くの人が足を止めた。しかし、二四個あるときよりも六個しかないときのほうが、ジャムを買う人の数が一〇倍も多かった！　小売業者は用心すべし。客はときに、選択肢を際限なく検討する際に発生する機会費用をしっかりと認識しており、選択の負荷をかけすぎると、さっさと立ち去ってしまうのだ。

二〇〇〇年、スウェーデン政府が年金プランを改革した。ジョージ・W・ブッシュが社会保障給付金の一部を民営化しようとしたのと同様に、スウェーデン政府は、個人を対象とした投資計画を立ち上げた。政府の考えた計画は、表面上は理にかなっているように見えた――金融の専門家の目には。(14)

1　参加者は、政府の承認した投資信託を五つまでポートフォリオに組み込み投資することを選択できた。
2　投資信託は四五六種類あり、それぞれが宣伝を許可された。
3　各投資信託についての網羅的な情報が冊子にまとめられ、参加者に配られた。
4　ひとつの投資信託が政府の経済学者によってデフォルトファンドに選ばれ、これについての宣伝は許可されなかった。
5　参加者は、投資を行う投資信託を選択するように勧められた。

実際のところ参加者の三分の二は、デフォルトファンドを受け入れず、自身で選んだ。しかし、選び方はあまり上手ではなかった。まず、デフォルトファンドの管理料は〇・一七パーセントだったのに、参加者が選んだ平均的な投資信託の管理料は〇・七七パーセントだった。この差は、時間とともにかなり大きな違いになる。次に、デフォルトファンドでは普通株への投資が八二パーセントだったが、参加者が選んだ投資信託での平均的な割合は九六パーセントだった。スウェーデン経済は世界経済の一パーセントに相当するが、デフォルトファンドでは、普通株の一七パーセントをスウェーデン企業に投資していた。これでは、ひとつのカゴにたくさん卵を盛り込みすぎだ。ところが、他を選んだ参加者たちは結局、スウェーデン企業の株に四八パーセントも投資した。デフォルトファンドでは利得が確定した株式が一〇パーセントあったが、他の投資信託では平均して四パーセントだった。デフォルトファンドでは、ヘッジファンドと未公開株式がそれぞれ四パーセントだった。他の投資信託では、これら二種類には投資していなかった。最後に、年金プランの発表前、テクノロジー関連株がちょうど急騰していた。非常に多くの参加者が、ほとんどすべて、もしくはすべてを、先行きの怪しいテクノロジー関連株のみで構成されるファンドに投資した。そのファンドは、それまでの五年間で五三四パーセント成長していたが、あの不運な二〇〇〇年を思い起こせば、それらの株はまもなく急落する運命にあった。

　デフォルトファンドと他の投資信託の平均とのあいだにある違いはそれぞれ、デフォルトファンドのほうに有利であると経済学者なら言うだろう。心理学者なら、デフォルトファンドと他の投資信託との差は、理解可能な多数のバイアスの観点からたいてい説明づけられると言うだろう。

1　スウェーデンの某社の名前なら聞いたことがあるが、アメリカの某社は聞いたことがない。

2　私は、自分のお金（のすべて）を、成長の可能性が最大であるタイプのファンド、すなわち株に投資したい。
3　急騰しつつあるファンドより、ここ最近にあまり儲かっていないファンドを選ぶのは、愚か者だけだ。
4　ヘッジファンドや未公開株式が一体何なのかわからない。
5　時間ができ次第、投資信託についての本を読むつもりだ。

経済学者なら誰ひとりとして、平均的なスウェーデン人の参加者がしたような、これほど偏った投資戦略を選ばないだろう。

だが、投資信託の成果はどうだったか？　投資の決定についての善し悪しを最初の七年間の実績にもとづいて判断するのはまったく妥当とは言えないが、実際のところ、デフォルトファンドでは二一・五パーセント、その他のファンドでは平均して五・一パーセントの利益があった。

スウェーデンのプランはどのように変更すべきだったのか？　さらに、もしもアメリカで社会保障給付金が部分的に民営化されたら、どうすべきか？

スウェーデンのプランにある根本的な問題は、政府が、選択という目的にとらわれすぎていることだった。ファンドの一覧にある選択肢の多くは、投資の素人が選びそうなものだった。助言なしに、ファンドの選択肢を与えるべきではなかった。選択をする前に金融の専門家に相談するべきだとか、おそらくデフォルトファンドを選ぶべきだと、政府から参加者に言うべきだった。だが現在は、指図しすぎることを恐れるような時代なのだ。

ところで、医療の専門家は、私に言わせれば、選択という呪文《マントラ》にあまりにも心を奪われすぎている。患者に治療方法の選択肢を多数提示して、それぞれの費用と利益を説明し、それでいながらそのうちのどれかを推奨できない医師は、すべき仕事をしていない。医師には、患者と分かち合うべき専門知識がある。それは、推奨というかたちであったり、少なくとも、デフォルトの選択肢を示しつつ、他の選択肢を検討することもできるだろうという説明をするというかたちであったりするだろう。私が患者としての立場で個人的にデフォルトとして選択するのは、「先生、あなたならどうしますか」という問いかけだ。

インセンティブ、インセンティブ

私は最近、世界経済フォーラムの意思決定についてのパネルディスカッションに参加した。パネリストは、経済学者、心理学者、政治科学者、医師、政策専門家から構成されていた。パネルディスカッションの目的は、人を、自身の利益と社会の利益のために行動するように仕向ける方法を議論することだった。そこで流行していたのが「インセンティブ」という言葉だったが、パネルメンバーのほとんどが明らかに、金銭的な利得を約束することか、金銭的な損失で脅かすことという観点でしか、インセンティブをとらえていなかった。奨励金を与えて賢い行動を取らせ、愚かな行動には罰金を課すと脅かすような。

もちろん、金銭的なインセンティブの効果が非常に高いだろうということには、疑問の余地はない。

実際、驚くほどの効果の上がるときもある。あまりにも効果的なので、パネラーたちは、いくつかの都市において一日わずか一ドルを支払うことで、ティーンエイジャーの少女たちに妊娠を回避させることに著しく成功したという主張を、疑問をもたずに受け入れた。[15] このプログラムは大成功を収めたように見受けられた。その都市にとってはささいな額だったが、妊娠を大幅に減らすには十分であったと言われたからだ。さらには、都市にかかるその後の費用も、もちろん少女たちにかかる費用も抑えられた。しかし実際のところ、プログラムに何らかの効果があったのかどうかは論争の的となっており、それがもたらしたかもしれない成功も、性教育や、少女たちを定期的に大学キャンパスへ連れていくことで人生の可能性を広げるなどといった、プログラムの他の側面の影響だったかもしれない。私たちは、金銭的なインセンティブを信頼しているために、「一日一ドル」の主張をあまりにやすやすと信じる気持ちになるのだ。

本書の中心となるメッセージのひとつに、行動は、金銭的な要因だけでなく、その他多数の要因によって支配されており、金銭的なインセンティブが役に立たないか他よりも劣る場合に、いくつかの非金銭的なインセンティブがとても効果を発揮するというものがある。社会的な影響は、報酬の約束や、罰を与えるという脅しや、たくさんの忠告よりも、人を望ましい方向へと動かすために、はるかに多くのことをできるのだ。

他の人たちの行動についての情報を与えるだけでも、自身の行動を変える動機付けになりうる。他の人たちが、自分がしようとしているよりも優れた行動をしていると知っていれば、そのことが社会的影響の因子として働く。人は、他の人たちがしていることをしたいのだ。

他の人たちが自分の思っているよりも優れた行動を取っていると知ることは、説教よりもはるかに効果的である場合が多い。説教は、悪い慣習が実際よりももっと蔓延していると思わせることで、裏目に出る可能性がある。そうして、同調の雰囲気に飲み込まれてしまうのだ。

人に電気の使用量を減らしてほしい？ その人たちが近所の人たちよりたくさんの電気を使っているなら、そう記した札をドアにかけておくこと。[16] さらに、怒った顔文字も添えること。節電方法についての提案も付け加える。近所の人たちよりも電気使用量が少ないなら、そう記した札をドアにかける。ただし、必ず笑顔の顔文字も添えること。さもなければ、その人たちの電気使用量は反対に増えてしまうかもしれない。今までのところ、社会心理学者によるこうした賢明な介入により、カリフォルニア州のエネルギー費用が三億ドル以上節減され、数億キログラムの二酸化炭素が大気へと排出されるのを防いでいる。

地元の大学の生徒たちの深酒を減らしたい？ 2章で、キャンパス内の他の生徒たちがどの程度飲酒しているかを知らせることで、この目的が達成できると書かれていたのを思い出してほしい。他の生徒たちの飲酒は、印象ほどには多くない可能性が高いのだ。[17] 州の税法の遵守率を高めたい？ 州内での遵守率を知らせればよい。大半の人は、州内の脱税率をはるかに多く推定している。高く見積もりすぎていると、自分自身の小さな嘘を正当化することができる。「私は、ああいう詐欺師とは違う。旅費にちょっとだけ手心を加えているだけだ」。脱税率についての情報を与えると、この種の合理化をするのが困難になる。

ホテルでタオルを再利用することで節水し、環境を守らせたい？ そうしてくださいと頼むこともできるが、ホテルの客の大半は実際にタオルを再利用している、と知らせるほうが効果的だ。しかも、これまでに「この部屋に宿泊した」人の大多数がタオルを再利用したと知らせるほうが、いっそう効果が上がる。[18]

屋根裏を断熱すると年間数百ドルが節約できると教えたうえに、断熱すれば金銭的な報酬を与えると約束することができる。しかし、それに応じる人はあまり多くないだろう。みんなが私のような人なら、大きな障壁があるからだ。屋根裏にはがらくたがいっぱいあって、断熱材を取り付けるために天井まで到達するのが難しい。がらくたをどけたり捨てたりするのを促すために奨励金を与えてみて、屋根裏の断熱が促進されるかどうか見てみよう。

金銭的なインセンティブを与えたり、強制したりしようとすることは、相手が、インセンティブや強制を、行わせようとしている行為があまり魅力的なものではないと示すものだと受け止めるのであれば、逆効果になる可能性が高い。そうではなく、その行為を行う気持ちになるようなインセンティブを提示するとか、それを行わなければ警告を発するとかしてはどうか？

何年も前、マーク・レッパーとデイヴィッド・グリーンと私は、保育園で新しい興味深い室内遊びを行った。[19] 子どもたちは、それまでに見たことのない種類のフェルトペンで絵を描くことになった。私たちは子どもたちを観察し、それぞれがフェルトペンで絵を描くのに費やした時間を記録した。二週間後、実験者が数人の子どもに近づき、お絵かき賞をもらえるかもしれないので、フェルトペンを使って絵を描いてくれないかとたずねた。「ほら、大きな金色の星と青いリボンがついてるよ。君の名前と保育園の名前を入れる場所もある。お絵かき賞をもらいたくない？」。他の子どもたちには、フェルトペンで絵を描きたいかとだけたずねた。フェルトペンで絵を描くと「契約した」子どもたちは全員、お絵かき賞をもらった。何人かの子どもたちはフェルトペンで絵を描くという「契約」はしなかったが、それでも実験者は賞を与えた。何人かは、賞のための契約をせず、賞ももらわなかった。一、二週間後、フェルトペンを使った活動がふたたび行われた。

賞をもらうためにフェルトペンを使って絵を描くと契約し、後に賞をもらった子どもたちが絵を描く時間は、予期せずに賞をもらった、あるいは賞をもらわなかった子どもたちが描く時間の半分以下だった。契約をした子どもたちは、フェルトペンで絵を描くのは、欲しいものをもらうために行ったことであるととらえていたのだ。他の子どもたちは、自分がそうしたいからフェルトペンで絵を描いていたのだとしか、推論できなかった。

マーク・トウェインが言ったように、「仕事とは、身体がする義務のあるものすべてからなっており……遊びは、身体がする義務のあるものではないものすべてからなっている」。

私たちはみな、費用便益原則が染みついている経済学者のように考えたいと願うべきだ。しかし、それは無理な注文だ（経済学者にとってさえも）。幸いなことに、本章では、困難を迂回するために、自分自身の、そして大切な人たちの生活を工夫するためにできることがたくさんあるということを示している。

まとめ

損失について考えることは、利得について考えることと比べて、とても大事なことであるように思わ

れがちだ。損失嫌悪のために、たくさんの良い話を逃してしまう。少しの損失を引き受けることで、もっと大きな利得をつかむちょっとした機会を得ることができるなら、ふつうはそちらに賭けるべきだ。

私たちは授かり効果の影響を受けすぎる――自分のものだからという理由だけで、それを必要以上に大事にする。何かを売り払って利益を得る機会があるのに、そうしたくないと感じるなら、それは、単に、それを手許に置いておくことで正味価値が期待されるからなどという理由からではなく、それを自分が所有しているからなのか、と自問しよう。屋根裏にどれだけ保管スペースがあろうとも、無用の長物は売り払おう。一年間着なかった服はすべて捨てろと助言する人は、正しいのだ（私の指示に従うこと。私の行動をまねるな。私は定期的に、一〇年間着なかったシャツの位置をクローゼットのなかで移動させている。なぜなら、いつかは、どれかとぴったり合う上着を買うかもしれない可能性があるから）。

人間は怠惰な生き物だ。これまでそうだったからという理由だけで、現状にしがみついている。簡単な解決策が実際には最も望ましい選択肢となるように、自身の生活や他の人たちの生活を組み立て直すことで、怠惰から脱却しよう。選択肢Aが選択肢Bより良いなら、Aをデフォルトとして人に与えて、選択肢Bを手に入れるためには四角にチェックを入れさせよう。

選択は非常に過大評価されている。選択肢が多すぎると混乱が生じ、劣った決定を下してしまう――あるいは、必要な決定が下されるのを妨げる。顧客には、AからZではなく、AまたはBまたはCを提示すること。顧客はそのほうが幸せだし、あなたも儲かる。人に選択肢を提示することは、選択肢のどれを選んでも合理的であるということを意味する。最も優れた選択肢がどれであるかというあなたの意見を知らないために間違った選択をする自由を人にもたせないようにしよう。あなたが選択肢Aを最善とみなす理由と、他のどれかを選ぶことが合理的になるかもしれない条件を述べよう。

他人の行動に影響を与えようとするとき、すぐに慣習的なインセンティブ、すなわち飴と鞭という観点から考えてしまう。インセンティブのなかでも、金銭的な利得と損失がおおいに好まれる。しかし、してもらいたいことを人にさせるには、しばしば他の方法もある。そうした方法のほうが、効果が高く、なおかつ安くすむ可能性がある（また、賄賂を渡そうとしたり、強制しようとしたりすることは、逆効果になる可能性が非常に高い）。他の人たちがしていることを知らせるだけでも、とても効果が上がりうる。電気の使用量を減らしてもらいたい？　近所の人たちよりも電気をたくさん使っていると知らせよう。学生のアルコール摂取量を減らしたい？　周りの学生たちは、思ったほど酒飲みではないと教えてあげよう。人を押したり引いたりするよりも、障壁を取り除き、最も賢明な行動が最も容易な選択肢になるような道を切り開いてみよう。

第3部 符号化、計数、相関、因果関係

知らず知らずに、生まれてこのかた散文で話してきたとは。
——モリエール『町人貴族』の登場人物、ジュルダン氏

モリエールの作品に出てくる、生まれてこのかた散文で話してきたことを知って喜ぶ町人貴族のように、みなさんも、生まれてからずっと統計的な推測をしてきたと知って、驚き、そして良い気分になるかもしれない。これからの二つの章では、みなさんがより上手に、そしてより多く、統計的な推測をする手助けをしていきたい。

統計の手法を知っていると自分で思っているかどうかに関係なく、これからの二つの章を読む必要がある。

そう言えるのは、次の二つのうちのどちらかがあなたに当てはまる場合だ。

a) 統計をよく知らない。もしそうなら、次の二つの章を読むことは、日常生活で統計を使うことができる十分な知識を得るための、最も楽な方法だ。しかも、今日の世界においては、統計の基本的な知識がなくては、最上の生活を送ることがまず無理だ。

統計はあまりに退屈であるか、あまりに難しすぎて、長い時間をかけて努力しても物にできないと感じているかもしれない。その気持ちはよくわかる。大学生の頃、私はどうしても心理学者になりたかった。統計学の授業を取らないことには、その夢をかなえることは不可能だった。しかし、私には数学の素養がほとんどなく、最初の数週間は、数学の授業としか思えなくておびえていた。でも結局は、基本的な推測統計学で用いる数学には、平方根の求め方以上の知識は必要でないことがわかった（最近では、そのために必要な知識とは、電卓のどこに平方根のキーがあるかを知っていることとなっている）。統計学は数学の一部などではなく、むしろ、世界についての経験にもとづいた一般化全般であると考える研究者もいる。

さらに気を楽にしてもらうために、ここで説明する統計学の原則はどれも、日常生活においてとても役に立つうえに、常識的なものだと言っておこう。あるいは少なくとも、ちょっと考えれば、常識にかなうことだとわかる。あなたはすでに、いくつかの状況においては、統計の原則の多くをどのように適用すべきかを一応は知っているので、これからの章で受ける衝撃のほとんどでなくても多くは、なんだそうだったのかという種類のものだろう。

b）あなたは、統計についてかなりのことを、あるいはもっと多くのことを知っている。次の二つの章に出てくる統計学の用語をざっと見れば、そこから学ぶべきことはほとんどないと感じるかもしれない。それは違う、と断言しよう。統計学はふつう、ＩＱテストや農業生産高以外の分野においては、できる限り使わないようにと教えられる。だが、統計学の原則をさっと関連づけられるようなやり方で物事を枠組み《フレーミング》に入れる方法を身に付ければ、統計学的な能力を日常生活の無数の領域で発揮することができるだろう。

ほとんどの大学において、心理学専攻の大学院生は、最初の二年間のうちに統計学の授業を二つ以上は履修する。ダーリン・レーマンとリチャード・ランパートと私は、学生たちが統計学の原則を日常的な問題に適用する能力と、科学的な主張を批評する能力を、大学院生になった当初と、さらには二年後に調べた。[1] 統計学の原則を日常生活に適用する能力がとても伸びた学生もいれば、あまり伸びなかった学生もいた。

統計学を日常生活に適用する力が伸びた学生は、社会心理学や発達心理学、パーソナリティ心理学など、いわゆるソフトな領域の心理学を専攻する傾向がある。そうした力があまり伸びなかった学生は、生物心理学、認知科学、神経科学など、ハードな領域を専攻している。

全員が同じ統計学の授業を取っているのに、なぜ、ソフトな領域を専攻する学生のほうが、ハードな領域を専攻する学生よりも多くを学ぶのか？　その理由は、ソフトな領域を専攻する学生たちは、学んだ統計学を、日常的な種類の出来事へいつも当てはめているからだ。母親たちのどの行動が、幼児の社会への信頼と最も大きく関連するのか？　母親の行動をどのように符号化して測定するのか、社会への信頼をどのように評価し測定するのか？　人は、対象物を与えられたことだけで、その対象物への評価を変えるのか？　対象物についての人の評価をどのように測定するのか？　小さな集団において、外交的な人が話す量と、内向的な人が話す量は、どれくらいの差があるのか？　話す量をどのように符号化すべきか？　それぞれの人が話す時間のパーセント？　単語の数？　話の中断も別々に数えるべきか？

要するに、ソフトな領域の学生は、この章でみなさんがそうできるように手助けをする、二つのことがらを習得しているのだ。（1）統計学の原則との関連性が明らかになり、そうした原則との接点が得られるような方法で、日常生活の出来事をフレームに入れ、（2）統計学のルールに近いものを出来事に適用できる方法で、出来事を符号化する。次の二つの章では、こうしたことを、日常生活で見られることのある逸話や現実的な問題を用いて行う。そこでは、みなさんが統計学的ヒューリスティック――日常生活における無数の出来事への正しい答えを指し示す経験則――を構築する手助けをするつもりだ。統計学的ヒューリスティックが使えれば、代表性ヒューリスティックや利用可能性ヒューリスティックなどの直観的なヒューリスティックだけを当てはめるような出来事が減るだろう。統計学的なヒューリスティックだけが適切であるような出来事の領域にも、直観的なヒューリスティックが侵入しているのだ。

ラットや脳、意味をなさない音節の暗記について二年間学んでも、統計学的な原則を日常的な出来事に適用する能力はあまり伸びない。ハードな領域の心理学を学ぶ学生たちは、化学や法律を学ぶ学生と同程度しか習得しないのかもしれない。化学や法律を専攻する学生たちは、統計学を日常的な生活へと適用する能力が二年間でまったく培われないことがわかった。

また、医学生についても調査をした。日常的な問題について統計学的に考える能力があまり伸びないだろうと予測していたが、それは間違いだった。医学生たちは、そうした能力をかなり培っていたのだ。私は、ミシガン大学医学部に数日間通い、この能力が向上したことの理由とおぼしきことを発見した。驚いたことに医学部では、早い時期に一冊のテキストが配布され、統計学の訓練を積むことが求められる。医学生たちは、定量化が可能になるような手法を用いて病状や人間の行動について学び、明確に統計学的な観点からそれらについて推論する。これはおそらく、最低限の統計学の通常授業よりもはるかに重要な試みだ。「患者には、A、B、Cの症状があり、DとEの症状はない。この患者が疾病Yにかかっている可能性はどれだけあるか？　疾病Zならどうか？　回答は疾病Z？　それはおそらく間違いだろう。疾病Zはかなりまれな病気だ。ひづめの音が聞こえたら、シマウマではなく馬ではないかと考えろ。どの検査を実施しようか？　検査Qと検査R？　それは不正解。この二つの検査は統計学的にあまり信頼性が高くない。そのうえかなりの費用がかかる。検査Mか検査Nを選択するかもしれないが、これらは安価で統計学的な信頼性が高くとも、どちらも疾病Yまたは疾病Zをあまり有効に予測できない」

実社会における問題を統計学的な問題としてフレームに入れ、統計学的なヒューリスティックを適用できるような方法で問題の要素を符号化するコツをいったんつかめば、統計学の原則が魔法のように出現して、与えられた問題を解く手助けをしてくれるようだ。しかもしばしば、ゆるやかな統計学的な原則を適用していることに気づかないうちに。

これから、一般的な言い回しを使って、百年以上にわたり利用されている基本的な統計学の原則を紹介していく。こうした概念を用いて、多くの分野の科学者たちが、対象の特徴を正しい方法で記述できていることにどれくらい自信がもてるかを判定したり、さまざまな種類の出来事のあいだの関連性の強さを推定したり、そうしたつながりに因果関係があるかどうかを判断しようとする。後ほどわかるが、統計学の原則はまた、日常の問題を明確にし、職場や家庭でより良い判断をするためにも用いることができる。

7章　確率と*N*

二〇〇七年、テキサス州知事リック・ペリーが、テキサス州内の一二歳の女児全員を対象に、ヒトパピローマウイルス（HPV）のワクチンを接種するという行政命令を出した。このワクチンは、子宮頸がんを引き起こす可能性がある。二〇一二年の共和党予備選でリック・ペリーと競っていたミッチェル・バックマンは、「ワクチンを接種した娘が、精神遅滞になってしまった」という話をある女性から聞いたと発言した。

HPVのワクチン接種が精神遅滞を引き起こすというバックマンの推論、あるいは少なくとも、私たちにそう推論するように仕向けたことのどこが間違っていたのか？　何がどれだけ間違っているのか、ひとつひとつ見ていこう。

バックマンの提示した証拠を、アメリカ合衆国においてワクチンを接種した一二歳の女児全員という母集団のサンプルについての報告としてとらえる必要がある。一件の精神遅滞はサンプルとしては非常に小さく（*N*の値が低い）、ワクチンを接種される女児の母集団全体がリスクを被ると主張するにはほど遠い。

現実にも、接種をするかしないかをランダムに選別した、精密な無作為化比較試験が数回実施され、今なお追跡調査が行われている。これらの調査では*N*、すなわち件数が非常に大きい。これらの研究では、ワクチンを接種した女児において、接種しなかった女児と比べて精神遅滞の割合が高いことを示す事例は確認されなかった。

バックマンの述べた、ワクチンを接種した一二歳の女児というサンプルは、一例にすぎない——「〜という男をひとり知っている（I know a man who...）」というような、マン・フー統計学に依存した例である。バックマンのサンプルは、ランダムというよりも、せいぜい場当たり的だ。サンプル選択の手順が、ランダム選択の最も適切な基準——母集団内で一人ひとりがサンプルに入る機会が等しいと定義される——に近づくほど、最も信頼性が高くなる。サンプルがランダムかどうかを知らなければ、用いられる統計学的な測定が、何だかわからない方向へとバイアスがかかってしまうかもしれない。

じつのところバックマンのサンプルは、場当たり的なサンプルとすら言えない。バックマンが本当のことを言っていると仮定しても、彼女には、このひとつの症例を一般大衆に提示する強い動機があった。さらに、バックマンは本当のことを言っていなかったかもしれないし、情報提供者が本当のことを言っていなかったかもしれない。だからといって、情報提供者が嘘をついていたと言っているわけでもない。その人はたぶん、バックマンに言ったとされていることを信じていたのだろう。その人の娘がワクチンを接種した後に精神遅滞と診断されたなら、その母親の推論は前後即因果の誤謬の一例である可能性がある。あれの後にこれが起こったから、あれが原因なんだ、とする誤りだ。物事1が物事2の前に起こったという事実は、必ずしも、1が2の原因であることを意味しない。ともかく、バックマンの主張は、マン・フー統計学によって設定された極めて低いハードルもクリアしていないとみなすべきだろう。

前後即因果の誤謬と、マン・フー統計学とが組み合わさった私のお気に入りの例は、友人から教えてもらったものだ。その友人は、老人二人の次のような会話を耳にはさんだ。一人めがこう言う。「タバコをやめなければいけない、やめないと死ぬぞ、と医者が言うんだ」。二人めがこう言う。「だめだ、タバコをやめちゃいけないぞ！　医者に言われてタバコをやめた友人が二人いるけど、二人とも数か月後に死んだ」

サンプルと母集団

1章で出した、病院についての推測の問題を思い出そう。出産総数の六〇パーセント以上が男児である日が、小さい病院のほうが大きい病院よりも多いというものだ。これを理解するための方法はただひとつ、大数の法則を理解することだ。平均や比などのサンプルの値は、*N*が大きい、すなわちサンプルが大きいほど、実際の値に近くなる。

母集団の大きさが極端であると、大数の法則の力を確認しやすい。ある病院で、ある日に、一〇件の出産があったとしよう。出産件数のうち六〇パーセント以上が男児である可能性はどれくらいだろうか？　もちろん、可能性はかなり高い。コインを一〇回投げて六回表が出ても、いぶかしんだりしないだろう。では、別の病院でとある日に、二〇〇件の出産があったとしよう。値が逸脱する可能性はどれくらいだろうか？　かなり低いのは間違いない。これはちょうど、公正であるとされているコインを二〇〇回投げて、表の出る回数が、予測される一〇〇回ではなく一二〇回以上であることに相当する。

余談だが、サンプルを用いた統計学（平均値、中央値、標準偏差など）の精度は、本質的に、サンプルを抽出した母集団の大きさに左右される。選挙で行われる全国世論調査の大半では、一〇〇〇人ほどのサンプルを抽出しており、統計の精度はプラスマイナス三パーセント以内と言われている。一〇〇〇人というサンプル数は、母集団の大きさが一万の場合と、母集団の大きさが一億の場合のどちらでも、ある候補者を支持する正確なパーセントを同じくらい正しく推測できる。だから、あなたの支持する候補者が八ポイント差で有利なら、もう一方の候補者の陣営の責任者が、何百万人もの人が投票をするのに世論調査のサンプル数はたったの一〇〇〇人だと言って調査結果を鼻であしらっても、心配することはない。調査対象となった人たちが、何らかの重要な点において、母集団の代表ではない限り、こちらの陣営の候補者が祝杯を上げる方向へと進んでいる。ここで出会うのが、サンプルバイアスの問題だ。

大数の法則は、サンプルに偏りがない場合にのみ成立する。サンプルの値に誤りがある可能性が入り込んでいる場合、そのサンプルは偏っている。工場の従業員のうちどれくらいの割合がフレックスタイム勤務を好むかを明らかにしようとして、男性従業員だけをサンプルに抽出したら、あるいは食堂で働く人だけをサンプルに抽出したら、そうした人々は、何らかの重要な点において、工場の従業員全体とは異なる可能性があり、フレックスタイム制を好む従業員の割合が誤って推測されてしまうだろう。サンプルに偏りがある場合、サンプルが大きいほど、間違った推測が確実になされてしまう。

ただし、全国世論調査では実際のところ、母集団から無作為にサンプルを抽出していないということに注意すべきだ。実際にそうするためには、国内の投票者の誰にでも、サンプルに選ばれる機会が平等に与えられていなければならないだろう。そうでない場合、深刻なバイアスのリスクがある。アメリカ合衆国で最初に実施された全国世論調査のひとつに、すでに廃刊された『リテラリー・ダイジェスト』

誌が行ったものがある。そこでは、一九三六年の選挙でフランクリン・ルーズベルトが負けるだろうと予測されたが、実際にはルーズベルトが地滑り的勝利を収めた。『ダイジェスト』誌の手法には、どういう問題があったのか？　同誌の調査は電話で行われた。当時は裕福な人（共和党員に偏っていた）だけが電話を持っていたのだ。

これに似たバイアスの原因が、二〇一二年の選挙におけるいくつかの世論調査にも認められた。ラスムッセン調査会社は、携帯電話回線に電話をかけなかった。携帯電話しか持っていない人のかなりの割合が若い人で、民主党支持の傾向が強いという事実に注意を払っていなかったのだ。ラスムッセンによる世論調査は、その手法からして根本的に、固定電話と携帯電話の両方からサンプルを抽出した世論調査と比べて、ロムニー候補への支持を過大評価していた。

その昔、人々が、調査員からの電話に出たり、玄関のドアを開けて調査員と対面したりしていたときは、母集団から無作為にサンプルを抽出する状態に近かった。最近では、世論調査の精度は、調査員がデータと直感を用いてサンプルをいかに修正するかという点にある程度依存している。つまり、世論調査の数値というスープに、回答者が投票をする可能性や、回答者の支持政党、性別、年齢、コミュニティや地域の過去の投票動向、イモリの目にカエルのつま先を混ぜて重み付けをするのだ〔『マクベス』第四幕第一場で魔女たちが大釜のなかで得体の知れない物をぐつぐつと煮込んでいる場面にかけて〕。

真の得点を知る

次の二つの問題について考えよう。

X大学には、評判の良いミュージカル舞台プログラムがある。このプログラムでは、将来性の高い少数の高校生に奨学金を授与している。プログラムを率いるジェーンには、この地区の高校で演劇を教えている教師の友人が何人かいる。ある日の午後、ジェーンはスプリングフィールド高校を訪ね、教師たちから素晴らしい演劇の才能があると称賛されているひとりの生徒を観察する。その生徒が主役を演じるロジャースとハマースタインのミュージカル作品のリハーサルが行われている。生徒は、台詞をいくつか間違え、演じている役を正しく理解していないようで、舞台での存在感が小さい。ジェーンは同僚に、高校の教師たちの判断が信用できなくなったとこぼす。これは、賢明な結論か、そうでないか?

ジョーは、Y大学のアメフトチームのスカウトをしている。ジョーは州内あちこちの高校の練習試合を見に行き、大学のチームに入れることを検討すべきだとコーチが推薦した有望な選手を探して回る。ある日の午後、ジョーはスプリングフィールド高校を訪ね、素晴らしい勝敗記録をもち、タッチダウンとフォワードパスの成功率が非常に高く、コーチたちから高く称賛されているクォーターバックを観察する。そのクォーターバックは、練習で数回パスを失敗し、二、三回タックルされ、ヤードもほとんど獲得できない。ジョーは、このクォーターバックの評価は高すぎると報告し、大学はこの選手の獲得を検討することを止めるべきだと進言する。この進言は、賢明か否か?

ジェーンが賢明でジョーは賢明でないと答える人なら、スポーツについてはくわしいが、演劇についてはくわしくない公算が高い。ジョーが賢明でジェーンは賢明でないと答える人なら、演劇についてはくわしいが、スポーツについてはくわしくない公算が高い。

スポーツについてあまり知らない人は、そのクォーターバックにはそれほど才能がないだろうとジョーが考えるのはおそらく正しいと判断する場合が多いが、スポーツをよく知っている人は、ジョーは性急すぎるかもしれないと考える傾向のあることがわかっている。スポーツにくわしい人たちは、ジョーのもっているクォーターバックの行動についての（かなり小さい）サンプルは極端な事例かもしれないという可能性を認識しており、クォーターバックの能力は、ジョー自身の評価よりも、情報提供者の評価のほうに近い可能性が高いということをわかっているのだ。

演劇についてあまり知らない人は、その生徒はおそらくそれほどすごくはないのだろうと答える可能性が高いが、演劇をよく知っている人は、友人の高校教師たちの判断にたいするジェーンの反応が否定的すぎるかもしれないと考える。他の条件が同じなら、ある領域についてよく知っているほど、その領域について考えるにあたって、統計学的な概念をより多く使える傾向がある。そういう場合に重要になる概念が、大数の法則である。

大数の法則が関係してくる理由はこうだ。複数のシーズンにわたるクォーターバックの成績は、その選手の技能を示すかなり信頼性の高い指標であるとみなすことができる。もしもコーチが、その選手はとても優秀だという意見を述べてその信頼性を裏付けるなら、ジョーが観察しているクォーターバックは本当にとても優れた選手であるということを示すかなりの量の証拠――大量のデータ――が得られることになる。ジョーの側の証拠は、これと比べるとかなり少ない。ある一日の一回の練習を視察しただけだ。

選手のパフォーマンスにもともとあるばらつき、さらには、チーム全体のパフォーマンスにもともとあるばらつきは、「どの日曜日でも、ＮＦＬのどのチームも、ＮＦＬの他のどのチームにでも勝てる」

という格言に認められる。もちろんだからと言って、すべてのチームの能力が等しいというわけではない。さまざまなチームの相対的な技能を自信をもって判定するには、かなりたくさんの行動サンプルが必要であることを意味しているだけだ。

同じ論理が、視察した女生徒についてのミュージカルプログラム責任者の意見にも当てはまる。その生徒を知る複数の人が、彼女にはかなりの才能があると断言するなら、責任者は、自分自身の得たサンプルをそれほど重視すべきではない。このことをわかっている人はほとんどいないようだ。自分でも演劇をかじったことがあり、この分野では出来不出来にばらつきがあることをよく知っている人を除いては。コメディアンで俳優のスティーヴ・マーティンが、ほとんどどんなコメディアンでも、ときには非常に素晴らしいパフォーマンスをすることがあると自伝に書いている。成功したコメディアンとは、どんな時でも最低限は良いパフォーマンスをできる人たちなのだ。

統計学の専門用語を使えば、コーチとミュージカルプログラムの責任者は、測定をする対象者の真の得点を判定しようとしている。測定＝真の得点＋誤差である。これは、人の身長であれ、気温であれ、あらゆる種類の測定に当てはまる。得点の精度を向上させるには二つの方法がある。ひとつは、測定の種類を改善すること——より良い物差しや温度計を使うことだ。もうひとつは、測定の回数を増やし、その平均を取ることで、測定に現れるどのような誤差も「相殺」すること。ここに大数の法則が当てはまる。測定の回数を増やすにつれ、真の得点に近づいていくのだ。

面接の錯覚

たとえ、ある領域についてくわしくて、統計学についてもくわしくても、ばらつきの概念や、大数の法則の関連性を忘れがちだ。ミシガン大学心理学部では、大学院への進学を希望する上位の学生たちに、進学を認めるかどうかの最終決定を下す前に面接を課す。私の同僚たちは、志願者ひとりあたり二〇分から三〇分の面接をかなり重視する傾向がある。「この女子学生はあまり有望ではないな。我々が話している問題にあまり興味がなさそうだった」。「この男子学生は、かなり良いんじゃないかな。説明した卒論も優れているし、研究の手法をよく理解していることもわかった」

ここにある問題は、わずかな数の行動サンプルにもとづいた人についての判断が、もっと多くの量の証拠と比べてかなり重視されることが許されているということだ。その多数の証拠には、三〇以上の学科についての四年間にわたる行動を集約した大学の平均成績値や、一二年間にわたる学業でどれだけのことを学んだかをある程度表すとともに、一般的な知的能力をある程度表している大学院進学適性試験（GRE）の得点、通常は学生との長時間にわたる接触にもとづいて書かれた推薦状が含まれる。実際、大学の平均成績値は、大学院での成績をかなりの程度まで予測することが証明されている[1]（相関値は約〇・三。次の章でわかるだろうが、これでも低めの値だ）。また、GREの得点も、だいたい同じ程度まで成績を予測できる。さらにこの二つは互いにある程度独立しているので、両方を用いることで、それぞれを別々に使った場合よりも予測の精度が向上する。そのうえ推薦状を加えることで、精度が多少上がる。

しかし、三〇分の面接にもとづいた予測と、学部生と大学院生の成績評価との相関値は、〇・一〇以下であることがわかっている。評価の対象となるのが、陸軍将校でも、ビジネスマンでも、医学部生でも、平和部隊のボランティアでも、その他どのような分野の人でも同様だった。この予測の程度は、かなりお粗末だ——コイントスの予測と比べてたいして変わらない。面接に置く重みをそれにふさわしいものにする、たとえば、他の点で甲乙つけがたい候補者のどちらかを選ぶ手段として使う程度に抑えておくのであれば、まだよいだろうが。しかし、他のもっと重要な情報のもつ価値よりも、面接の価値を重視しすぎることによって、予測の精度を下げてしまうことがよく見られる。

実際、面接に価値を置きすぎて、間違ってしまうことが多い。高校のGPAよりも面接のほうが、大学での学業成績をより正しく予測すると考えたり、志願者を何時間にもわたり観察した結果である推薦状よりも面接のほうが、平和部隊に入った後の仕事の質をより良く指し示すと考えたりするのだ[2]。

面接の実情について学んだことを徹底させるために、言っておこう。学校や仕事への志願者についての、重要でおそらく価値のある情報が、フォルダーのなかを見れば手に入るなら、面接をしないほうがうまくいく。面接に置く重みを、それにふさわしい最小限に留めることができるとしたら話はちがってくるだろうが、面接を重視しすぎないようにすることは、ほぼ不可能だ。なぜなら私たちには、観察をすれば相手の能力や性格についてとても優れた情報が得られるはずだといった、道理に合わない自信をもつ傾向があるからだ。

まるで、面接をした人についてもつ印象が、その人のホログラムをじっくり見て形作られたものであるとみなしているかのようだ。少々小さくてぼやけてはいるが、それでもその人全体を表すものであるかのように。本来、面接は、その人について存在する情報すべてと比べて、ごく少量の断片的で、おそらくはかなり偏ったサンプルであるととらえるべきなのだ。目の見えない男と象の話を思い出し、自分もそうした目の見えない男のひとりなのだと自身に言い聞かせようとしなくてはならない。

面接の錯覚と根本的な帰属の誤りは、同じ布から切り出されたものであり、どちらも、対象とする人についてもっている証拠の量に十分な注意を払わないことによって増幅されるということを心に留めておかなければならない。根本的な帰属の誤り、すなわち、周囲の状況よりも、人のいつもの気質のほうの関連性を過剰に評価してしまうという誤りについての理解を深めれば、面接からどれほどのことがわかるかと怪しむようになるだろう。大数の法則をもっとしっかりと把握すれば、根本的な帰属の誤りと面接の錯覚の双方に影響を受けることが少なくなる。

私自身は、面接の有用性についての知識があるおかげで、面接にもとづいて自分の下した結論の妥当性についてつねに懐疑的でいられる、と言えたならいいのだが。実際のところ、その原理を理解していても、あまり影響はない。自分は、価値があり信頼できる知識をもっているという錯覚が強すぎるのだ。とにかく、面接に、あるいは人に短時間だけ接することに、重きを置きすぎないようにと自分に言い聞かせなければならない。志願者と面識のあった長期間のあいだに形成された他の人の意見や、学業成績や仕事の実績の記録にもとづいた、おそらくは確かな情報を与えられている場合、この戒めは特に重要になる。

しかしながら、私のことではなく、短時間の面接にもとづいたあなたの判断には限界があるということなら、よくよくわかる！

分散と回帰

私には、病院の経営コンサルタントをしている友人がいる。名前はキャサリンとしよう。彼女は自分の仕事を気に入っている。旅行をして知らない人たちに会うのが好きだからというのも理由のひとつだ。彼女はちょっとしたグルメで、とても良いと信用するに足るレストランに行くのが趣味だ。でも、初めて行ったときには素晴らしいと感じたレストランにもう一度行くと、たいていはがっかりすると言う。二回目の食事が最初のときと同じくらいおいしいと思うことはめったにないらしい。これはなぜだろうか？

もしもあなたの答えが「たぶんシェフがしょっちゅう代わるから」とか、「たぶん期待が高すぎて、がっかりする傾向が強まるんだろう」なら、ある重要な統計学的観点を見逃している。

この問題にたいする統計学的な対処のしかたは、結局のところ、キャサリンがどこかのレストランで、何らかの機会に、どれくらい良い食事に出会うかには、偶然の要素が絡んでくるということを認識するところから始まるだろう。さまざまな機会に誰かがどこかのレストランで食事を試すとき、あるいは、ある集団があるときに、どこかのレストランで食事をするとき、食事の質について下される判断にはばらつきが生じる。キャサリンがレストランで食べた最初の食事は、まあまあ（あるいはもっと悪い）から素晴らしいまでのどこかになるだろう。こうした変動があることから、食事の質についての判断が変数とよばれる。

非連続的な変数（たとえば性別や所属党派の場合）とは対照的に、連続した（たとえば身長の場合、一方の極値からもう一方の極値までの範囲にわたる測定値がある）どのような種類の変数も、平均値と、平均値の周囲における分布をもつことになる。この事実だけを考えれば、キャサリンがしょっちゅうがっかりするのは驚くほどのことではない。ときにはレストランでの二回めの体験が、一回めの体験よりも悪くなるということは、実際には確実に起こることであるからだ（同様に、二回めの食事が一回めの食事より良い場合もある）。

しかし、さらにこうも言える。素晴らしい食事を一回経験したレストランについてのキャサリンの評価は、次には下がると予測できる。ある値が平均に近ければ近いほど、それはありふれたものである、という理由から。平均値から遠い値ほど、まれにしか存在しない。だから、機会1において素晴らしい食事をしたなら、次の食事は、それほど極端なものではなくなる可能性が高い。このことは、正規分布の定義に当てはまるあらゆる変数について言える。正規分布は、図2にあるように、いわゆるベルカーブとして表される。

正規分布は数学の抽象概念ではあるが、連続した変数について驚くほど頻繁にその近似が認められる。さまざまな雌鳥が一週間に産む卵の数から、自動車の変速機の製造における一週間あたりのエラー数、IQテストの得点まで、どれも、正規分布に近い形で並べられる。なぜそうなるのか誰も知らない。ただ、そうなるのだ。

平均の周辺に事例が分散することを説明する方法はたくさんある。ひとつが範囲、すなわち、利用可能な事例のなかの最高値から最低値を引いたものだ。分散を測るさらに有効な手法が、平均からの平均偏差である。もしも、さまざまな都市でキャサリンが入るレストランでの最初の食事に彼女が与える評価の平均がたとえば「かなり良い」であり、その平均からの平均偏差が、たとえばプラスの側では「とても良い」で、マイナスの側では「まずまず良い」なら、最初の食事の質についてのキャサリンの判断の平均値からの分散の度合い——平均偏差——はあまり大きくないと言えるだろう。もしも平均偏差の範囲が、プラス側の「最高」からマイナス側の「どちらかといえば平凡」なら、分散はかなり大きいと言えるだろう。

しかし、もっと有用な分散の測定単位がある。それを使えば、連続した数値が与えられるどのような変数も計算することができる。それは、標準偏差だ（あるいはSDとも言う。これを表す記号はギリシア語のシグマ、σ）。標準偏差は（本来）各々の測定値の平均からの隔たりを二乗した値を平均したものの平方根である。概念的には平均偏差とはさほど違わないが、標準偏差にはいくつかの極めて有用な性質がある。

図2にある正規曲線には、標準偏差の区分が示されている。値のうちの約六八パーセントが、平均値からのプラスマイナス一平均偏差内に入る。たとえば、IQテストの得点について考えよう。ほとんどのIQテストの得点は、平均値が一〇〇、標準偏差が一五になるように任意に設定されている。IQ一一五の人は、平均値からプラス一標準偏差となる。平均と、平均からプラス一標準偏差との隔たりはかなり大きい。IQ一一五の人は、大学を卒業し、さらには大学院で研究を行うことも期待できる。典型的な職業としては、専門職や管理職、技術職があるだろう。IQ一〇〇の人は、コミュニティ・カレッジや短期大学を卒業するか、高校を出ただけで、店長や事務員、職人のような職業に就く可能性が高い。

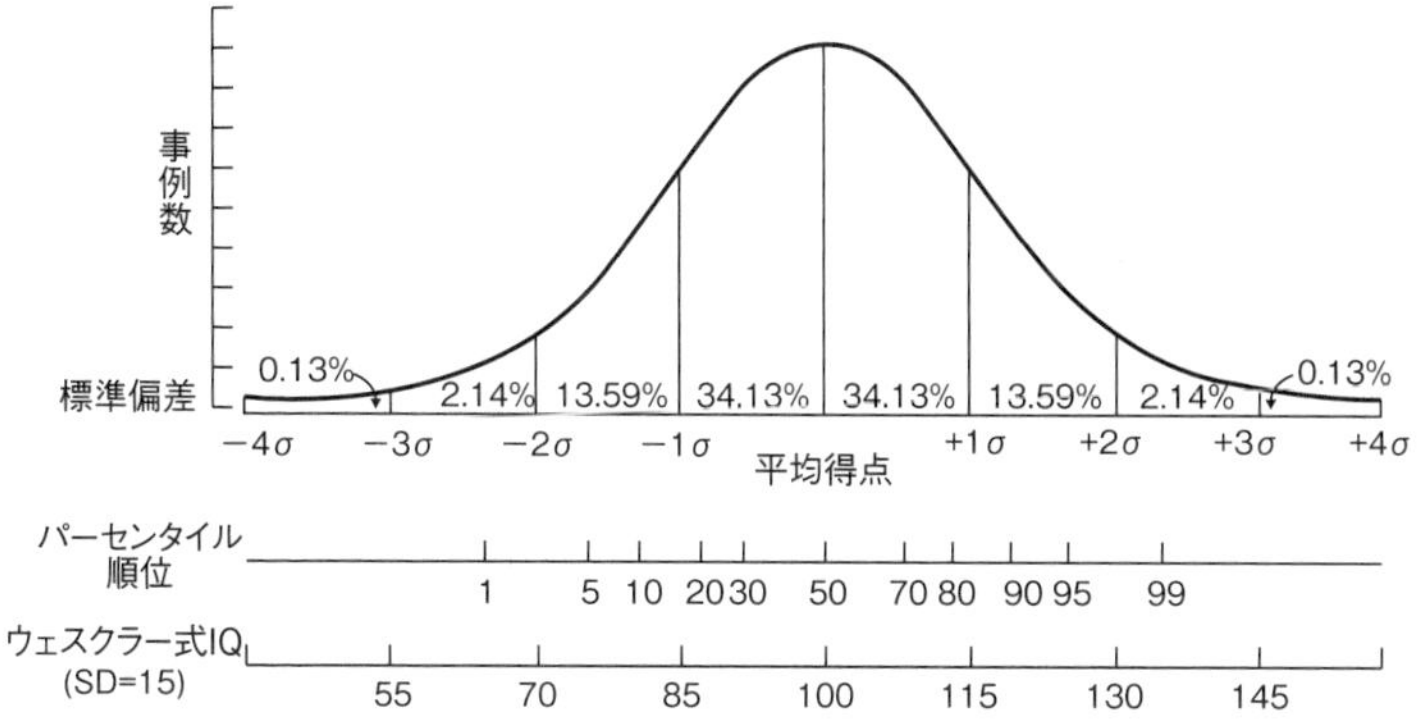

図２　平均値100を中心としたIQ得点の分布と、それに対応する標準偏差とパーセンタイル順位

標準偏差についてのもうひとつの有用な事実が、パーセンタイルと標準偏差の関係に関連するものだ。すべての測定値の約八三パーセントが、平均値からプラス一標準偏差（SD）以下に入る。平均値からちょうどプラス一標準偏差のところにある測定値は、分布の八四パーセンタイル順位にある。残りの測定値の一六パーセントが、八四パーセンタイル順位より上にある。すべての測定値の約九八パーセントが、平均値からプラス二標準偏差より下にある。平均からちょうどプラス二標準偏差のところにある得点は、九八パーセンタイル順位となる。残りの測定値、すなわち二パーセント強が、その順位より上にくる。ほぼすべての測定値が、平均値のマイナス三標準偏差と平均値のプラス三標準偏差のあいだに入るだろう。

　標準偏差とパーセントの関係を理解すると、私たちが遭遇する連続した変数の大半についての判断に役に立つ。たとえば標準偏差は、金融分野において頻繁に使われる尺度である。投資利益率の標準偏差は、投資の変動率を測る尺度だ。もしもある株の過去一〇年間の平均利益率が四パーセントで標準偏差が三なら、将来の期間のうち六八パーセントにおける利益率が一パーセントから七パーセントのあいだになり、将来の九六パーセントにおいては、利益率がマイナス二パーセントから一〇パーセントのあいだになると推測するのが最も妥当だ。かなり安定性が高い。大金持ちにはならないかもしれないが、貧乏にもならないだろう。もしも標準偏差が八なら、将来の六八パーセントにおいて、利益率がマイナス四パーセントから一二パーセントのあいだになるということになる。これなら株でかなりもうかるだろう。将来の一六パーセントにおいては、利益率が一二パーセント以上になるだろう。一方、将来のうちの一六パーセントにおいては、四パーセント以上の損をするだろう。これはかなり変動が激しい。また、将来の二パーセントにおいては、一二パーセント以上の損をして、将来の二パーセントにおいては、二〇パーセント以上の利益が出るだろう。大もうけするか、無一文になるか、どちらかだ。

いわゆる割安株《バリュー》は、配当と株価の両方において変動率が低い。配当利回りは年二パーセントか三、四パーセントあたりで、おそらく上げ相場でも株価があまり上昇せず、下げ相場でもあまり下降しないだろう。いわゆる成長株《グロース》の利益の標準偏差は一般的に大きく、すなわち、上昇の可能性も、下降のリスクも非常に大きいということになる。

金融アドバイザーはだいたい、若い顧客には成長株を勧め、上げ相場と下げ相場のどちらにおいても手放さないように助言する。なぜなら、長期的に見ると成長株は確実に成長する傾向にあるからだ――ただし一時的に下落して不安をかき立てる場合はある。金融アドバイザーはたいてい、年齢の高い顧客には、退職目前になって下げ相場に巻き込まれないように、主として割安株に切り替えるように勧める。

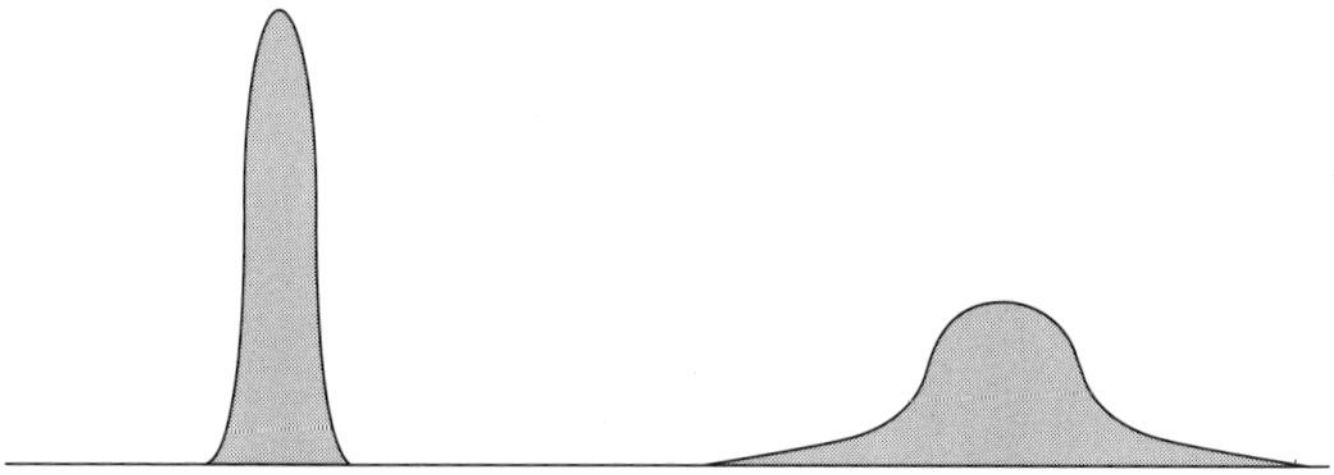

急尖的　　緩尖的

興味深いことに、正規分布についてこれまで説明してきたことはどれも、正規分布の形とは関係なく成り立つ。正規分布がベルカーブの形になるのは、そう頻繁ではないのだ。曲線の尖度（膨らみ方）には、さまざまな形がある。急尖（細長い）曲線は、一九三〇年代の漫画に描かれた宇宙船のようで、頂点がとても高く尾が短い。緩尖（幅広い）曲線は、象を飲み込んだ大蛇のようで、頂点が低く尾が長い。それでも、どちらの分布においても、すべての値の六八パーセントが、プラスマイナス一標準偏差内に収まる。

ここで、キャサリンが素晴らしい料理を食べたレストランを再訪したときに、たいてい失望するのはなぜか、という先ほどの問いに戻ろう。レストランでの食事についてのキャサリンの評価が変数であるという点においては、すでに同意している。それにはたとえば、じつにひどい（一パーセンタイル順位）から、極めて美味（九九パーセンタイル順位）までの幅がある。素晴らしい食事とは、キャサリンの評価の九五パーセンタイル順位かそれ以上のところに位置するとしてみよう――彼女の食べた食事のうちの約九四パーセントよりもおいしいというわけだ。そうして、あなた自身がこれまでに食べた料理について、次のような質問をしてみよう。これまでに入ったことのないレストランで、これから食べるかもしれないすべての食事が素晴らしいものである可能性のほうが高いと思うか、それとも、一部の食事が素晴らしいものである可能性のほうが高いと思うか？　もしも、すべての食事が素晴らしいとは期待しておらず、たまたま最初の機会が素晴らしい食事だったと思うなら、二回めの食事について期待される値は、最初の素晴らしい食事の評価を少なくともわずかに下回る。

キャサリンの二回めの食事体験は、平均値への回帰の一例であると考えられる。もしも食事の体験が正規分布であるなら、極端な値が得られる可能性は当然ながら低く、したがって、そのような種類の極端な出来事の後に起こる種類の出来事は、それほど極端なものではなくなる可能性が高い。極端な出来事は、あまり極端ではない出来事へと回帰するのだ。

回帰効果は、どこにでも見られる。野球の年間最優秀新人選手の二年めのプレーにがっかりさせられることがこれほど多いのはなぜか？　回帰するから。新人選手の一年めの成績は本来の成績からすると異常値であったため、次は下がるしかない。ある年に他の株よりも株価の上がった株が、次の年にはぱっとしなかったり、下がったりすることが多いのはなぜか？　回帰するから。三年生で成績が最下位の生徒が、翌年には成績が少し上がるのはなぜか？　回帰するから。これらのどの例でも、回帰だけが作用していると言っているわけではない。分布の平均がブラックホールになっていて、そのなかにすべての極端な測定値が吸い込まれるというわけではない。他にも、パフォーマンスの水準を押し上げたり下げたりしているものはいくらでもある。だが、そうしたものが一体何であるかがわかっていない場合には、極端な値を生じさせた力の組み合わせが時や試練を経てもそのまま保たれる可能性は低いため、極端な成績の後にはたいてい、あまり極端でないものがくると認識しなければならない。最優秀新人選手はたまたまその年、非常に運の良いコーチのもとでプレーしていた、あるいは最初の何試合かは比較的弱いチームと当たって自信がついた、あるいは理想の女性と婚約をしたばかりだった、あるいは健康状態が申し分なかった、あるいは怪我がなくプレーに悪い影響が出なかったのかもしれない。翌年には、肘を怪我して何試合か出場できなかった、コーチが別のチームに移籍した、家族の誰かが重い病気にかかったなどの、いろんな事情があったのかもしれない。つねに、どんなことでも起こりうるものだ。

回帰の原則が（驚くほどに）当てはまる二つの質問を挙げよう。（1）二五歳から六〇歳のアメリカ人の所得がある年に上位一パーセントに入る見込みはどれだけか？（2）その人の所得が一〇年連続して上位一パーセントに留まる見込みはどれだけか？

ある人の所得が一度、上位一パーセント以内に入る見込みは一〇〇〇分の一一〇を超える。きっと答えられなかっただろう。ある人の所得が一〇年連続でそうなる見込みは、一〇〇〇分の六である。一年限りの確率からすると、とても意外だろう。これらの数値が意外に感じられるのは、所得のような値が非常に変化しやすいものであり、そのために大きな回帰効果を受けやすいという考え方が自然とわいてこないからだ。しかし実際のところ、個人の所得は年によって非常に変動しやすい（所得の分布の上限のところでは特にそう）。極端な所得は、母集団全体で見れば驚くほどによくある。だが、まさに極端であるために、極端な所得はそれほど頻繁に繰り返されることは少ない。見ていると腹の立つような、所得の上位一パーセントに入る人々の大多数は下り坂にあるのだから、大目に見てやろうと思ってもよいだろう！

同じような計算が、低所得についても当てはまる。アメリカ人の五〇パーセント以上が、人生で少なくとも一回は、貧困に陥ったり、貧困状態になりそうになる。逆に、永遠に貧しい人はそれほど多くはない。毎年、失業手当をもらっている人はまれにしかいない。これまでに生活保護を受けたことのある人の大多数は、二、三年くらいしか受給していない。[3] 生活保護を受けている人も、大目に見てやろうかと思えるかもしれない。

平均への回帰の可能性という観点から出来事をとらえることができないと、かなり深刻な間違いを犯しうる。心理学者のダニエル・カーネマンはかつて、イスラエルの飛行教官たちに、人の行動を望ましい方向へ変えるには、批判よりも称賛のほうが効果的であるという話をした。[4] 教官のひとりがこれに反論し、パイロットの行ったある操縦をほめると、その操縦が下手になるようであり、その一方で、下手な操縦を怒鳴りつけると、次には改善されると言った。しかし、この教官は、新人パイロットの操縦技術は変数であり、とりわけ優れた操縦――あるいはとりわけひどい操縦――の後には平均への回帰が予期されるという事実に十分に注目していなかったのだ。平均より優れた操縦の次には、確率論的な根拠だけから考えても、平均に近いもの、すなわち以前よりも悪い操縦が起こると予測される。平均より悪い操縦は、次には良くなると予測される。

操縦は連続的な変数であり、どのような極端な値の次にも、あまり極端ではない値が続くと期待されるものだと飛行教官がわかっていたとしたら、パイロットたちの出来はもう少し良くなっていっていたかもしれないのに、ほぼ例外なく、生徒たちの出来はどんどん悪くなっていた。生徒が平均より良くできたらほめて後押しすれば、自身も教官として成長できるだろう。

飛行教官の誤りは、私たちがつねに持ち歩いている認知という諸刃の剣によって増長されている。私たちは、とびきりの因果関係仮説生産機だ。結果を与えられると、説明を口にせずにはいられない。観測結果が時とともに変わるのを目にすると、すぐに因果関係の解釈を持ち出す。たいていの場合、因果関係などどこにもない――ランダムな変動があるだけだ。ある出来事がいつでも別の出来事と一緒に起こるのをしょっちゅう目にすると、説明をしたいという強迫的な欲求がとりわけ強くなる。そういう相関を見ると、ほぼ自動的に、因果的な説明がわき出てくる。この世界を説明づけるような因果関係を油断なく探すことは、非常に役に立つ。だが、そこには二つの問題がある。(1)説明はあまりに容易にわき出てくる。自分の作った因果関係の仮説がいかに表面的であるかがわかれば、それをあまり信用しなくなるだろう。(2)たいていの場合、因果的な解釈はまったく不適切であり、ランダム性についてもっと理解できていれば、そういう解釈をすることすらないだろう。

回帰の原則を他のいくつかの事例にも当てはめてみよう。

ある子どもの母親がIQ一四〇で、父親がIQ一二〇なら、子どものIQについての最も有力な推測はいくつになるか?

160
155
150
145
140
135
130
125
120
115
110
105
100

心理療法士は、多くの患者にハロー/グッバイ効果が認められると言う。治療が始まる前、患者は自分の症状が実際よりも悪いと言い、治療が終わると、前より症状が改善したと言う。なぜ、こうなるのか?

一方の親のＩＱが一四〇、もう一方の親のＩＱが一二〇であるとして、その子どものＩＱが一四〇かそれ以上だと予測されると答えるなら、平均への回帰という現象を考慮に入れていない。ＩＱ一二〇は平均値より高く、ＩＱ一四〇もまた高い。両親のＩＱと子どものＩＱのあいだの相関が完全であるとみなさない限り、子どものＩＱは両親のＩＱの平均値よりも低いと予測しなければならない。両親のＩＱの平均値と子どものＩＱの相関が〇・五〇であることから（みなさんは知らなくても当然だが）、子どものＩＱの予測値は、両親のＩＱの平均値と、母集団の平均値の中間、すなわち一一五となる。非常に賢い両親の子どもは、たいてい、ふつうに賢い程度になると決まっている。また、非常に賢い子どもの両親は、たいてい、ふつうに賢い程度であると決まっている。どちらの方向にも回帰が作用するのだ。

ハロー／グッバイ現象のよくある説明は、治療を受ける資格があると示すために具合が悪いふりをするが、治療が終わったらセラピストに気に入られたいと思うというものだ。この説明に何らかの真実が含まれているかどうかにかかわらず、治療を受けようとするときには、おそらくはふだんより精神が健康的でないだろうからという理由で、さらには、時間が経過するだけで平均への回帰が起こりやすくなるからという理由で、私たちは、治療の始まる時点よりも、治療の終わりの時点でのほうが、患者の状態が良くなっていると期待する。治療がまったく行われなくても、ハロー／グッバイ効果があると期待するだろう。実際、どのような分野の医者も時間を味方につけている。つまり、患者の予測される健康状態は、たとえ何がどうなろうとも、病気が進行性でない限り、時間の経過とともに改善する傾向にあるのだ。さらに言えば、どのような介入も効果があると期待される可能性が大である。「たんぽぽのスープを飲んだら、風邪がすぐによくなった」。「妻がインフルエンザにかかってすぐにリュウゼツランの根のエキスを飲んだら、私よりも半分の期間で治った」。マン・フー統計学に前後即因果の誤謬ヒューリスティックを組み合わせることで、特効薬の製造会社多数が大儲けをした。また、そうした会社は、自社の薬を摂取した後で大多数の人の具合が改善されたと正しく主張することができる。

　回帰について話しているうちに、少し先走ってしまったようだ。議論が、大数の法則から、共変動と相関の概念へとずれていってしまった。後者については、次章で取り上げよう。

まとめ

対象や出来事の観測は多くの場合、母集団のサンプルとしてとらえられるべきである。ある時、あるレストランでの食事の質、ある選手のある特定の試合での成績、ロンドンで過ごした一週間における雨天の日数、パーティーで会った人がどれくらい感じよく思えるか——これらはどれも、母集団から抽出したサンプルとしてみなされるべきだ。そして、そのような変数に関係するあらゆる評価は、程度の違いはあっても、誤りを免れない。他の条件が同じなら、サンプルが大きいほど、誤りがいっそう相殺され、母集団の真の得点へといっそう近づいていく。大数の法則は、符号化することが容易な出来事にたいしてと同じくらい、数を与えることが難しいような出来事にも当てはまる。

　根本的な帰属の誤りは、主として、状況的な要因を無視する傾向のために起こるが、人に短時間だけ接することはその人の行動のわずかなサンプルにしかならないということを正しく認識できていないことによっても助長される。この二つの誤りが、面接の錯覚の背後にある——その錯覚とは、三十分一緒にいるあいだの相手の発言やふるまいをもとに、その人がどのような人かを知ることができるという過剰な自信のことだ。

サンプルを大きくすることで誤りを減らせるのは、サンプルに偏りがない場合に限られる。サンプルの偏りを確実になくす最善の方法は、母集団のなかにあるすべての対象や出来事や人間に、サンプルとして抽出される均等な機会を与えることだ。せめて、リンプルには偏りがありうるということに留意しておかねばならない。私は、ピエールの家でジェーンと一緒にいたとき、くつろいで楽しんでいただろうか？　それとも、批判好きな義理の姉もそこにいたから、緊張していただろうか？　サンプルに偏りがある場合、サンプルが大きいほど、母集団についての誤った評価を誤って信じてしまう。

標準偏差は、連続的な変数が平均値の周囲にどのように分散しているかを測る便利な尺度である。ある種の観測についての標準偏差が大きいほど、特定の観測が、観測対象となる母集団の平均に近いかどうかにあまり自信がもてなくなる。ある種の投資についての標準偏差が大きければ、将来的な投資の価値がいっそう不確かになる。

ある特定の種類の変数の観測がその変数の分布の極端から得られたとわかっていれば、さらに観測を重ねると極端から遠ざかっていく可能性が高い。この前の試験で最高点を取った生徒は、おそらく次の試験でも十分に良い成績を取るだろうが、最高点を取る可能性は高くない。去年、ある業界で最高の成績を収めた一〇の株は、今年も上位一〇株に入る可能性は低い。どのような次元においても、極端な得点が極端であるのは、上位が正しく（あるいは間違って）並んでいるからだ。これらの上位の物たちは、次回にはおそらく同じ位置にはないだろう。

8章　連鎖

何かの特徴を正確に説明するために、統計は役に立ち、ときに必要不可欠なものにもなりうる。統計はまた、あるものと別のものとのあいだに関係があるかどうかを判断する際にも、同じように有用である。おわかりかもしれないが、関係性が存在するかどうかを確定することは、あるものの特徴を正確に説明することよりも、いっそう問題をはらみうる。

まず、タイプ1の物事とタイプ2の物事の特徴を同じように正確に明らかにしなければならない。それから、タイプ1の物事がタイプ2の物事とどのくらい頻繁に一緒に起こるか、タイプ1の物事がタイプ2の物事とどのくらい頻繁に一緒に起こらないか、などを数えなくてはならない。変数が連続していれば、この作業はさらに難しくなる。タイプ1の物事のうちの大きな値のものが、タイプ2の物事のうちの大きな値のものと関連があるかどうかを明らかにしなければならない。このように抽象的に述べると、変数と変数のあいだの関連性の度合いを推定することがとても困難であることがよくわかるだろう。実際に、共変動（あるいは相関）を見抜くという課題は、本当にとても困難だ。しかも、的外れな推測をした結果、非常に深刻な事態に陥ることもある。

相関

次の表3を見てほしい。症状Xは疾病Aと関連するのか？ 別の言い方をすれば、症状Xがあれば、疾病Aであると診断できるのか？

表3は、疾病Aにかかっている人のうち二〇人に症状Xがあり、疾病Aにかかっている人のうちの八〇人に症状Xがなく、疾病Aにかかっていない人のうちの一〇人に症状Xがあり、疾病Aにかかっていない人のうちの四〇人に症状Xがないと読み取る。一見、この表は、提示することのできるなかで、共変動を発見する最も単純な作業のように思われる。データは二分的（二者択一）だ。情報を集めたり、データ点を符号化してそれに数値を与えたり、データについて何かをおぼえる必要もない。あるパターンよりも別のパターンが目に留まりやすくなるかもしれないような信念を事前にもつことがなく、データは要約されたかたちで提示されている。この共変動を見抜くとても基本的な作業を、人はどのように行うのか。

実際には、かなりひどいありさまだ。

とりわけよくある間違いは、表中の「ある／はい」のマスだけに頼ることだ。「そうだ、この症状はこの疾病と関連している。症状Xがある人のなかには、疾病にかかっている人がいる」。この傾向は、確証バイアスの一例である。つまり、仮説を裏付けるような証拠を探し、仮説を覆すかもしれないような証拠に目を向けようとしない傾向のことだ。

また、この表を見て、二つのマスだけに注目する人たちもいる。そのなかには、「疾病にかかってい

表3　疾病Aと症状Xの関連

		疾病A	
		はい	いいえ
症状X	あり	20	10
	なし	80	40

てしかも症状のある人のほうが、疾病にかかっていなくて症状のある人よりも多いから」、症状は疾病と関連していると結論づける人もいる。あるいは、「疾病にかかっていて症状のない人のほうが、疾病にかかっていて症状のある人よりも多いから」、症状は疾病と関連しないと結論づける人もいる。

統計にある程度慣れていなければ、関連についての単純な質問に正しく答えるためには、四つのマスすべてに注目しなければならないということを理解する人はほとんどいない。

疾病にかかっていてなおかつ症状のある人の数と、疾病にかかっていてながら症状のない人の数の比を計算しなければならない。それから、疾病にかかっていないが症状のある人の数と、疾病にかかっておらず症状のない人の数の比を計算する。この二つの比の値は同一であるため、症状が疾病と関連しない度合いは、症状が疾病にかかっていないことと関連する度合いと同等であることがわかる。

ほとんどの人が、それも日常的に病気の治療に携わっている医師や看護師も含めて、表3のような表を見てもたいていは正しい答えを出せないということを知ったら、みなさんはびっくりすることだろう[1]。たとえば、ある病気にかかっている人の何人がある特定の治療を受けて良くなり、何人がその治療を受けても良くならなかったか、さらに、病気にかかっていてその治療を受けなかった人の何人が良くなり、何人が良くならなかったかを示す表を、医師や看護師に見せてみよう。医師たちはときに、治療を受けて良くなった人のほうが、良くならなかった人よりも多いから、その特定の治療は効果があると想定する。治療を受けずに良くなった人と、治療を受けず良くならなかった人の比がわからなければ、どんなものであれ結論は出せない。ちなみに、このような表は、2×2分割表とよばれたり、4分表とよばれたりする。

本物の関係性があると確信がもてるほどの十分な違いが二つの比にある確率を調べる、カイ二乗とよばれる簡潔な統計法がある。二つの比のあいだの違いが統計学的に有意であれば、その関係は本物であると言える。

関連性が有意であるかないかを判断する典型的な基準は、テスト（カイ二乗またはその他の統計学的テスト）の結果、関連性の度合いが一〇〇回のうち五回だけ偶然に起こりうると示されるかどうかである。そう示されれば、関連性が〇・〇五の水準で有意であると言える。有意性テストは、二分的（二者択一）なデータだけでなく、連続的なデータにも適用することができる。

変数が連続的で、それらが互いにどの程度密接に関連しているかを知りたい場合、相関という統計学的な手法を使う。明らかに相関している二つの変数に、身長と体重がある。もちろん、完璧に相関するわけではない。なぜなら、身長が低くても比較的体重が重い人や、身長が高くても比較的体重が軽い人といった事例をたくさん思いつくことができるからだ。

さまざまな統計学的手順を用いれば、二つの変数のあいだの関連性がどれくらい強いかがわかる。連続的な変数の関連性の度合いを調べるために頻繁に用いられる手法が、ピアソンの積率相関というものである。相関がゼロであれば、二つの変数のあいだに関連性がまったくないということになる。相関が

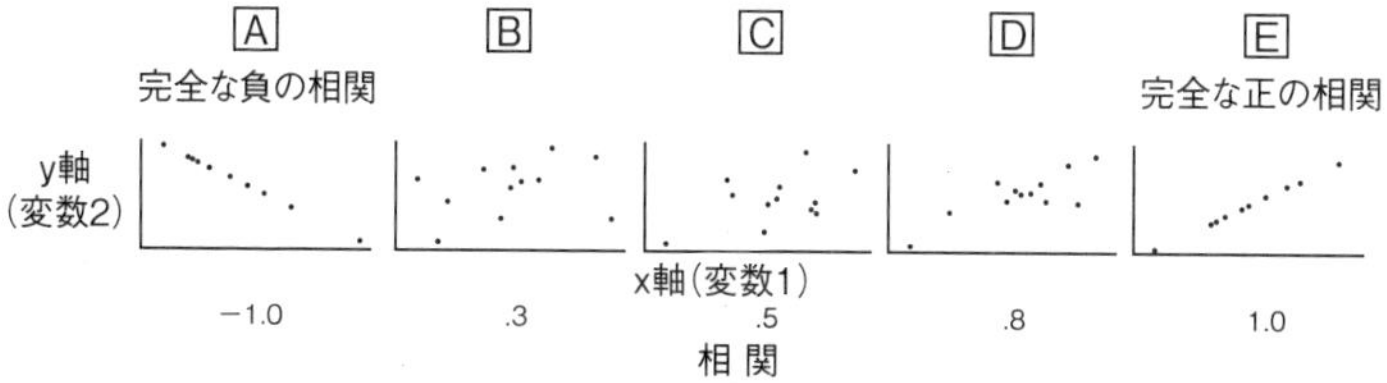

図3　散布図と相関

+1であれば、二つの変数のあいだに完全な正の相関があることになる。つまり、変数1の値が大きくなるにつれ、変数2の値が、完全にそれに対応した度合いで大きくなる。相関が-1であれば、完全な負の相関があることになる。

図3は、いわゆる散布図上に、ある量の相関がどの程度強いかを視覚的に示すものだ。それぞれのグラフは、完全な相関を指す直線からの分布の度合いを示すことから、散布図とよばれる。

〇・三の相関は、視覚的にはほとんど見抜くことができないが、実際には非常に重要なものでありうる。〇・三の相関は、IQから収入を予測できる可能性[2]と、大学の成績から大学院での成績を予測できる可能性[3]に相当する。これと同程度の予測可能性に、初期の心臓血管病が、その人の体重が標準以下か、標準か、太りすぎであるかの程度によってどれくらい予測されるかというものがある。

〇・三の相関は本当に意味がある。変数Aにおいて八四パーセンタイル順位(平均より一標準偏差高い)にある人が、変数Bにおいて六三パーセンタイル順位(平均より〇・三標準偏差高い)にあると予測されるということを意味するのだ。変数Aについて何も知らない場合と比べて、変数Bの予測可能性がはるかに高くなる。変数Aについて何も知らなければ、すべての人について五〇パーセンタイル順位——変数Bの分布の平均——にあると推測するしかない。これ

だけあれば、事業が成功するかだめになるかの違いくらいは生まれるだろう。〇・五の相関は、IQと、平均的な仕事の出来のあいだの関連の度合いに相当する（相関は、大変な仕事については高くなり、さほど大変ではない仕事については低くなる）。〇・七の相関は、身長と体重のあいだの関連性に相当する――かなり大きな相関だが、まだ完全ではない。〇・八の相関は、ある回の大学進学適性試験（SAT）の数学部分の得点と、一年後に試験を受けたときの数学部分の得点のあいだに認められる関連性の度合いに相当する――相関はかなり高いが、それでもなお、たいていは、二つの得点のあいだに差異の出る余裕はかなりある。

相関は因果関係を証明しない

相関係数は、因果関係の評価におけるひとつのステップである。変数Aと変数Bのあいだに相関関係がなければ、AとBのあいだには（おそらく）因果関係はない（第三の変数Cがあり、実際にはAとBのあいだに因果関係があるのに、AとBのあいだの相関関係を第三の変数Cが隠している場合は例外である）。変数Aと変数Bのあいだに相関があっても、だからといって、Aにおける変動がBにおける変動を引き起こしているということの証明にはならない。AがBを引き起こしている、あるいはBがAを引き起こしているのかもしれないし、AとBの両方が何らかの第三の変数Cと関連しているから関連性があるのは、AとBのあいだには因果関係がまったくないという場合も考えられる。

高校を卒業した人ならほとんど全員が、こうした主張が正しいとわかる――理論上は。しかし、与えられた相関関係が因果関係についてのもっともらしい見解とぴったりと一致していることがしばしばあるために、相関によって因果関係のあることが証明されるものだと暗に考えてしまう。私たちは、因果関係の仮説をとても上手に立てられるので、ほとんど自動的にそうしてしまう。因果関係を推測せずにはいられないことがたびたびある。もしも、チョコレートをたくさん食べる人にはにきびが多いと言われたなら、チョコレートの成分のうちのどれかがにきびを引き起こしているという思い込みを抑えることは難しい（今までにわかっている限り、チョコレートはにきびの原因ではない）。手の込んだ結婚式の準備を行うカップルの結婚生活は長く続くと言われたなら、結婚生活を長く続かせるのは、手の込んだ結婚式のうちのどういう要素なのだろうと考えるのは自然なことだ。実際にも最近、ある一流新聞に、そうした相関関係を取り上げて、結婚式の準備を真剣に行うとなぜ結婚生活が長く続くのかについて考察する記事が掲載された。だが、相関について十分に考えれば、手の込んだ結婚式の準備は、ランダムな出来事ではないとわかるだろう。友人が多く、二人で過ごす時間が長く、お金もあるというようなカップルが、そうした準備を行う傾向が強いのは明らかだろう。こうした要素のどれかが、それどころかこれらのすべてが、結婚生活をより長く持続させるために作用しているのかもしれない。絡み合った複数の要素からひとつの事実だけを抜き出して、これが原因であるかもしれないと考えるのは、ほとんど意味のないことだ。

ボックス1に示す関連性について考えよう。これらの例はどれも実例だ。一部については、ほのめかされた因果関係がとてももっともらしく感じられ、一部については、ほのめかされた因果関係がほとんどありそうにないと感じられるだろう。ほのめかされた因果関係がもっともらしいと感じられるかどうかにかかわらず、次に挙げる種類の説明が成り立つかどうかを考えてみよう。（1）AがBを引き起こしている、（2）BがAを引き起こしている、（3）AとBの両方と相関関係にある何かが原因であり、AとBのあいだには因果関係は一切ない。それから、ボックス2に示した、ありうる答えを見てみよう。

ボックス1　相関について考える　どのような因果関係がありうるのか？

1．『タイム』誌が、子どもの食事の分量を親が管理しようとすることは、子どもが太りすぎになる原因になると報じた。太りすぎの子どもをもつ親が子どもの食事の量を管理しようとすることをやめたら、子どもの体重は減るだろうか？

2．IQの平均値が高い国は、国内総生産あたりの平均資産が高い。頭が良いと、国が裕福になるのか？

3．教会に通う人は、そうでない人よりも死亡率が低い。[4] これは、神の存在を信じることで、人が長生きするということを意味するのか？

4．犬を飼っている人は、うつ病にかかりにくい。うつ病の人に犬をあげれば、その人は幸せになるだろうか？

5．成人までセックスを禁ずる性教育を行っている州では、殺人の発生率が高い。成人までセックスを禁ずる教育が、攻撃性を引き起こしているのか？　これらの州で、情報をもっと提示するような性教育を行えば、殺人の発生率は下がるだろうか？

6．知性の高い男性は、より優れた――数が多くよく動く――精子をもっている。[5] これは、人の頭を良くする場所である大学に通うことで、精子の質も向上するということを示すのか？
7．マリファナを吸う人は、マリファナを吸わない人よりも、その後にコカインを使用する可能性が高い。マリファナの使用が、コカインの使用を引き起こしているのか？
8．アイスクリームの消費量と小児まひとのあいだには、小児まひが深刻な病気だった一九五〇年代、ほぼ完全な相関があった。アイスクリームを禁止する法律があったなら、人々の健康は改善されていただろうか？

ボックス2　ボックス1に示した相関についての質問にたいするありうる回答

1．子どもが太りすぎであれば、子どもの食事の量を親が管理しようとすることがあるかもしれない。もしもそうなら、因果関係の方向が『タイム』誌の仮説とは反対になる。食事の量を管理しようとすることで子どもを肥満にするのではなく、子どもが肥満であれば食事の量を管理しようとするのだ。あまり幸せでなくストレスの多い家庭の親は支配的で、子どもが太りすぎになる傾向が強いという事実があるかもしれないが、親の側に見られる食事を規制する行動と、子どもの体重とのあいだには、因果的なつながりは一切ない。
2．裕福な国ほどより良い教育制度があり、そのためにＩＱの値が高い人が多くなるということがあるかもしれない。この場合、富が知性を高めているのであり、その反対ではない。また、身体的な健康などといった何らかの第三の要因が両方の変数に影響を与えているということもありうる

（ちなみに、これら三つの因果関係はどれも実在する）。

3．健康な人ほど、教会に通うことも含めて、あらゆる種類の社会的な活動により多く携わるということがあるかもしれない。もしもそうなら、因果関係の方向は、ほのめかされた方向とは反対のものになる。人が教会に行く理由のひとつは、その人が健康だからというものであり、教会に行くことでいっそう健康になるわけではない。あるいは、教会に行くなどといった社会的な活動への関心が、より多くの社会的な活動に参加することと、より健康になることとの原因となっているのかもしれない。

4．うつ病の人は、ペットを買うなどといった、楽しいことを行う傾向が低いということがあるかもしれない。もしもそうなら、因果関係の方向は、ほのめかされた方向とは反対のものになる。うつ病であるために、ペットを飼う傾向が低くなるのだ（だが実際のところ、うつ病の人にペットをあげれば、その人の気分は確かに良くなる。だからペットは、人の精神衛生にとって確かに良い。その二つのあいだの相関が、それの証明にはなっていないというだけだ）。

5．貧困な州では殺人の発生率が高い傾向が強く、貧困な州では、成人までセックスを禁ずる性教育が行われる傾向が強いということがあるかもしれない。確かに、この二つは事実である。だから、性教育と殺人のあいだには因果関係は一切ないかもしれない。むしろ、貧困や、低い教育水準や、それらと関連する何かが、この二つと因果関係にあるのだろう。

6．身体が健康であるほど、その人の頭が良くなりやすく、精子の質が向上しやすくなるということがあるかもしれない。あるいは、薬物やアルコールの摂取といった他の要因が、知性や精子の質の両方と関連していることもありうる。だから、知性と精子の質とのあいだには因果関係は一切ないかもしれない。
7．何らかの種類のドラッグを使用する人は、他の人よりも興奮を求める傾向が強く、したがって、多くの種類の刺激的な違法行為に関与するということがあるかもしれない。マリファナを吸うことがコカインの使用を引き起こすわけでも、コカインの使用がマリファナの使用を引き起こすのでもないだろう。むしろ、興奮を求めるという第三の要因が、この二つに影響を与えているのだろう。
8．一九五〇年代にアイスクリームの消費量と小児まひの相関性が高かったのは、小児まひがプールで伝染しやすい病気であるからだ。そして、アイスクリームと水泳はどちらも、気候が暑くなると盛んになるものである。

幻の相関

二つの変数のあいだの関連性がどれだけ強いかを判断するために、実際にデータを体系的に集めて計算を行うことがいかに重要であるかは、どれだけ強調してもし足りない。世の中の出来事をただ見ているだけでは、二つの出来事のあいだの関連性について、どうしようもなく間違ったとらえ方をしてしまいかねない。幻の相関は、現実にあるリスクなのだ。

二つの変数のあいだに正の相関がありそうだ（AであるほどBになる）ととらえると、何気なく観察しただけで、自分の判断が正しいと確証をもつ傾向がある。変数間に正の相関が実際にはない場合だけでなく、現実には負の相関がある場合にもこれが言える。自分の仮説を裏付けない例よりも、裏付ける例のほうをよくおぼえているのは、確証バイアスがもつもうひとつの側面である。

反対に、もしもつながりが本当らしくないなら、たとえそのつながりがかなり強いものであっても、それがあまり目に入らない。心理学者が、えさの容器と、明かりをつけることのできる円盤が床にある装置のなかに鳩を入れた。円盤に明かりがつき、鳩が円盤をつつかなければ、容器に入ったえさが与えられる。鳩が円盤をつついたら、えさはもらえない。明かりのついた円盤をつつかなければえさをもらえるということを発見しなければ、鳩は飢えて死んでしまう。鳩は、何かをつつかなければえさをもらえるということにつながりそうだということに気づくまでにはいたらなかった。

人間も鳩と同様に、前提を克服することが困難である。

ある実験で、さまざまな患者のものとされるロールシャッハテストへの回答を臨床心理学者にいくつか提示した。患者のものとされる回答には、その患者の症状が印刷されていた。[6] あるカードに、（a）インクのしみが性器に見えた、および（b）性的不適合を抱えている、と書かれているとする。すべての回答を読んだ後、心理学者は、インクが性器に見えた患者は、性的不適合の問題を抱えている傾向が強いと述べがちだ。たとえ、そのような患者が性的不適合の問題を抱える傾向が弱いことを示すようなデータがそろっていたとしても。性的不適合の問題が、性器がつねに気になることと関連するということがあまりにももっともらしくて、それに沿った事例が目立つからだ。

心理学者に、彼らが間違っており、インクのしみが性器に見えることと、性的不適合の問題があることとのあいだには負の関連性があることが一連の回答に示されている——性器に見える患者は実際のところ性的不適合の問題をあまり抱えていない――と言えば、心理学者は鼻で笑い、臨床的な経験では、性的不適合の問題を抱える人は、ロールシャッハテストでインクが性器に見えることが特に多いという事実があると言うだろう。いや、それは事実ではない。実際にデータを集めても、そのような関連性は認められないからだ。

実際のところ、ロールシャッハテストへのほぼどのような回答も、回答者自身についてまったく何も語っていない。[7] 何十万時間、何百万ドルもがロールシャッハテストに費やされてからようやく、回答と症状のあいだに実際の関連性があるかどうかを調べようと誰かが思い立った。そうして関連性のないことが証明されてから何十年ものあいだ、幻の相関のためにこのテストは使い続けられており、いっそう多くの時間とお金が無駄にされている。

私は何も、こうした例を出して、心理学者や精神科医を非難するつもりはない。ロールシャッハテストを使った幻の相関についての実験に参加した大学生も、心理学者や医師たちとまったく同じ間違いを犯し、性器に見えるのは性的な問題と関係があり、変な目つきに見えるのは偏執病と、武器に見えるのは敵意と関係があると回答する。

これらの実験結果をまとめると、人（または他の生命体）がある関係を認める準備ができていると、たとえそれがデータに存在していなくても、その関係が見える傾向が強くなると言える。[8] ある関係を認めない準備ができていると、それが存在するときでさえ、その関係を見ることができない場合が多い。猫は、紐を引っ張れば箱から出られるということを学習するが、身体をなめれば箱から出られるということは学習しない。犬は、右側にあるスピーカーから音が聞こえる場合、えさをもらうために右に行くことのほうを、左に行くことよりも容易に学習する。高い音はえさが右側にあることを、低い音はえさが左側にあることを指す場合、どちらに行くべきかを学習するのに犬はとても苦労する。空間的な手がかりが空間的な出来事に関連することのほうが、音の手がかりが空間的な出来事に関連するということよりも、いっそうありそうに思われるからだ。

代表性ヒューリスティックという先述の経験則から、あらかじめ準備された関係性が無数に作られる。性器は、セックスと関係するものを何でも表す。目は疑いを表す。武器は敵意を表す。利用可能性ヒューリスティックもまた、準備された関係性を作り出すことにおおいに貢献する。映画や漫画では、登場人物が疑念を抱いている場合、変な目つきをさせる(やぶにらみをしたり、目を白黒させたり)。

もしも、関係性を認める準備も、それを認めない準備もできていないならどうなるか?

たとえば、たくさんの人が、自分の名前の最初の一文字を言ってからある音符を歌うのを聞かされて、その文字のアルファベットのなかでの順序と、音符の長さとのあいだに関係があるかどうかをたずねられたとしたら、どうなるだろう?

このように任意に組み合わされた出来事における相関は、確実にそれに気づくことができるためには、どれくらい高くなくてはいけないのか?

その答えはこうだ。相関は約〇・六なくてはならない——図3で示した〇・五の相関より若干高い。[9] しかもこれは、データが一度にすべて提示され、関係性を確認しようと最善を尽くしている場合である。実際問題として、この結果は、関連性がかなり強い場合——私たちが日常生活における選択をするにあたりよりどころとしている多くの相関よりも高い場合——を除いて、二つの変数のあいだに相関関係があるという自分の認識を当てにはできないということを意味している。正しく理解するためには、きちんと手順をふまなくてはならない。観察し、記録し、計算する。それをしなければ、ただ、いい加減なことを言っているだけになる。

例外

共変動は正確に見つけるのがとても難しいという通例には、重要な例外がひとつある。二つの出来事が――任意の出来事であっても――とても近い時点で起こる場合、たいてい共変動は気づかれる。ラットに電気ショックを与える直前に明かりをつければ、ラットはすぐに、光とショックのあいだの関係を学習する。しかし、この種の強烈な出来事の組み合わせであっても、二つの出来事のあいだの時間間隔が相関に関与することを見抜く能力は急激に低下する。動物は――そして人間も、間隔が数分間以上になると、任意の出来事の組み合わせのあいだの関連性を学習しないのだ。

信頼性と妥当性

何年も前、友人夫婦が子どもを作ろうとしていた。数年、成果がなく、最後に不妊治療の専門家のもとを訪れた。結果は思わしくなかった。友人の精子の数が「少なすぎて、通常の手段では妊娠に結びつかない」らしいのだ。友人は医師に、その検査の信頼性はどれくらい高いかとたずねた。「信頼性はとても高いです」と医師は答えた。医師の意味するところはこうだった。検査に間違いはない――すなわち、真の得点が得られる。「信頼性」という用語を、精度という一般的な意味で使っていたのだ。

信頼性とは、ある特定の変数がどのような機会に測定されても同じ値を示す度合い、あるいは、ある変数についてある種類の測定をした場合、その変数について別の種類の測定をした場合と同一の値を示す度合いである。

身長の測定の信頼性（あらゆる機会における相関）は、ほぼ一である。数週間の間隔であらゆる機会において測定されたＩＱの信頼性は、およそ〇・九である。二種類の検査手法を用いて測定されたＩＱの信頼性は、一般的に〇・八以上の信頼性がある。虫歯の進行度合いについて二人の歯科医の意見が一致する信頼性は、〇・八以下である。[10] これはつまり、あなたの歯にスミス医師は詰め物をするのに、ジョーンズ医師は処置をしないということが起こるのは、それほどまれではないということになる。さらに言えば、ある歯科医の判断は、別の機会におけるその医師自身の判断と完全には相関しない。ジョーンズ医師は、火曜日には削らずにおいた歯を、金曜日には削って詰め物をするかもしれない。

精子の数についての信頼性はどうか？　精子の数を数えるどのような種類の検査も信頼性は低く、[11] 異なる手段を用いた場合に同一の結果が得られる度合いを示す信頼性もまた低い。同じ時点で異なる手法を用いて精子の数を計測すると、かなり異なる結果が得られることがありうるのだ。[12]

妥当性も一般的に相関によって測られる。測定の妥当性とは、測定することになっているものをどの程度測定しているかという尺度である。ＩＱテストは、その値が小学校の成績平均値と相関する度合いを測定した場合の妥当性がおよそ〇・五と、とても高い（実際、二〇世紀初頭にフランス人心理学者アルフレッド・ビネーが最初のＩＱテストを作成したのは、学業成績を予測するのに適したものを求めていたからだ）。

ここで、非常に重要な原則を心に留めておいてほしい。信頼性なくして妥当性はありえないということだ。変数についてのある人の判断にまったく一貫性がなければ（たとえば、ある機会における変数Aの水準についてのその人の判断と、別の機会における変数Aの水準との相関がゼロ）、その人の判断には妥当性がまったくありえない。すなわち、その人の判断では、別の変数Bの水準を少しでも正確に予測することはできないのだ。

ある変数を測定することになっているテストXとテストYの結果が一致するのが偶然のレベルに留まれば、二つのテストのうちのせいぜいひとつしか妥当性をもっていない。反対に、妥当性がまったくなくても、信頼性がとても高いことはありうる。二人の人が、共通の友人一人ひとりがどの程度外向的かについて完全に意見が一致する場合があるとしても、ある状況においてその友人たちがどの程度の外向性を見せるかを正確に予測することが二人ともできない場合もあるだろう（口数の多さなどの外向性を測る客観的な尺度や、心理学の専門家による評価によって判断する）。

筆跡鑑定家は、正直さや勤勉さ、野心、楽観性、さらにその他の多数の属性を測定できると主張する。確かに、筆跡鑑定家が二人いたら、意見がかなり一致するかもしれないが（信頼性が高い）、性格に関係する実際の行動を予測できるというわけではない（妥当性なし）（ただし、筆跡鑑定はいくつかの目的についてはかなり役に立ちうる。たとえば、多数の中枢神経系の病気の診断など）。

符号化は戦略的思考の鍵となる

いくつかの変数の組み合わせのあいだの相関についてあなたがどのように考えるのか、質問をしていこう。具体的には、ある機会においてはAのほうがBよりも大きかったとして、別の機会にAがBよりも大きくなる可能性はどれくらいあるか、という質問だ。確率の用語を使ったあなたの答えは、数式を用いて相関係数に変換することができる。

もしも、次の質問にたいして「五〇パーセント」と答えるなら、ある機会における行動と別の機会における行動とのあいだに関係がないと述べていることになる。「九〇パーセント」と答えるなら、ある機会における行動と別の機会における行動とのあいだに非常に強い関係があると述べていることになる。ある最初に質問するスペリングの能力について、ある機会におけるスペリングの能力と、別の機会におけるスペリングの能力のあいだに一貫性がないと思えば、「五〇パーセント」と答えるだろう。ある機会におけるスペリングの成績と、別の機会でのスペリングの成績とのあいだに非常に強い関係があると思うなら、「九〇パーセント」と答えるだろう。自身で質問に答えてみよう。次に示す各質問について自分の答えを書き留めるか、少なくとも答えを口に出して言ってみよう。

1. 四年生の最初の月の月末に行われるスペルテストでカルロスがクレイグよりも高い点数を取れば、三か月めの月末に行われるスペルテストでカルロスがクレイグより高い点数を取る可能性はどれだけか?

2. バスケットボールのあるシーズンの最初の二〇試合で、ジュリアがジェニファーよりも得点数が多ければ、次の二〇試合においてジュリアがジェニファーよりも高い得点を獲得する可能性はどれだけか?

3. あなたが初めてビルに会ったとき、ビルがボブよりも親しみやすい人に感じたなら、二回めに

表4　パーセント推測値の相関係数への変換

パーセント推測値	相関	パーセント推測値	相関
50	0	75	0.71
55	0.16	80	0.81
60	0.31	85	0.89
65	0.45	90	0.95
70	0.59	95	0.99

合ったときにもビルがボブよりも親しみやすい人に感じられる可能性はどれだけか？

4．あなたが二人を観察する最初の二〇回の状況において、バーブのほうがベスよりも正直にふるまうなら（自分の分を公正に支払う、ボードゲームでずるをするかしないか、学校の成績を正直に報告するなど）、次に観察する二〇回の状況において、バーブのほうがベスよりも正直にふるまう可能性はどれだけか？

表4に、あなたがたった今、答えたような、パーセントの推測値に相当する相関を示す。

たまたま私は、実際に行われた調査で出されたこれらの質問への回答を知っている。[13] あるスペルテストと別のスペルテストのあいだの相関と、スペルテスト二〇回の平均と別のスペルテスト二〇回の平均のあいだの相関と、ある機会において人がどれだけ親しみやすく感じられるかと、別の機会において人がどれだけ親しみやすく感じられるかのあいだの相関と、二〇回の状況における親しみやすさの平均と、別の二〇回の状況における親しみやすさの平均とのあいだの相関などが判明している。あなたの答えは、次のようなパターンになっているはずだ。

1　あなたの答えには、二〇回のバスケットボールの試合における成績と、他の二〇回の試合における成績とのあいだの相関は高く、しかもその相関が、あるスペルテストの点数と別のスペルテストの点数とのあいだの相関よりも高いと考えていることが示されている。
2　あなたの答えには、ある機会における親しみやすさと別の機会における親しみやすさのあいだの相関はかなり高く、しかもその相関が、二〇回の機会における正直さと他の二〇回の機会における正直さのあいだの相関と同じくらい高いと考えていることが示されている。
3　あなたの答えには、特性についての相関のほうが、能力についての相関よりも高いということが示されている。

ともかく、このパターンは、私がジーヴァ・クンダと共同で行った実験において大学生の被験者が行った推測をまとめたものだ。(14)

図4を見てほしい。能力が反映された行動についての推測（スペルテストとバスケットボールの実際のデータの平均）は、事実に近い。ある状況における行動（スペルテストやバスケットの試合での得点）と別の状況における行動との相関は約〇・五と、割合に高い。そして、そうした関係の強さについての推測は、お金のことと同様、正確になる。

また、大数の法則が相関に影響を与えていることも、よく見て取れる。多数の行動を要約した得点に注目し、それらを、別の多数の行動の合計と関連づけると、相関はさらに高くなる。人は、行動の合計

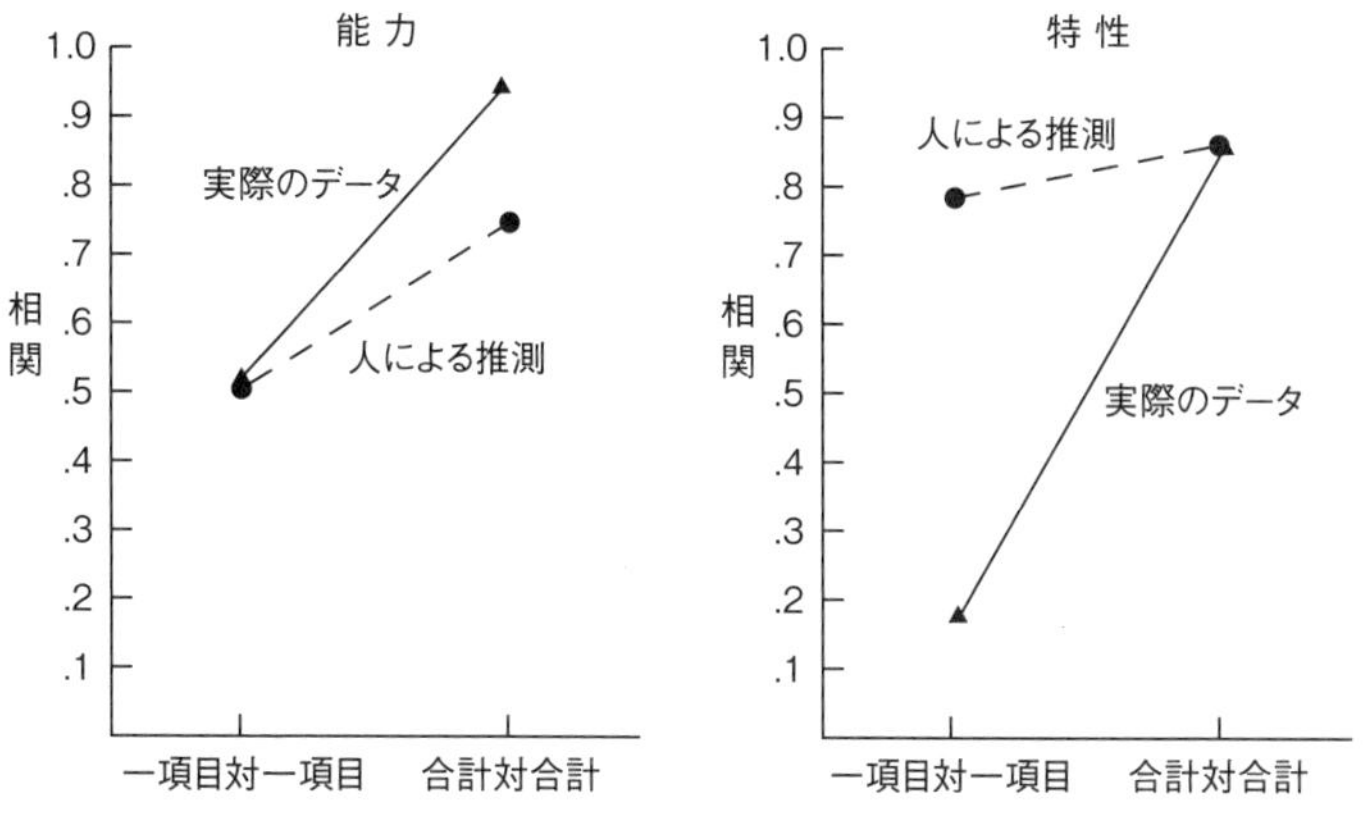

図4　能力（スペルテストとバスケットボールの成績の平均）と特性（親しみやすさと正直さの平均）を示す少量のデータと大量のデータにもとづく相関について人が行う推測

についての相関がどれほど高くなるかには気づかないが、二〇回の機会における行動をもとに次の二〇回の機会における行動を予測するほうが、一回の機会における行動をもとに別の一回の機会における行動を予測するよりも、はるかに優れた予測ができるということには十分に気づいている。

能力についての予測が正確であることと、特性についての予測がどうしようもないほど不正確であることを比較してみよう。人は、ある状況における正直さが別の状況における正直さと、ある状況における親しみやすさが別の状況における親しみやすさと、なんと〇・八の係数で相関していると考える！　これは、嘆かわしいほどの間違いだ。ある機会における何らかの個人的な特性を反映した行動と、別の機会におけるその特性を反映した行動とのあいだの相関は、一般的には〇・一以下であり、決して〇・三を超えることはないと言える。この誤りはとてつもなく重大であり、前章で論じたような、日常生活へのいろいろな影響がある。

私たちは、ある特性が引き出されたひとつの状況における人の行動を観察することで、その人の特性を正しく理解することができると考える。この間違いが、根本的な帰属の誤りの本質であり、大数の法則が、能力についての推測に当てはまるのと同じように、性格についての推測にも当てはまるということを認識できないことと相まって、この間違いがさらに深刻なものとなる。私たちは、人の行動のわずかなサンプルから、実際にわかることよりももっと多くを学んでいると思っている。そうなる理由は、文脈が果たしうる役割を過小評価する傾向があるからであり、また、ある機会における行動をもとに、次の機会、しかももしかするとかなり異なる機会における行動を十分に正しく予測できると考えるからである。さらに、観察の回数を増やすことによる影響を、ほとんど認識していない。もしも、人の特性に関係する行動を多数の機会において観察し、それらを合計したものを、別の二〇回の機会における行動の合計と相関させれば、非常に高い相関が必ず得られる。特性に関係する行動の観察について当てはまる大数の法則が、特性に関係する行動についての少ない回数の観察にも当てはまると信じ込んでいることが問題なのだ!

なぜ、たった一度の機会で能力を測定する場合と、たった一度の機会で特性を測定する場合とで、正確性にこれほど大きな違いが出るのだろうか？　さらに、能力について正確な測定をするにあたって大数の法則が果たす役割はかなり適切に認識されているのに、特性の測定にあたってはその役割がまったくと言っていいほど認識されていないのは、なぜなのか？

その鍵は符号化にある。ほとんどではないにしても多くの能力について、どういう単位を用いて行動を計測すればよいかを私たちは知っており、そうした単位に実際に数を与えることができる。何割の単語を正しくスペルできたか、フリースローの成功率はどれだけか、など。だが、親しみやすさを判定する適切な単位は何か？　一分あたりの微笑みか？　出会い一回あたりに受ける「良い印象」か？　土曜の夜のパーティーで人々が見せた親しみやすさと、月曜日の午後の委員会の会合でその人々が見せた親しみやすさを、どのように比較するのか？　人々が行う行動の種類がこの二つの状況において大きく異なるために、一方の状況における親しみやすさの根拠として指定するものが、もう一方の状況において親しみやすさを示すものとして用いるものと大きく異なる。それで、状況Aにおける親しみやすさの指標に数を与えようとすることが、難しかったり、不可能だったりする。たとえ、それらに数を与えることができたとしても、それらを、状況Bにおける親しみやすさの指標にたいして与えた数とどのように比較すべきかわからないだろう。

特性について犯す誤りを、どうやって解決できるだろう？　行動についての適切な単位をとても正確に定義することはできないだろうし、たとえできたとしてもそうした単位に数を与えるつもりはない。心理学者は研究の一環でこうした測定を行うが、たとえそういう測定を行ったとしても、その結果を誰にも言うことはできないだろう。そんなことをすれば、頭のおかしい人間だと思われるだろうからだ（「口角が上がった回数にその角度を掛けた値にもとづいて、会議の場でジョシュが見せる微笑みの親しみやすさに一八点をつけよう」）。

人の性格について筋の通らない強い推測をしてしまうことを回避する最も効果的な方法は、人の行動が複数の機会においても一貫すると期待できるのは、文脈が同じ場合に限られる、ということをつねに意識することだ。さらに、文脈が同じ場合であっても、予測に確信をもてるようにするためには、観察を何回も行うことが必要だ。

あなた自身がそれほどしっかりと一貫していないということを念頭に置いておくことも役に立つだろう。ある状況であなたに会った人は、あなたのことをとても良い人だと思っただろうし、別の状況であなたに会った人は、あなたのことをそれほど良い人とは思わなかっただろう。さらに、そういう状況において、手に入った証拠にもとづいてそうした結論に達したことを責めることは、きっとできないだろう。それと同じことが、今あなたが会った相手についても当てはまるということを忘れないように。次にその人に会うであろう、おそらくは今回とはかなり異なる状況において、その人の性格を今と同じように受け止めるとは想定できない。

もっと一般的に言えば、符号化できるものとできないものを知るべきだ。問題となっている出来事や行動をすぐに符号化できない、あるいは数を割り振ることができないなら、それを符号化する手法を考えようと試みる練習をしてみよう。これをするために必要となるであろう努力とはまさに、出来事や行動の一貫性を過大評価してしまいがちであるという事実を胸に刻んでおくことだろう。

本章や前章で扱った話題について言えるなかで、最も良い知らせをここでお知らせする。これまで統計学的な考察をしていなかった領域のうち、ごくわずかな領域において、どのように統計学的に考えることができるかを説明しただけだが、統計学的な推論の方法を教えてきた私のこれまでの研究から、二つか三つの領域におけるごく少数の事例でも、膨大な数の出来事についての推論の方法を改善させるには十分であるということがわかっている。たとえ、私が説明した領域とはほとんど似ていない領域においてでも。

宝くじやコイントスなど、人がどうにか統計学的に推論したいと思うような問題について、大数の法則の関わりを教えると、客観的に得点化できるような能力など、ごくたまにしか確率的に考えないような種類の出来事についての推測が改善される。[15] 個人の特性など、めったに統計学的に考えないような種類のことがらについての推測もまた改善される。これと同じことが、客観的に得点化できるような能力に関わる例だけを用いて教える場合にも、もっと主観的で、得点化の難しい事例を用いて教える場合にも当てはまる。ある種類の問題について指導をすると、まったく異なる種類の問題についての推論も上手になるのだ。

まとめ

関係性を正確に評価することが非常に難しい場合がある。 データがすでに集められ、要約されているときでさえ、私たちは、共変動の度合いについて間違った推測をしがちだ。特に起こりやすい失敗が、確証バイアスだ。もしもいくつかのAがBであれば、AがBと関連していると十分に言えるかもしれない。しかし、AがBと関連しているかどうかを評価するには、4分表で二つの比を比較することが必要になる。

無意味にもしくは任意に組み合わせた二つの出来事のあいだの相関を評価しようとするときのように、予測をひとつももっていない相関の評価をしようとする場合、相関を確実に発見するには、相関がとても高くなくてはならない。 時間の隔たりがわずか数分よりも長い出来事について、私たちが共変動を察知する能力は非常に低い。

私たちは、幻の相関を見がちである。互いの関係がもっともらしく思われる――正の相関を見つける心構えができている――二つの出来事のあいだの相関を評価しようとするとき、実際には相関が存在しなくても、そうした相関があると考えがちだ。二つの出来事の関係がもっともらしく思われない場合には、比較的強い相関が存在しているときでさえ、正の相関を認めることができないことが多い。さらに悪いことに、実際の関係が負の相関であるときに、正の相関があると結論づけることができてしまい、実際の関係が正の相関であるときに、負の相関があると結論づけることができてしまう。

相関について事前に抱く想定の多くの根本には、代表性ヒューリスティックがある。もしもAがある点でBに似ていれば、私たちはその二つのあいだに関係性を認めがちだ。ここに利用可能性ヒューリスティックも関与してくる。AがBと関連する場合のほうが、AがBと関連しない場合よりも印象深ければ、関係性の強さを過大評価する傾向がとりわけ強くなる。

相関は因果関係があることの証明にはならないが、AがBを引き起こしているかもしれないというもっともらしい理由があれば、相関によって実際に因果関係が証明されると容易に想定してしまう。AとBのあいだの相関は、AがBを引き起こしている、BがAを引き起こしている、あるいは別の何かが両方を引き起こしている、のうちのどれかによるものかもしれない。私たちはあまりにも頻繁に、これらの可能性すべてを検討することを怠ってしまう。こうした問題には、相関を因果関係の用語でいかに容易に「説明」してしまえるかを私たちが認識していない、という面が含まれる。

信頼性とは、二つの機会において、あるいは異なる手段で測定された場合に、ある事例がどちらにおいても同じ得点を得る度合いを指す。妥当性とは、測定が、それが予測するはずであるものを予測する

度合いを指す。ある測定器について、完璧な信頼性はありうるが、妥当性は存在しない。魚座の人は双子座の人よりどの程度外交的かという点で二人の占星術師の意見が完璧に一致することはありうる――しかし、そのような意見には妥当性はまったく存在しない。

出来事が符号化しやすいほど、相関の評価が正しくなる可能性が高くなる。能力で決定されるものなど、符号化が容易な出来事については、二つの機会における相関の評価がかなり正確になりうる。しかも、多数の出来事の平均をもとに同じ種類の多数の出来事の平均を予測するほうが、たったひとつの出来事を測定して別のひとつの出来事を予測するよりも、より優れた予測ができるということがわかっている――その出来事が、何らかの能力によって左右されるものであるなら。しかし、能力に関わる出来事についてであっても、ひとつの機会において観察をした場合の予測可能性と、多数の機会の平均にもとづいた予測可能性との差異は、私たちが思っている以上にとても大きい。性格に関係するものなど、符号化の難しい出来事にもとづいた関係性の強さの評価は、ひどく的外れである場合がある。しかも、そのような出来事を多数観察するほうが、そのような出来事を少数観察する場合よりも、どれほど将来の行動を正しく予測できるかを、私たちはあまり、あるいはまったく認識していない。

大きな数のサンプルをさまざまな状況において取得していないなら、特性に関係する過去の行動から、特性に関係する将来の行動を予測しようとするときには、注意深く謙虚でいることが必要だ。特定の種類の行動を符号化することがいかに難しいかを認識することで、その種の行動について立てる予測が、とりわけ誤りやすいという可能性に気づくかもしれない。根本的な帰属の誤りという概念を思い起こすことが、自分が過度な一般化をしているかもしれないということに気づく手助けになるかもしれない。

第4部　実験

調査は確実性にとって致命的である。
——哲学者、ウィル・ダラント

研究機関は、情報を手に入れるためにますます実験に頼っている。これは良いことだ。なぜなら、疑問に答えるために実験を行うことができるなら、それは、ほとんどつねに、相関分析手法よりも望ましいものになるからだ。重回帰として知られる相関分析手法は、医学研究や社会科学研究において頻繁に用いられる。この手法は基本的に、多数の独立（あるいは予測）変数を、与えられたひとつの従属変数（結果または出力）と同時に相関させる。そうして、「他のすべての変数の正味の影響のうち、変数Aの従属変数にたいする影響はどれか？」と問う。この手法は広く使われているが、本質的に弱く、誤解を招くような結果を出すことが多い。問題は、自己選択にある。事例に特定の処置を施さなければ、事例がいろいろなかたちで変化し、それが原因となって、従属変数に関係するいくつかの面において変化が生じてしまうかもしれないからだ。重回帰分析によって得られる回答が間違っているとわかるのは、研究手法における標準的な基準とよく言われる無作為な対照実験から、重回帰分析によって得られた回答とはまったく異なる回答が与えられる場合があるかもしれないからだ。

たとえ条件の割り当てが文字通り無作為でなくても、「自然実験」が行われるのをときおり目にすることができる。独立変数という点において興味深いかたちで変化する事例の集団（人々や農地、都市）がたまたま存在し、集団内の構成員に、何らかの従属変数について集団を比較することができなくなるような偏りがあると想定する理由がない場合に、そうした自然実験が起こりうる。

社会は、行うことができただろうにもかかわらず実際には行わなかった実験にたいして大きな代価を支払う。人々が仮定をもとに突き進み、介入を実行に移す前に検証することをしなかったために、何十万人もの人々が死に、何百万件もの犯罪が行われ、何十億ドルもの金が無駄にされてきた。

研究の対象が人間である場合、言葉による報告につい頼りたくなる。こうした報告は、さまざまな種類の誤りにつながりやすい。言葉による報告ではなく実際の行動をどうにかして測定することができるなら、研究上の疑問にたいして正しい答えが得られる可能性が高くなるだろう。

あなた自身の健康や幸福に何が影響を与えているかという問題について、因果関係を観察して得られる答えよりもはるかに正確な答えを与えてくれるような実験を、自分自身を対象に行うことができるのだ。

9章　HiPPOは無視しろ

二〇〇七年秋にバラク・オバマが大統領選への出馬を表明してからまもなく、グーグルのCEO、エリック・シュミットが、大勢の従業員が見守る前でオバマ氏にインタビューをした。(1)シュミットはまず、冗談でこうたずねた。「二〇〇万の32ビット整数をソートする最も効率的な方法は何ですか?」。シュミットが本当の質問を口にする前に、オバマが口をはさんだ。「そうですね、バブル・ソートではだめだと思います」。この返答は実際のところ正しかった。シュミットは驚いて額をたたき、大きな拍手がわいた。後の質疑応答において、オバマは聴衆に「私は理性と事実と根拠と科学とフィードバックをおおいに重んじています」と宣言し、このように政府を運営していくと約束した。

その日の聴衆のなかにダン・シロカーというプロダクトマネジャーがいた。彼はその場で、オバマのために働くことを決めた。「バブル・ソートの話でわしづかみにされたんです」

シロカーは、オバマ陣営に科学的手法をもたらした。A／Bテストの実施方法を教えたのだ。目標を達成するために二つの処置か手順のどちらが適しているかわからないとき、誰を対象に処置Aを実施し、誰を対象に処置Bを実施するかをコインを投げて決め、その二つの結果を比較する。それから、関心の対象となっている疑問に関連するデータを集め、何らかの種類の統計学的なテストを用いてAの平均とBの平均を比較して、データを分析する。

本章では、A／Bテストの詳細と、その原則がどのように専門的な仕事や日常生活に適用できるかを説明する。優れた実験をどのように設計するかが理解できれば、メディアで見聞きするいわゆる科学的知見を、これまでよりも適切に批評する準備が整うだろう。

A／B

ダン・シロカーがオバマ陣営のウェブサイト作成スタッフに加わる数年前から、グーグルやその他のインターネット関連企業の開発者たちは、さまざまなウェブサイトをオンラインでテストしていた。ウェブサイトの設計についての決定をＨｉＰＰＯ――「給料の高い人の意見（highest-paid person's opinion）」という皮肉をこめた用語――にもとづいて決めるのではなく、何が最も効果があるかという議論の余地のない事実にもとづいて行動していた。ウェブサイトのユーザーのうち一定の割合には青色をたくさん使ったホームページのデザインが見せられ、その他のユーザーには赤色をたくさん使ったページが見せられる。ここで求められた情報は、「クリックをした人のパーセント」だった。色からレイアウト、画像、文章にいたるまで、ウェブサイトのすべての側面が、ランダムに選ばれたユーザーを対象に同時にテストすることが可能になる。ＨｉＰＰＯではなく根拠をもとに、ウェブサイトをどうすべきかが決定された。

政治関連のウェブサイトにA／Bテストを導入するのは簡単だった。主要な問題は、潜在的な資金提供者のEメールアドレスの取得数を最大にするようなウェブページをどのように設計するか、というものだった。たとえば、「Learn More」、「Join Us」、「Sign Up Now」のどのボタンを使えば、最も多くの人が登録するだろうか。明るい青緑色のオバマ氏の写真か、オバマ一家の白黒写真、集会で演説しているオバマ氏の動画のうちどの画像を使えば、よりたくさんの人が登録するだろうか。

みなさんはきっと、「Learn More」と白黒の家族写真の組み合わせが最も効果が高いとは予測できなかったことだろう。しかも、その効果はわずかなものではなかった。この組み合わせによって、最も効果の低い組み合わせよりも、資金提供者数が一四〇パーセントも伸びたのだ。これは、寄付金と投票数という点においてもとても大きな差になる。

ウェブサイトの設計者たちは、目新しい状況における人間の行動についての直観にかんして、社会心理学者たちが数十年前に発見していたことを学んだ。シロカーいわく、「思い込みは間違いがち」なのだ。

二〇〇七年以降、A／Bテストが、オバマ陣営の幅広い決定に影響を与えた。選挙運動専門家で元社会心理学者のトッド・ロジャーズは、オバマ陣営のために多数の実験を行った。実験のなかには、当てずっぽうのものもあった。ビル・クリントンの録音メッセージを自動的に流す電話と、ボランティアとおしゃべりできる電話のどちらのほうが、寄付金や投票率に寄与するか？（後者のほうがはるかに寄与が高いとわかった）これまでに明らかになったなかでは、陣営のスタッフが投票日の前日に訪問することが、投票日に人を投票所に向かわせることのできる最も効果的な方法である。

票を引き出すために何が効果的であるかについて、今では大規模な調査が行われている。有権者を投票所まで行かせるには、投票率が低いと予想されている、投票率が高いと予想されている、のどちらを知らせたほうが効果が高いか？　投票率が低くなりそうだと言ったほうが、投票に行く方向に傾くだろうと思うかもしれない。費用便益分析をさっと行えば、投票率が高い場合のほうがひとりの人の投票の重みが増すということがわかる。しかし、人が社会的な影響をいかに受けやすいかということを思い出そう。人は、自分と似た人たちのしていることをしたいと思う。もしも大半の人がお酒をたくさん飲んでいるなら、自分もそうするだろう。もしも大半の人があまり飲んでいないなら、自分もお酒を控えるだろう。もしも大半の人がホテルのタオルを再利用しているなら、自分もそうするだろう。だから、選挙区での投票率が高くなるだろうと有権者に言うことは、投票率が低くなるだろうと言うことよりも、はるかに効果的であるとわかる。

あなたが前回の選挙で投票したことを知っているし、今後も投票するかどうかを見守っている、と告げるのは効果があるのか？　人は、他の人から良く思われたい――自分自身からも。だから、今後も観察を続けると言われることが、投票率が二・五パーセントかそれ以上伸びることに相当すると知っても、驚くことはない。[2] しかし、観察を続ける作戦がプラスとマイナスのどちらの結果を生むのか、あるいはまったく影響を及ぼさないかを明らかにすることができるのは、A／Bテストだけだろう。

二〇〇八年と二〇一二年のいずれにおいても、オバマ陣営は多数の作戦を密かに準備しており、共和党の陣営は不意打ちを食らわされた。二〇一二年のロムニー陣営は、勝利を確信していたあまり、敗北演説を準備していなかったほどだ。

しかし、共和党自身も、A／Bテストを完璧に実施することは可能だ。実際、すでに二〇〇六年に、テキサス州知事リック・ペリーが、投票者に直接送られる手紙や、発信人支払電話や、芝生に立てる看板の見返りが少ないことを証明していた。そこで陣営は、これらの手段にお金をかけなかった。その代わりに、テレビやラジオのスポット広告をおおいに活用した。どのスポットが最も効果的かを明らかにするために、一八のテレビ市場と三〇のラジオ局を区分けして、放送開始日をランダムに割り当てた。世論調査を用いて、どのスポットにおいて、ペリーへの支持が最も増えたかを追跡した。設計がランダムであったことから、結果の正確性がおおいに増した。陣営スタッフは、どの市場でどの時間にどういう内容が流れるのかを指定することはできなかった。もしもそうできたなら、たとえ投票結果が好ましいものになっても、その市場に広告が流れたかどうかよりも、ある市場において条件が変えられたことが原因だった、ということになっただろう。

A/Bテストは、政治と同様にビジネスにも有用である。なぜなら、研究者が母集団を区分して、異なる処置をランダムに割り当てることができるからだ。事例の数（N）がとても大きいときには、非常に小さな差異でさえ見出せる。そして、政治と同様にビジネスでも、わずかな増加が、成功につながる違いを生むことができるのだ。

上手にやりながら善行を積む

小売業者は、A/Bテストをこれまで以上に利用している。そして、収益を上げるのと同じくらい、人々の生活を向上させる方法を見つけるために有益であることに気づきつつある。

テキサス州エルパソにあるスーパーマーケットで、研究者らが、果物と野菜の売上げを伸ばすための多数の方策についてA/Bテストを実施した。[3] ショッピングカートのなかに、「果物と野菜をカートの手前側に置いてください」と書かれた仕切りを置くと、果物と野菜の売上げが倍増するのだ。果物と野菜は、他のほとんどの食品よりも店にとって利益が出て、しかも客の健康にも良い影響を与える。[4] 研究者らは、社会的な影響も及ぼした。この店の平均的な買い物客は農産物をX品目買うという表示を客に見せることによって、農産物の売上げを伸ばすことができたのだ。しかも、そうした表示は、果物と野菜の消費を伸ばすことによって得るものが最大になる集団の購買行動に大きな影響を与えたことがわかった。その集団とは低所得者たちであり、その多くは、こうした表示がなければ、加工食品を買う傾向がとりわけ高く、生鮮食品を買う可能性は低い人たちである。

アメリカの食料品店は、品物を種類別に区分けする傾向がある。澱粉食品は通路4に、ソースは通路6に、チーズは通路9にというように。日本の食料品店は、総体的に、つまり食事の種類ごとに品物を区分けする傾向にある。パスタとソースとチーズはイタリア料理の区画に、豆腐と海産物と醤油は和食の区画にというように。総体的な手法を取れば、加工食品の購買を減らし、時間に追われている客たちが健康に良い食品を購入して、自炊をする傾向を高めることができる。[5]

組織は、その業務や職場環境の有効性について、実際に行っているよりもはるかにたくさんの実験を行うことができる。就業時間の一部を在宅勤務することが許されれば、従業員の生産性が上がるのか？　すべての時間を在宅で勤務できたら？　在宅勤務を一切許可しなければ？　週に一回だけ大がかりな宿題を出される場合と、毎日宿題を少しずつ出された場合とで、どちらのほうが高校生が宿題をきちんとやる可能性が高いのか？

シアーズのような全国的なチェーン店は、あるメディア市場において、一般大衆の特定の区分にたいしてランダムに宣伝を行うことができ、特定の種類の品物を店内のどの場所に置くかをランダムに選ぶことができる。たとえば、ニューハンプシャー州とノースカロライナ州では店の奥のほうに、ヴァーモント州とサウスカロライナ州では手前のほうに置くなど。統計学的なテストの威力とは、ある大きさの差異が優意であるかどうかを見きわめる能力である。Nが大きいほど、ある大きさの差異が現実のものであり、偶然の結果ではないということに、いっそう確信をもつことができる。全国にあるシアーズの店舗数は十分に多く、A／Bテストはかなりの威力をもつことができる。

たとえば、同じ店内で品物の置き場所を逆にするなど、設計内手法を用いることで、この威力をさらに高めることができる。こうすることにより、店舗と店舗のあいだに存在しうる多数の差異が制御される。典型的な設計内手法は、事前・事後設計である。宝石を店の手前側に配置し、下着を奥のほうに配置したら、売上げはどうなるか？ 両者を入れ替えたらどうなるか？ 事前・事後設計を用いたA／Bテストは、単純なA／Bテストよりもはるかに感度が高い。なぜなら、事例ごとに「異なる得点」が得られ、それを尺度に用いることができるからだ。この指数は、処置を行う前のヒューストン地点での売上げから、処置を行った後のヒューストン地点での売上げを引いたものを比較する。それから、店舗の大きさと魅力、地元の客の嗜好など、場所と顧客の種類によって異なる可能性のあるものをすべて制御した得点を見る。こうした種類の差異は、介入とは関係のない、店舗間または人と人のあいだの変動を反映することから、誤差分散とよばれる。誤差分散とはつまり、A／Bテストによって回答を引き出そうとしている設問とは無関係の理由のために、得点が上下する可能性のことを指す。各事例について事前の得点と事後の得点を得ることによって誤差分散を減らせば、条件Aと条件Bのそれぞれにおける売上げの差異が実際にあるのかどうかが、よりわかりやすくなる。

事前・事後設計を使うなら、処置の順序による効果を相殺しなければならないということに注意せよ。つまり、事例の一部を最初は実験条件に置き、他の一部を最初は対照条件に置くのだ。そうしなければ、処置の影響と順序の影響が混同される。処置の影響だと思ったものが、実際には、出来事の順序による影響か、単なる時間の影響であるかもしれないからだ。

事前・事後実験には、偶然に行われ、思いがけない有益な結果を生むものがある。私のお気に入りの例に、南西部にある土産物店の話がある。[6] トルコ石のアクセサリーの売上げがよくないので、店主が、短い旅行に出かける前の晩、アクセサリーを安売りすることに決めて、「このケースにあるトルコ石はすべて×1/2」というメモを店員に残した。店主が戻ってきたとき、アクセサリーはほぼ完売していた。店主はそれを見て喜んだが、店員が驚きとともに、値上げ前の定価のときより値段を二倍にしたときのほうがよく売れたと報告してきたので、さらに喜んだ！　店員は、メモの内容を、五〇パーセントの値下げではなく一〇〇パーセントの値上げと読み間違えたのだ。

通常、値段はヒューリスティックを示すかなり優れた値であるため、客は、アクセサリーの高い値段を、それの価値を示すものと受け止めた。もちろん、このことがすべての種類の商品に当てはまるわけではないが、トルコ石は、情報をもとに品質をきちんと評価できる人がほとんどいないために、価格という手がかりに特に依存しやすい。

事前・事後設計の威力は、自分自身を対象に本物の実験を行うことができるところにある。ときどき胃酸過多になるが、その理由がはっきりとわからない？　アルコールやコーヒー、炭酸、チョコレートなど、原因でありそうなものに特別に注意を払いながら、食べたものと飲んだものの記録を毎日つけよう。それから、現実の無作為実験を行う。コインを投げて、カクテルを飲むかどうかを決めるのだ。また、一回につきひとつのことを変化させ、混同を招く変数を避ける。チョコレートを食べるのをやめ、なおかつ炭酸飲料を飲むのをやめて胃酸過多が改善されても、原因がチョコレートなのか炭酸飲料なのかわからないだろう。12章では言葉による報告について論じるが、科学的な手法についてさらに検討してから、自分自身を対象に行う実験についてもっとたくさんの提案を行う。

統計学的な従属と独立

事例の数が多いほど、そして事例に実験条件をランダムに割り当てるほど、その影響が実際のものであるという確信が深まる。しかし、別の要因、すなわち、何を事例とみなすことができるかも同じくらい重要である。教室1で三〇人の生徒を対象に手順Aを試すとしてみよう。手順Aは、教室での講義と教室外でなされる宿題からなる標準的な教え方であるかもしれない。それから、教室2で二五人の生徒を対象に、家庭で講義の映像を観てからの指導つきの「宿題」をするという、従来とは異なる手順Bを試す。事例の合計数（N）はいくつか？　残念ながら五五ではない。五五であるとしたら、もしも実際に差異があるとして、有意な差異を示す可能性のあるまずまずの数になるだろう。

*N*は2である。その理由は、*N*が事例の数と等しくなるのは、観測の独立性がある場合に限られるからだ。しかし、処置の最中とその影響を測定している期間中に構成員が相互作用するような、生徒たちのいる教室や人の集団の場合、個々の人の行動は互いに独立していない。ジョアンが混乱すれば、他の人たちをあわてさせるだろう。ビリーがふざけると、他の生徒全員のテストの点が下がるかもしれない。すべての個人の行動は、他のすべての個人の行動に潜在的に依存する。このような状況では、集団の数がかなり大きくなければ、有意性のテストを行うことはできない。そしてこの事例では、*N*は、個人の数ではなく集団の数である。

統計学的なテストを行えないなら、さまざまな処置の影響がいったい何であったのかが、必然的に不確実になる。しかし、一回めに他よりもうまくいったことを次回にも行うことは、単に仮定に頼ることよりも好ましい。

独立性という概念は、無限の範囲の出来事を理解するにあたってきわめて重大である。信じがたいことに、二〇〇八年、スタンダード・アンド・プアーズのような金融格付けサービス会社が、債務不履行は互いに独立して発生すると仮定するモデルを、住宅ローンの推定デフォルトに用いた(7)。ダビュークにおけるA氏の債務不履行は、デンバーでのB氏の債務不履行の可能性にたいして何の意味ももたないと推定されたのだ。通常、これがまったく理屈に合わないというわけではない。しかし、幅広い状況下では、それも住宅価格が急激に上昇している最中では間違いなく、バブルのただ中にあるという可能性を想定しなければならない。そうした場合、住宅ローン20031Aが債務不履行になる可能性は、住宅ローン90014Cが債務不履行になるかどうかに統計学的に依存する。

格付け会社のあいだには、利害が絡んでいた——現在も同じだ。銀行から報酬をもらって格付けを行っているので、証券を安全であるといつも評価していれば、格付け会社への仕事の需要は増える。したがって、格付け会社が債務不履行のモデルを作成する作業にたいしてありえないほど不適であるのかどうか、あるいは単に詐欺行為を犯したのかどうかは、私は知る立場にはない。だが、どのような場合であっても、ここから得られる教訓は明白だ。欠陥のある科学的手法からは、大惨事が生じうる。

まとめ

思い込みは間違いがちである。また、たとえ間違っていなくても、思い込みを容易に検証できる場合においても思い込みに頼ることは愚かだ。A／Bテストは原理上、子どもにでもできるくらい簡単だ。検証したい手順を作り、対照条件を設定し、コインを投げて誰（または何）にどの処置を施すかを決め、どうなるかを観察する。無作為な設計を用いた場合に差異が発見されれば、それが、独立変数の操作における何かが、従属変数に因果的な影響を与えていることの証明になる。相関法を用いて差異が発見されても、独立変数が実際に従属変数に影響を及ぼしているということの保証にはならない。

相関的な設計は、事例に条件が付与されていないために弱い。大量の宿題とごく少量の宿題、ラジオ広告と宣伝のびら、高収入と定収入などといった設定が、そういう例だ。事例——人や動物や農地——にランダムに条件を与えなければ、あらゆる種類の不確実性が入り込むことになる。ある水準における独立変数の事例は、別の水準における事例とはさまざまなかたちで異なるかもしれず、そのなかには特定できるものも特定できないものもあるかもしれない。測定された変数、あるいは測定されていない変数、または想定されてさえいない変数が、どれでも、調査の対象としている独立変数よりも影響をもたらすことがありうるのだ。また、従属していると推定される変数が、独立していると推定される変数における差異を、実際に生み出していることさえありうるかもしれない。

事例——人や農地など——の数が多いほど、現実の影響を発見する可能性が高くなり、実在しない影響を「発見」する可能性が低くなる。ある差異が、ある種の統計学的テストによって、二〇回につき一回未満の偶然の確率で起こる程度の規模だとわかった場合、〇・〇五の水準で有意であると言う。そのようなテストを行わずには、影響を実際のものであるとみなすべきかどうかはわからない。

ありうるすべての処置をそれぞれの事例に割り振れば、設計の感度がさらに高くなる。すなわち、「設計内」手法によって見つかったとある規模の差異は、「設計間」手法によってテストされると統計学的に有意になる可能性が高いということである。そうなる理由は、どのような二つの事例のあいだにありうる差異もすべてが制御され、処置による差異だけが、関係性についての考えうる原因として残るからである。

調べている事例（人間を対象にした研究の場合は人）が互いに影響を及ぼすかどうかを考えることは、きわめて重要である。どれかの事例が別の事例に効果を及ぼしうるなどというように、ある事例が別の事例に影響を与えていたかもしれないような場合には、つねに、統計学的な独立性が失われている。Nは、互いに影響を及ぼすことができない事例の数である。教室AのNは、教室内の生徒の数ではなく、ただの1である（影響が最小限であるか存在しないと確実にみなすことのできる場合、たとえば、生徒たちがパーティションで区切られた空間で私語なしにテストを受ける場合などには、例外が存在するだろう）。

10章　自然な実験と適切な実験

新生児の免疫系は未熟であるため、病気の原因となる細菌やウイルスへの暴露を最小限に抑えるためのあらゆる努力が払われるべきである。

——CNNTVニュース「健康なベビーのためのばい菌と戦うヒント」より
二〇一一年二月二日（CNN、二〇一一年）

生後まもなくさまざまな細菌に接触した乳児は、その後、アレルギーを発症するリスクが低くなるようだ……

——「乳児の細菌への暴露はアレルギーのリスク低下と関連」より
カナディアンTVニュース、二〇一一年一一月三日（CTV、二〇一一年）

友人や同僚、メディアから、どのように生活し、どのように仕事をすべきかについて、助言が浴びせられる。

一〇年前には、食事に含まれる脂肪を最小限にすべきだと教わった。現在では、適度な量の脂肪は身体に良いと言われている。ビタミンB6のサプリメントは高齢者の気分を良くし、認知機能を向上させると昨年に発表されたが、今年になると、このサプリはどちらの結果にも寄与しないというように否定されている。一五年前には、一日にグラス一杯の赤ワインを飲むことは心臓血管の健康に良いとされていた。八年前には、どのようなアルコール飲料にも同じ効果があると言われた。ところが先週、赤ワインだけが良いという話に戻った。

最新の医学的な助言は何でも受け入れるという基本的な心構えがたとえできていても、主張が互いに対立する場合を考慮に入れなければならない。いとこのジェニファーがかかっている歯科医は、フロスは一日に二回が良いと言うが、あなたの歯科医は、ときおりフロスをするくらいが適切だと言う。『ニューヨーク・タイムズ』紙の金融アドバイス欄には、株を売って債券を買うように書かれている。『ウォール・ストリート・ジャーナル』紙の外部執筆者によるコラムには、不動産を購入し、お金は現金で持つようにと勧められている。あなたの金融アドバイザーは、金融商品の割合を大きくするようにと助言する。友人ジェイクの金融アドバイザーは、国内株から外国株へと資金を移動させるようにせき立てる。

友人のエロイーズとマックスは、二人の子どもを、考えられるなかで最善の就園前保育施設に、どれだけお金をかけても入れたいと必死になっている。友人のアールとマイクは、幼児は家庭内で刺激を受ければ、家庭外で知的刺激を受ける必要はないと考え、楽しい遊びの環境を整えることだけに気を遣っている。

この章では、メディアに提示されたり、知り合いに言われたりする科学的な証拠を評価する方法についてのヒントを示すとともに、自分自身で証拠を集めて評価する方法も提案する。さらに、社会が、介入を行った場合の効果を確かめる実験を行わず、こういう効果があるという思い込みに頼った決定を行うと、いかに悲惨なことになりうるかという話もしよう。

説得性の連続体

あなたは二月にCNNの番組で、赤ん坊をばい菌から遠ざけるべきだと聞いた。その後一一月にCTVで、ばい菌はアレルギーのような自己免疫疾患にかかる可能性を低くするから、赤ん坊にとって好ましいと聞いた。それでは誰を信じるべきか？　どのような種類の証拠があれば、赤ん坊をばい菌にさらすほうを選ぶ気になり、どのような種類の証拠があれば、赤ん坊をばい菌からできるだけ遠ざけようとする気になるのか？　この疑問に答えるにあたり、役に立ちそうな自然実験がいくつかある。自然実験によって、全体的には似ているが何らかの点で異なっており、その相違のしかたが関心の対象となっている結果変数に関係するかもしれないような二つの（あるいは数個の）事例の比較が可能になる。もしかすると関連性のあるかもしれないその差異を誰も操らなければ、これは本物の実験になるだろう。それと同時に、少なくとも比較が無意味になるほどに、事例のあいだに違いがあると想定すべき理由はひとつもない。

東ドイツ人は西ドイツ人よりもアレルギーになる可能性が低いと、あなたが知っていると仮定しよう。

ロシア人はフィンランド人よりもアレルギーになる可能性が低いと、あなたが知っていると仮定しよう。

農業をする人は都会に住む人よりもアレルギーになる可能性が低いと、あなたが知っていると仮定しよう。

保育所に通っていた子どもはそうでない子どもよりも、アレルギーになる可能性が低いと、あなたが知っていると仮定しよう。

幼いころにペットを飼っていた子どもはそうでない子どもよりも、アレルギーになる可能性が低いと、あなたが知っていると仮定しよう。

幼いころにたくさん下痢をした子どもはあまり下痢をしなかった子どもよりも、アレルギーになる可能性が低いと、あなたが知っていると仮定しよう。

自然分娩で生まれた赤ん坊は帝王切開で産まれた赤ん坊よりも、アレルギーになる可能性が低いと、あなたが知っていると仮定しよう。

たまたま、これらはどれも正しい。[1] これらの自然実験は、類似の事例が、ある特定の点においてたまたま異なり（実際には独立変数）、そのために議論の対象となっている結果において差が生じるかもしれない（アレルギーの従属変数）というところが、本物の実験に似ている。それぞれの自然実験では、細菌に早いうちにさらされることで、アレルギーや、ぜんそくなどのその他の自己免疫疾患への抵抗力がつくという仮定の検証が行われる（自己免疫疾患とは、体内に通常存在する物質にたいする、異常で間違った過剰な「防御」反応であり、白血球が実際の体内組織を攻撃する）。

アレルギーの影響は、不快に感じる程度から、身体を衰弱させる程度まで幅広い。さらにぜんそくの影響は、それよりもはるかに悪くなることもある。アメリカでは毎日、何万人もの子どもたちがぜんそくで学校を休み、数百人がぜんそくで入院し、数人がぜんそくのために死亡する。

東ドイツとロシアは、西ドイツとフィンランドよりも衛生状態の悪い場所である、あるいは少なくとも、あまり遠くない過去にはそうだったと想定できる（興味深いことに、何年も前、アメリカに移民したポーランド人に、アレルギーはアメリカ人が発明したものだと思っていたと半分冗談で言われた。彼は、いいところに気づいていたのかもしれない）。

また、農場で育った子どもは、町で育った子どもよりも、幅広い種類の細菌にさらされる可能性が高いと想定することもできる。ペットを飼っている子どもは、ペットを飼っていない子どもよりも、幅広い種類の細菌――大腸菌も含まれる――にさらされているとわかっている。就園前の保育施設に通っている幼児は、家で過ごしているだけの場合に出会うよりも幅広い種類の細菌に次々とさらされる、歩くペトリ皿であることがわかっている。たくさん下痢をすることは、たくさんの細菌にさらされた結果であると言えるだろう。自然分娩によって赤ん坊は、母親の膣にあるあらゆる種類の細菌にさらされる。これらの自然実験はどれも、細菌は赤ん坊にとって良いという結論を支えている。

これらの所見があるからといって、みなさんが、自分の赤ん坊を地面にはいつくばらせて汚くしよう――そうして動物の粘液や排泄物に存在する、ものすごく不潔な種類の細菌にも接触させよう――という気持ちになるだろうとは思わない。

しかし、赤ん坊の直腸に入れた綿棒から多くの種類の細菌が発見された場合、その子が六歳になったときに自己免疫疾患にかかる確率が低くなると予測されると知ったなら、どうだろう？　たまたま、実際そうらしい。[2]　現在では、相関証拠、あるいはときに観察証拠とよばれるものがある。一定の集団内では、早期における幅広い種類の細菌への接触が多いほど、自己免疫疾患の発生率が低くなるのだ。

まだ、自分の赤ん坊を、さまざまな種類の大量の細菌にさらす心の準備ができていない人は、相関的な自然実験の証拠を説明づけることのできる「細菌暴露理論」とよばれるかなり有望な仮説があると知れば、気持ちを動かされるかもしれない。早期に細菌に暴露させることで、免疫系を刺激することが期待され、そうした刺激が後に有益な効果をもたらすかもしれないのだ。子どもの免疫系が、細菌に順応し、それ自身を調節することができ、その結果、成長するにつれて炎症を起こすことが少なくなり、自己免疫疾患にかかる可能性が低くなるという方向に、強化されるかもしれない。

では、自分の赤ん坊を汚くさせる心構えができただろうか？　私は個人的に、そうできるかどうかわからない。自然実験や相関的な証拠やもっともらしい理論はどれも、文句のつけようはない。だが、私は、二重盲検法の無作為制御的な本物の実験が見たい。おなじみのコイントスをして、赤ん坊に、多くの細菌に暴露させられる実験条件か、細菌の少ない対照条件のどちらかを割り当てる本物の実験を見たいのだ。実験者と参加者（この場合は母親）の両方は、赤ん坊に割り振られた条件を知らないままでいなくてはならない（盲目でなければならない）。この二重盲検法の設定がされることで、何も知らされていないために、参加者がどの条件に置かれているかを実験者か参加者のどちらかが知っていることによって結果が左右されるという可能性が排除される。もしも、実験において、細菌に多くさらされた赤ん坊がアレルギーやぜんそくにあまりならないということがわかったなら、自分の赤ん坊を幅広い種類の細菌にさらすことを、進んで真剣に検討するだろう。

しかし、私を納得させるかもしれない実験に、自分の赤ん坊を差し出すかどうかは自信がない。幸い、そういう実験に自分の赤ん坊を自発的に参加させる必要はない。動物モデルを使った実験というものが存在するからだ。動物モデルとは、系統発生的に人類に近く、そうした動物にたいする治療が、人間にたいして認められる効果と似た効果があると推測される、生きている動物のことだ。

若いマウスを細菌に暴露させる効果を調べる研究が行われている。(3) マウスを非常に多くの細菌に暴露させる研究とは、正反対の方法を取るものだ。細菌が一切ない環境を作ってマウスを入れ、対照群のマウスを通常の実験室の環境に置いた。もちろん後者は、細菌のない環境ではない。細菌のない環境に置かれたマウスでは、結腸の一部と肺において、ある種のキラーT細胞が異常な水準にまで増殖した。これらのT細胞はその後、脅威をもたない物質を攻撃するためにも召集され、その結果、炎症やアレルギー、喘息が発症した。

こうなったら、子どもを泥んこにさせようというCTVの勧めを支持しようか。ただし、そうすれば間違いなく、ものすごく不安になるだろう(それに、私の助言には用心すること。息子にもときどき言われるが、私は本物の医者《ドクター》ではなく、ただの博士《ドクター》にすぎないのだから)。

もしも自分の赤ん坊を多量の細菌に暴露させることにしたなら、そうした暴露は主に、生まれてすぐの二、三年において効果があるらしいということに留意しておくべきだ。それなら、意図的に細菌に暴露させるのをいつまでも続けようとはしないだろう。

信じられないような話だが、すぐ前の段落を書き終えた週に、過敏性腸症候群が原因であると一部で考えられている乳児疝痛《せんつう》は、ラクトバチルス・ロイテリ菌を含む溶液を五滴投与することで大幅に軽減されることを示す記事が『JAMA ペディアトリクス』誌に掲載された。(4) この治療法によって、乳児の疝痛を原因とする夜泣きが五〇パーセント近く低減するという。

幼い子どもが感染症にかかったらどうするか? 抗生物質を飲ませなさいという医者の言葉に従うべ

きか？

豊かな国ほど、クローン病や潰瘍性大腸炎などの炎症性腸疾患（ＩＢＤ）の発生率が高いと知ったら、どうするか？　こうした疾患は、腹痛や嘔吐、下痢、直腸出血、体内の激しい痛み、貧血、体重の減少を引き起こすことがある。これらの炎症性腸疾患は、アレルギーや喘息と同じく自己免疫性疾患であると知れば、疑念が生じるはずだ。間違いなく、相関的な性質をもつ状況証拠ではないか？　まさか、豊かさそれ自体が、炎症性腸疾患を引き起こすのではないだろうが。

だが、豊かさと関係する何かが、問題を生じさせているのかもしれない。ある年齢の人なら、自身が子どもだった頃には中耳炎に悩まされていたが、一方で自分の子どもたちは、アモキシリンのおかげで、中耳炎にかかってもすぐに治ったということをおぼえているだろう。もちろん、国が豊かであるほど、病院で診察を受け、抗生物質を処方され、保険内か自費でその薬を出してもらうことができる可能性が高くなる。

だが、もしもあなたが私のような人なら、こんなにも抗生物質を服用することがとても良いことなのかどうか、疑問に感じたことがあるかもしれない。しかもどうやら、そういう心配をするのは正しいことらしい。中耳炎に何度もかかって抗生物質をたくさん服用してきた子どもは、大きくなってから炎症性腸疾患を発症する可能性が高いのだ[6]。

抗生物質は熱心すぎる。腸内微生物のなかの、善玉も悪玉も危険なものも殺してしまう。

大人になってからでさえ、抗生物質の使用は、その後の腸疾患と関係するように思われる。炎症性腸疾患にかかっている大人は、それ以前の二年間において多数の抗生物質を服用していた可能性が二倍であるということが、研究から明らかになっているのだ[7]。

これらの証拠はまだ状況的なものにすぎず、本物の実験が必要とされている。そしてたまたま、ひとつの正しい実験が行われている。

善玉菌の欠如が炎症性腸疾患の原因であるなら、たとえば、健康な人の腸の内容物をいくらか含む浣腸剤を用いて、善玉菌を腸内へと注入することが、炎症性腸疾患の効果的な治療法になるはずだ。

勇気のある科学者たちと、さらに勇気のある患者たちが、この実験を試した（「それではジョーンズさん、この実験では、誰か他の人の腸の中身をあなたの腸内に送り込みます。こうしたことがこれまでに行われていないからではなく、こうすることがあなたにとって良いことであるかもしれないからです」）。患者と科学者の双方にとって幸運なことに、この実験は成功し、治療を受けた患者は、食塩溶液だけを注入された対照群の被験者よりも状態が改善される傾向が強かった（さらに、みなさんにとって幸運なことに、有効な腸内細菌を錠剤の形で購入することが今では可能になっている）。

もちろん、どのような子どもの病気であれ、抗生物質を用いて治療するかどうかを決定するには、多くの研究と徹底した費用便益分析が必要とされる。これと同じことが、大人がかかる感染症にも当てはまる。

自然実験から適切な実験へ

自然実験には、適切な実験を使ってぜひとも研究されるべき、途方もなく重要な意味合いがある。

教育をほとんど受けていない親の子どもは、その子たち自身も学業成績が悪くなる恐れがあり、一年生の担任教師の指導効果が、観察者から見て、下から三分の一までに入る場合、小学校での成績が低迷する可能性が高い。もしも運良く、指導効果が上から三分の一までに入る教師に受け持ってもらうと、中産階級の子どもたちの成績とほぼ同じくらいにまで成績が上がる可能性が高い。[8] この所見が、すなわち自然実験である。もしも子どもたちを、能力がさまざまなレベルであると判定される教師たちのクラスにランダムに割り振るなら、本物の実験が行われることになるだろう。一方、この自然実験の結果について聞かされた親たちのなかに、教師の有効性について無関心でいられる人がいるだろうか？

町に緑があるのは良いことだ。実際には、想像するよりもさらに良い。シカゴにある画一的な公営住宅の研究から、緑に囲まれたアパートでの犯罪の報告数は、裸の土地かコンクリートに囲まれたアパートでの犯罪の報告数の約半分であることがわかった。[9] 1章で説明したような、行動に大きな影響を与えうる、とらえにくい状況的な手がかりに照らせば、これはそれほど驚くような所見ではない。この所見はおそらく、本物の実験に相当するのだろう。なぜならシカゴの住宅当局の職員たちは、どの公営住宅に居住者が割り振られるかはランダムに行われるべきだと考えているからだ——そういう方法が正しくないと考える理由はない。一方、素人が、科学者と同じような意味で「ランダム」という言葉を使うとは限らない。だから、緑が多いと犯罪の数が少なくなるという仮説にたいして確証がもてるようになるためには、緑と犯罪のあいだには、単なる相関関係ではなく因果関係があるという可能性を排除することを目的とした、居住者を検証可能なかたちでランダムに割り当てた研究が待たれる。明らかに、そのような実験が切実に求められている。もしも本物の実験の結果によって自然実験の結果が再現されたなら、4章で論じたような費用便益分析がおおいに必要とされるだろう。そのような研究では、コンクリートをはぎとって木を植えることの効果を調べ、費用と比較することになるだろう。そうした分析からは、景観を変えることが町にとって得になると判明するかもしれない。

科学者たちはしばしば、得られた観察結果がまさに自然実験になると気づいたときに、着想を得る。一八世紀、医師のエドワード・ジェンナーが、乳搾り女はめったに天然痘にかからないことに気づいた。天然痘は牛痘と関連のある病気で、乳搾り女は牛痘に接触していたかもしれない。もしかすると、牛痘が何らかのかたちで天然痘の予防になっているために、バターをかきまぜる人よりも乳搾り女のほうが天然痘にかかる可能性が低いのかもしれない。ジェンナーは、手に牛痘のできた若い乳搾り女を見つけ、牛痘の成分を八歳の少年に接種した。少年は発熱し、腋の下に不快感をおぼえた。数週間後、ジェンナーは、天然痘患者の患部から取り出した成分を少年に接種した。少年は天然痘を発症せず、ジェンナーは正確に言えば、天然痘の予防法を発見したと発表した。牛を意味するラテン語は *vacca* であり、天然痘を意味するラテン語は *vaccinia* である。よってジェンナーは、この治療法を vaccination〔種痘、ワクチン接種〕と名づけた。自然実験が適切な実験へとつながり、その結果、世界が良い方向へと変わった。天然痘は今日、二つの施設にウイルスの標本というかたちで冷凍保存されている（ウイルスが保管されているのは、もしも世界のどこかで天然痘が出現した場合、ワクチンの材料として使う必要があるだろうからだ）。

実験を行わないことによる高いコスト

行われなかった実験の多大な代価を、血や大切なものや幸福でもって支払うことがある。ヘッドスタートが始まってから五〇年近くのあいだ、二〇〇〇億ドルをこれに費やしてきた。ヘッドスタートとは、主として貧しいマイノリティの子どもたちを対象とし、健康と学業成績と、できればI

Qを向上させようとする就学前プログラムである。これへの投資と引き換えに、何が得られたのか？このプログラムによって、確かに子どもたちの健康は改善され、最初のうちはＩＱと学業成績も向上した。しかし、認知能力の進展は、わずか数年しか続かなかった。小学校の中学年になるころには、プログラムを受けなかった子どもたちと変わらない程度になったのだ。

ヘッドスタートのプログラムを受けた子どもたちが大人になったとき、プログラムを受けなかった子どもたちが大人になったときと比較して、多少は優位にあったかどうかは、はっきりとはわからない。[10]その理由は、プログラムへの参加の割り当てがランダムではなかったからだ。ヘッドスタートに参加した子どもたちは、参加しなかった子どもたちと比べて、内容は不明ではあるが、異なる点がいくつかあったのかもしれない。大人になってからの結果を示すどのデータも、話にならないほど少量しかなく、参加の割り当てについてはまったく遡及的な情報に依存している。対象者は、自分が就学前プログラムに参加していたか、もしもそうならどのプログラムだったかを思い出さなくてはならなかった。遡及的な研究は、非常に多くの潜在的な誤りをはらんでいる。とりわけ、問題となる記憶が、何十年も昔の出来事についてのこととなると。遡及的な調査からは、ヘッドスタートに参加した子どもたちが大人になったとき、一見すると確かに成果を手にしていることがわかる。[11]しかし、この結果は、自然実験のレベルまでも到達していない。なぜなら、ヘッドスタートに参加していた子どもたちと、参加しなかった子どもたちとのあいだに、違いがもともと存在していなかったとしたら、それは信じがたいことであるだろうだからだ。

効果があるかないかはっきりしないことに、大量のお金が継続して使われている。

幸い、4章の内容を思い起こせば、いくつかの就学前プログラムは、大人になってから多大な成果をもたらしていることがわかる。ヘッドスタートよりもさらに集中的な内容のプログラムに参加者をランダムに割り当てた実験からは、ささやかではあるが長く継続するIQの向上が見られた。しかしさらに重要なことに、プログラムを受けた集団が成長してからも、学業成績が大きく向上し、高い収入も得られていた。

就学前プログラムの内容において何が効果があり何が効果がないかを知らないことによって、これまでにかかったコストは本当に大きい。ヘッドスタートにかかった二〇〇〇億ドルは、特に弱い立場にあるもっと少数の子どもたちを対象としてさらに集中的な体験をさせたほうが、上手に使えていたかもしれない。そのほうが、はるかに大きな社会的利益をもたらしたかもしれない。(しかも実際、対象となる子どもたちが貧しいほど質の高い早期教育のもたらす効果が大きいということがわかっている。そうした教育は、中流階級の子どもたちにはあまり大きな影響を与えないようなのだ)。[12] さらに、ヘッドスタートのどの側面が最も効果があったのか(何らかの効果があったとして)を明らかにするための実験は、ひとつも行われなかった。学校での勉強や、社会的な要因に注目するほうが好ましいのか? 半日か一日のどちらがいいのか? 二年間必要なのか、それとも一年間でもほぼ同じくらいの違いが生じるのだろうか? このような疑問にたいする答えを知ることからもたらされる社会的、経済的な効果は、とても大きなものになるだろう。しかも、答えを得ることは容易であったろうし、これまでに費やされたコストと比べると、とても安く済むだろう。

少なくとも、ヘッドスタートが参加した子どもたちに何らかの害をもたらすとは考えにくい。しかし、科学者ではない人が思いついた多くの介入は、実際に害を与えている。

善意の人々が、悲劇が起こった直後にトラウマに苦しむ可能性のある人たちを助けるプログラムを考案した。いわゆるグリーフ・カウンセラー〔喪失を体験した人を精神的に助けるカウンセラー〕は参加者たちに、体験について自分自身の視点から語り、感情的にどう反応したかを描写し、他の人々の取った対応についての感想を語り、ストレス症状について話すように勧める。カウンセラーは参加者に、そうした反応はごくふつうのものであり、症状はたいてい時とともに減少していくと励ます。9・11の直後、約九〇〇〇人のグリーフ・カウンセラーがニューヨークに集結した。

この種のグリーフ・カウンセリングは、私には素晴らしいアイデアのように感じられる。しかし、行動科学者たちが、緊急事態ストレスデブリーフィング（CISD）を評価するための無作為実験を十数回行ったところ、こうした活動が、うつや不安、睡眠障害、その他のストレス症状にたいする効果的な影響を与えたという証拠は得られなかった。[13] CISDを受けた人たちは、本格的なトラウマ性障害を体験する傾向が強くなるという証拠がいくつかある。[14]

たまたま行動科学者たちが、トラウマに苦しむ人々に実際の効果をもたらした介入事例のいくつかに注目した。社会心理学者のジェームズ・ペネベーカーが、トラウマに苦しむ人々に、重大な事故が起きてから数週間後に、体験についての心の奥にある考えや感情と、その体験が生活にどのように影響しているのかについて、四夜続けてひとりきりで書き留めさせた。[15] これで終わりだ。カウンセラーと話すことも、グループセラピーに参加することも、トラウマにどう対処すべきかという助言を受けることもない。ただ、書くだけ。こうした行動はふつう、悲しみやストレスにたいしてとても大きな効果がある。

こうした行為がとても効果が高いということが、私には全然もっともらしく思えない。もちろん、即座に介入して悲しみを分かち合い、助言を与えることに効果があるということにも、同じくらい納得できないのだが。しかし前にも言った通り、思い込みは間違いがちだ。

ペネベーカーは、体験について書くことに効果があるのは、苦しみや潜伏期の後に、出来事やそれにたいする自分の反応を理解するための物語を組み立てる手助けになるからだと考えている。そして、最も状態が改善された人たちは、書き始めた頃は混乱してまとまりのない文章だったが、最後のほうには、一貫性とまとまりがあり、出来事に意味を与えるような文章を書いた人たちであるようだ。

この他にも、善意の人々が、ティーンエイジャーを対象として、犯罪や自己破壊的な行動に向かわせる仲間内のプレッシャーにたいして予防措置を施そうとした例があるが、その結果が、トラウマを抱える人たちにたいするCISDよりも期待外れに終わることがときおりある。

数十年前、ニュージャージー州にあるローウェイ州立刑務所の囚人たちが、罪を犯すとどのような恐ろしい結果にいたるかをリスクを抱えた青少年たちに警告するために、何かをしようと決意した。囚人たちは、刑務所がどのようなところであるかを彼らに見せ、塀の中で起こっているレイプや殺人について生々しく説明をした。アーツアンドエンターテイメント（A&E）局で放送され賞を受賞したドキュメンタリー番組で、この活動は「スケアード・ストレート」と名づけられた。この名前と刑務所の実態は、すばやく全米に周知された。

「スケアード・ストレート」プログラムは、効果があるのか？　このプログラムについて、七回の実験が行われた。[16]どの実験においても、「スケアード・ストレート」を体験した子どもたちは、介入をまったく受けなかった対照群の子どもたちよりも、犯罪に走る確率が高かった。犯罪の平均増加率は約一三パーセントだった。

ローウェイ刑務所のプログラムはまだ実施されており、現時点までに、ニュージャージー州東部在住の子どもたち五万人以上がこれを体験している。五万人に一三パーセントを掛けてみよう。答えは六五〇〇だ。この値は、善意の囚人たちがこういうプログラムを考えつかなかった場合に起こっていたと思われるよりも、これだけ多くの子どもたちが犯罪に走っているということを示す。しかもこれは、ニュージャージー州のわずかひとつの地域のことにすぎない。その他多数の地域で、これに類似したプログラムが実施されている。ワシントン州立公共政策研究所が行った研究では、「スケアード・ストレート」プログラムにかかった費用一ドルにつき、犯罪や犯罪者の収容にかかる二〇〇ドル以上のコストが生み出されていると推定された。

なぜ、「スケアード・ストレート」プログラムはうまく機能しないのか？　効果が出て当然だと、個人的には感じられるのに。うまく機能しない理由はわかっておらず、逆の効果が出てしまう理由もまったく検討がつかないが、問題はそこではない。このプログラムが考案されたことが悲劇なのであり、このプログラムでは犯罪が止められなかったのだ。

なぜ、犯罪が止められなかったのか？　効果が出て当然だと思われすぎるからだ、と推測してみよう。多くの政治家を初め、多数の人々は、科学的なデータよりも、直観的に納得させられるような、因果関係を示す仮定を信じたがる。「スケアード・ストレート」プログラムに効果がないことについて科学者たちは説得力のある説明を提示できていないが、それには何の意味もない。科学者、それもとりわけ社会科学者は、対立するデータを前にして、直観的に因果関係がありそうに思われる理論にしがみつくという、よくある失敗を犯したりしない。なぜなら、思い込みは間違いがちであるということをよく知っているからだ（これを書いている時点でも、A&E局はまだ、「スケアード・ストレート」を称賛する番組を放送している）。

DAREも、子どもたちが悪に巻き込まれないようにするための手の込んだ試みだ。この薬物濫用阻止教育プログラム（DARE）においては、地元の警察官が八〇時間かけて教授法を学んでから学校を訪問し、薬物やアルコール、タバコの使用を低減するための情報を与える。州政府や地方自治体、連邦政府から、年間一〇億ドルもの資金が提供されている。DAREのホームページによれば、アメリカ国内の学区の七五パーセントと、さらには世界四三か国がこのプログラムに参加している。

しかし実際のところ、DAREがこれまでに三〇年以上実施されてきても、子どもの薬物使用は減っていない[17]。DAREはプログラムに効果がないことを認めず、プログラムは失敗であることを示す科学的証拠を提示する批評家たちに強く反発している。初期のプログラムを補う、あるいはそれに代わるために作られたプログラムは、今までのところ、外部の機関から十分な評価を得ていない。

なぜDAREはうまく機能しないのか？　その理由はわからない。理由がわかったほうがよいだろうが、原因が説明できなくても構わない。たまたま、薬物とアルコール、タバコの使用の可能性を低下させることを目的としたいくつかのプログラムが、実際に効果を上げている。そのなかには、ライフスキルズ・トレーニングや、ミッドウエスタン・プリベンション・プロジェクトなどがある[18]。これらのプログラムには、DAREの初期のプログラムにはなかったいくつかの要素が入っている。顕著なものが、思春期直前の子どもたちに仲間からのプレッシャーをはねのける方法を教えるというものだ。DAREの考案者は、ティーンエイジャーにとって、警察官が社会的な影響を与える重要な人物だと想定した。社会心理学者なら、仲間のほうが、影響を与える者としてはるかに効果が大きいと教えてくれたことだろう。さらに大きな成功を収めているプログラムでは、ティーンエイジャーと成人のあいだでの薬物とアルコールの摂取量についての情報も提示している。思い出してほしい。こうした情報を示されると、若者の大半が思っているよりも使用量が少ないために、驚きをもって受け止められる。他の人々の行動について正しい知識を得れば、濫用率が低下することにつながるのだ。[19]

その一方で、若者たちに有害であるプログラムが今なお実施されており、若者たちの助けとなるプログラムがあまり実施されていないか、まったく実施されていない。社会は高い代価を払い、人々は間違った思い込みのために苦しんでいる。

まとめ

ときおり、本物の実験と同じくらい説得力のある関係性を目にすることがある。子ども時代に、細菌に比較的多くさらされるような環境にいた人は、いくつかの自己免疫疾患にかかりにくい。とても多様な状況——衛生状態の良い国と悪い国、農村と都会、ペットの有無、自然分娩と帝王切開など——においてこのことが認められると、そうした所見から何かがはっきりと見えてくる。このような見解がきっかけとなり科学者たちが実際の実験を行い、その結果、早期に細菌にさらされることで、自己免疫疾患にかかる可能性が確かに低下するということが証明された。

ランダムな対照実験はしばしば、科学や医学の研究において理想的な判断基準であると言われる——これにはもっともな理由がある。このような研究から得られた結果は、その他のどのような種類の、いや、すべての種類の研究の結果をしのぐ。ランダムに割り振ることで、独立変数が操作される前の段階において、実験群と対照群のあいだのどの変数にも差異のないことが保証される。どのような差異が認められても、ふつうは、科学者の介入によって生じたものにすぎないとみなすことができる。二重盲検法の無作為対照実験とは、研究者も患者も、患者がどういう状態にあるのかを知らないというものである。このような種類の実験では、結果をもたらしたのは、すなわち介入であり、介入について患者や医師が知っていることではないということが明確になる。

社会は、行われなかった実験のための高い代価を払う。ランダムな実験を行わなかったせいで、ヘッドスタートにかかった二〇〇〇億ドルが、認知力を向上させるために効果があったかどうかということがわからない。無作為対照実験のおかげで、就学前の質の高いいくつかのプログラムが非常に効果的であり、プログラムに参加した人々が大人になってから、健康的で望ましい生活をしていることがわかっている。就学前のプログラムについて適切な実験を行えば、費用を大幅に低減し、個人と社会に多大な利益をもたらす可能性がある。DAREプログラムは、ティーンエイジャーの薬物やアルコールの使用を減らせない。スケアード・ストレート・プログラムでは犯罪数が減るどころか増えている。グリーフ・カウンセラーは、悲しみを減らすよりも増やしているのかもしれない。残念ながら、社会の多くの分野において、介入が実験によってつねに検証されることを確実にする手法は存在せず、実施された実験の結果を考慮に入れて公共政策を行うことが保証される手立てもない。

11章　経済学

自動車の営業担当者は男性よりも女性にたいして高い値段を提示するのか？

学校のクラスの人数は学習に影響するか？

マルチビタミン剤は健康に良いのか？

長期の失業者にたいして雇用側は偏見をもっているのか？　ただ、長いあいだ仕事に就いていなかったというだけで。

閉経後の女性は、心臓血管病にかかる可能性を抑えるために、ホルモン療法を受けるべきか？

これらの疑問にたいして多くの回答が提示されてきた。一部の回答は、間違った手法を用いたせいで誤った結論に達した研究にもとづいていた。また一部の回答は、優れた科学的手法を用いたおかげで、かなり正しいと見込まれる。

本章では、科学的所見を理解し、それらを信じるべきかどうかを判断するにあたり非常に重要な三つの点について論じる。

1　相関に頼って科学的な事実を立証しようとする研究は、どうしようもなく誤解を招く恐れがある——たとえ、そうした相関が、多くの変数を「制御」した「重回帰分析」とよばれる複雑なパッケージに包まれていても。

2　被験者（またはあらゆる種類の対象物）が二つの扱いのうちの一方にランダムに割り振られた（あるいは扱いを受けない）実験は一般的に、重回帰分析にもとづいた研究よりもはるかに優れている。

3　人間の行動についての思い込みは頻繁に間違っているため、可能であれば、問題となる行動についての仮定を検証するような実験を行うことが不可欠である。

重回帰分析

本章の冒頭に提示したどの疑問も、独立変数または予測変数――インプットあるいは推定される原因――の一部が従属変数または結果変数――アウトプットまたは結果――の一部に影響を与えるかどうかを問うている。実験では独立変数を操作する。相関分析では独立変数を測定するだけだ。

相関分析を用いるひとつの手法が重回帰分析で、この手法では、多数の独立変数がいくつかの従属変数と同時に相関される*（順次に相関されるタイプもあるが、この種の重回帰分析については論じない）。対象となる予測変数は、制御変数と称される他の独立変数とともに検討される。目的は、他のすべての変数の影響を含めない「正味の」場合、変数Aが変数Bに影響を及ぼすことを示すことである。つまり、従属変数にたいする制御変数の影響を考慮に入れた場合にさえ、関係が成立するということだ。

次の例について考えよう。タバコを吸うことは、心臓血管病のより高い罹患率と相関する。そこで、喫煙が心臓血管病を引き起こしているように見えると言いたくなる。ここで問題となるのは、年齢や社会階級、太りすぎなど、この他のたくさんのことが喫煙と心臓血管病の双方と相関しているということだ。年齢の高い喫煙者のほうが、年齢の低い喫煙者よりも長い期間タバコを吸っているために、喫煙と病気の相関から年齢を差し引く必要がある。そうしなければ、年齢が高いことと喫煙の両方が心臓血管病と関連するということが示される。しかし、これでは二つの変数を一緒くたにしている。知りたいのは、その人の年齢に関係のない、喫煙と心臓血管病との関連性だけである。喫煙と病気の相関から年齢と病気の相関を取り除くことによって、心臓血管病にたいする年齢の影響を「制御」する。その結果、実質的に、喫煙と心臓血管病との関連性があらゆる年齢層にも認められると述べることができる。

同じ論理が社会階級にも当てはまる。他のことがらが同じであれば、社会階級が低いほど喫煙の傾向が高くなり、社会階級が低いほど、喫煙などのリスク因子にかかわらず心臓血管病にかかるリスクが高くなる。太りすぎについても同じである。こうした例はいろいろある。これらの変数と、喫煙および心臓血管病の罹患率との相関が、喫煙と心臓血管病の相関から取り除かれなくてはならない。

＊「回帰」という用語は少々混乱を招く。なぜなら、「平均への回帰」は、一連の独立変数とひとつの従属変数のあいだの関係を調べることとはかなり異なるように思われるからだ。このように異なる目的にたいして同じ用語が使われる理由は、その名を冠する相関手法を考案したカール・ピアソンが、いくつかの変数に関連する個々の変数の相関を調べるためにその手法を用いたからであるらしい。父親の身長と息子の身長のあいだの相関は、つねに、平均への回帰を見せる。並外れて背の高い父親の息子は、平均していくらか背が低くなる。並外れて背の低い父親の息子は、平均していくらか背が高くなる。相関とは、ひとつの変数を他の変数と関連づける単純な回帰分析である。重回帰では、一連の変数とその他のひとつの変数との関係を調べる。

重回帰分析の背後には、あらゆるものが入り混じったなかから独立変数と従属変数の相関を取り除くことで、独立変数と従属変数に関連するすべてのものを制御すれば、予測変数と結果変数のあいだにある真の因果関係に到達することができる、という理論がある。これは理論にすぎない。実際には、この理想的な状態が規範となることを妨げるものがたくさんある。

まず、ありうるすべての混沌、すなわち予測変数と結果変数の両方と結びつく変数を特定できていると、どうしたらわかるのか？　そうできていると述べることは、ほぼ不可能だ。できるのは、重要だろうと思われるものを測定し、重要ではないと思われる無限の数の変数を取り除くことだけだ。しかし、思い込みは間違いがちである。だから、ふつうはここで戦いに敗れる。

次に、ありうる混沌とした変数のそれぞれをどのようにうまく測定するのか？　変数の測定がうまくできなければ、それを十分に制御できていないことになる。変数の測定が下手すぎて妥当性がなくなってしまえば、何も制御していないことになる。

ときには重回帰分析が、興味深く重要な疑問を検証するために用いることのできる唯一の道具となる場合がある。ひとつの例が、宗教の信仰と実践が出生率の高低と関連するか、という問いだ。人に信仰心をもつか信仰心をもたないかをランダムに割り振ってこの疑問を検証するような実験は行えない。重回帰分析のような相関手法を用いることしかできない。たまたま、個人のレベルと、国家または文化的なレベルの両方において、信仰心は出生率と相関する。収入や年齢、健康状態、その他の因子を、個人のレベル、民族のレベル、国のレベルで制御すれば、信仰心の篤さは出生率の高さと相関する。なぜそうなのかはわからないし、信仰心と出生率のあいだの相関は因果関係などではなく、何らかの測定されていない第三の変数が信仰心と出生率の両方に影響を与えていることによるのかもしれない。因果関係が、逆の方向に働いていることすらありうる。たくさんの子どもをもつことで、神の支えと導きを求める気持ちになるのかもしれない！　それでもなお、相関が認められることは興味深く、そのことを知っていると実際的な影響が生じるのかもしれない。

すべての相関的な研究や、すべての重回帰分析に価値がないとは限らないということを、はっきりと言っておきたい。私自身も重回帰分析を頻繁に使ってきた。因果関係を証明する実験をすでに行った後でさえ。ある関係が、実験室や、おそらくは変則的な生態学的環境だけでなく実際の世界に存在していることを知ることで、気分がよくなるのだ。

さらに、因果関係について何かがわかったと確信をもてるようにするための巧みな方法がいくつかある。国家の富と国民のＩＱのあいだの相関を例に取ろう。因果的にはどうなっているのか？　相関だけを取り出せば、非常に問題がある。富とＩＱの両方と相関するものはたくさんある。健康もその一例だ。「健康、富裕、賢明」とは、単なる言い回しではない。この三つは、それ以外の潜在的な因果変数の多くを含む大量の相関と関係する。さらに、どちらの方向にも、もっともらしい因果関係が成り立つ。国民が賢くなるにつれ、国は裕福になる。なぜなら、生計を立てるためのより高度で複雑な方法が可能になるからだ。国が裕福になるにつれ、国民は賢くなる。なぜなら、国が豊かになると概して教育の質が向上するからだ。

しかし、「遅延相関」とよばれるものに注目することで、因果関係をとても上手に説明することができる場合もある。遅延相関とは、独立変数（想定される原因）と別の変数（原因の想定される結果）とが後に相関するというものだ。国民が賢くなれば――たとえば教育機会の増加によって――やがて国は裕福になるのか？　たとえば数十年前、アイルランドで、特に高校と職業学校と大学レベルにおける教育制度を改善させるために、多大な組織的な努力が払われた。[1]実際に、大学進学率が短期間で五〇パーセント増加した。[2]約三〇年以内に、以前はＩＱの得点がイギリスよりもはるかに低かった（何人かのイギリス人心理学者に言わせれば遺伝的な理由で！）アイルランドで、国民一人あたりのＧＤＰが、イギリスの国民一人あたりのＧＤＰを超えた。フィンランドも数十年前から、最も貧しい生徒たちが、最も裕福な生徒たちと可能な限り同等の教育を受けられるようにすることを中心的な課題とし、教育成果が大幅に改善された。二〇一〇年には、国際学力到達度試験でフィンランドは他のすべての国の上に立ち、一人あたりの収入が上昇して日本とイギリスを超え、わずかの差でアメリカに続いている。ここ数十年、大規模な教育改革の努力をしていないアメリカなどの国では、先進国内で比較して一人あたりの収入が低下している。こうしたデータはやはり相関的ではあるが、ある国が教育面において頭角を現すにつれ、裕福になり始めるということを示している。教育面で停滞すると、他の国と比べて裕福でなくなり始める。かなりの説得力がある。

その他の多数の状況において、相関の研究が、自然実験やさらには無作為制御実験に匹敵するほど説得性の高い水準にまで引き上げられる場合がある。たとえば、影響が非常に大きいというだけで、それが単なる相関変数のなせるわざであるはずはない、と感じたりする。また、結果が「用量依存的」であれば、ある処置が正しいといくらか自信を深めることができる。すなわち、処置がより集中的にもしくは頻繁に行われるほど、反応の水準が高くなる。たとえば、一日にタバコを二箱吸う人は、一日に六本吸う人よりも、心臓血管の機能が劣る可能性が高い。このことから、喫煙量そのものは病気の罹患率とは関係がないというのが事実であると仮定した場合よりも、喫煙によって実際に心臓血管の健康が損なわれる場合のほうの可能性が高くなる。

しかし、重回帰分析は、あまりに頻繁に行われることから深刻な問題を抱えている。そうした問題について、これからとても明確に述べるつもりだ。なぜなら、メディアが、この非常に誤りやすい手法にもとづいた所見をしょっちゅう報道し、それらにもとづいて重要な政策が決定されているからだ。疫学者や医学研究者、社会学者、心理学者、経済学者たちはみな、この手法を用いている。この手法からは深刻な誤りが生じる場合があり、この手法によって因果関係が明らかにできるという熱心な支持者たちの主張は、たいてい間違いである。

多くの例において、重回帰分析から得られる因果関係についての印象と、実際の無作為制御実験から得られる印象は別物である。このような場合では、実験の結果のほうを信じるべきだ。

クラスの生徒数が学力にとって重要であると考えるか？　そうであることは、もっともらしく思われる。しかし、評判の高い研究者たちによって行われた多数の重回帰分析によって、学区内での家庭の平均収入や、学校の規模、ＩＱテストの結果、町の大きさ、地理的な位置を含めない正味の場合、平均的なクラスの人数は生徒の成績とは相関関係がないことがわかっている。[3]この意味はこうだ。クラスの人数を減らすことに無駄なお金を費やす必要はない。

ところが、テネシー州の科学者たちが、クラスの人数を大幅に変化させた無作為実験を行った。コインを投げて、幼稚園から小学校三年生までの子どもたちを、人数の少ないクラス（一三人から一七人）

か多いクラス（二二人から二五人）に割り当てた。この研究の結果、人数の少ないクラスでは、標準テストの得点が約〇・二二標準偏差向上したことがわかった。また、マイノリティの子どもにたいする効果のほうが、白人の子どもにたいする効果よりも大きかった。[4] 現在までに、クラスの人数を減らすことの効果について、これ以外に三つの実験が行われており、それらの結果はテネシー州の研究結果とほぼ一致している。[5] これらの四つの実験は、クラスの人数の影響についての単なる付加的な研究ではない。なぜなら、これらは、クラスの人数についての重回帰分析研究すべてに取って代わるものなのだ。なぜなら、このような疑問にたいしては、実験による結果のほうがはるかに信用できるものだからだ。

なぜ、重回帰分析研究では、クラスの人数の影響がこれほど小さいという結果になるのか？ その理由は私にはわからない。だが、クラスの人数が重要であるかどうかについてしっかりとした意見をもつために、その理由をわかっていなくてはならないわけではない。

四つの実験を行っても判明していないことは、もちろんたくさんある。地域や、都市化の程度や、社会階級のレベルがどんなものでも、クラスの人数によって違いが生じるのかどうかはわからない。クラスによって異なる教育成果が生じている場合、教室内で何が起こっているのかはわからない。だが、さらに実験を行うことによってこれらの疑問に答えることができる。これまでに行われた研究で対象となった集団とは、注目すべきいくつかの点において異なる集団を対象としたそれぞれの実験から明確な所見が得られれば、クラスの人数が多いと実際に違いが生じるという確信が深まるだろう。

クラスの人数を減らすことが、教育予算の最善の使い方であるかどうかはまた別の問題であり、その答えを出すことは私の仕事の範疇にない。フィンランドのクラスの人数はとりたてて少なくはない。教育成果が向上したのは、教師への報酬を増やし、アメリカの現状のように大学での成績が下の層から採用するのではなく、主に上位から採用したことによる可能性が高い。しかも、どのような場合でも、政策というものは、Yにたいする Xの有益な効果を調べることによってのみ決定されるわけではない。本格的な費用便益分析が必要とされるのだ。

重回帰分析にもとづいた相関研究のようなものが抱える問題は、それが本質的に、自己選択にもとづく誤りに陥りやすいというものだ。事例——人、クラス、農地の区画——は、さまざまな点において異なる。長期間の喫煙者は、ただの長期喫煙者ではなく、年齢が高いことや、社会階級が低いこと、太りすぎであることなど、喫煙と関連するその他多くの因子を引きずっている。クラスAは人数が多いにもかかわらず、高い得点を取るかもしれないが、これもまたさまざまな点において異なっており、それらについて研究者は制御するすべをもたない。クラスAは他より優れた教師が担任しているかもしれない。校長が、その教師なら、学校内の他の教師よりも、大人数のクラスをより上手に扱えるだろうと思ったからという理由で。クラスBは、テストの点数が高いかもしれない。校長が、出来の良い生徒のほうが、出来の良くない生徒よりも、注意を向けられることが相対的に少なくても不利益を被ることが少ないだろうと考えたという理由から、クラスBの生徒数が多くても。他にもいろいろなことがある。集合に、クラスや制御変数をより多く加えるだけでは、問題は解決されないのだ。

事例がランダムに実験条件に割り振られるような研究において、クラス内の別の次元における変数は存在する。しかし——きわどいことに——条件を選ぶのは実験者なのだ。つまり、実験対象のクラスと対照群としてのクラスには、平均して同じくらい優秀な教師と、能力とやる気が同じくらいある生徒と、同じくらいの資源がある。クラスそのものが、これらの変数それぞれについての自身の水準を「選択」したわけではない。実験者が選択したのだ。したがって、実験対象のクラスと対照群としてのクラスのあいだで唯一異なるものは概して、研究の対象となっている変数、すなわちクラスの人数である。クラスの人数についての上記のような実験は、まだ決定的な結果を出してはいない。たとえば、教師も管理者も条件を知らされていない状態ではない。どちらのクラスの人数が少なく、どちらの人数が多いかを知っており、このことが、教師の教え方や、ひいては教師がどの程度一生懸命に仕事をするかに影響を及ぼすかもしれない。ただ、こうした問題は、自己選択という問題と比べると、重要性が低いというだけだ。

医学の混乱

大量のオリーブオイルを摂取すると脳卒中のリスクが四一パーセント低くなる可能性があるということを知っていただろうか？[6] 白内障にかかり手術を受けたら、その後一五年間における死亡リスクが、白内障にかかっていて手術を受けない人と比べて四〇パーセント低くなると知っていただろうか？ 耳の聞こえないことが認知症の原因になると知っていただろうか？ 他人にたいして疑い深くあることが認知症の原因になると知っていただろうか？

これらの主張が疑わしく感じられるとしたら、それは当然だろう。しかし、これらのようないわゆる科学的所見が、メディアでしょっちゅう報道されている。これらは通常、疫学的研究にもとづいている（疫学とは、集団内にある病気のパターンとその原因を調べるものだ）。大量の疫学研究が重回帰分析に依拠している。重回帰分析を用いた研究では、社会階級や年齢、以前の健康状態などの因子を「制御」しようとする。しかしそれでも、自己選択にまつわる問題を避けることはできない。ある治療を受けたり、特定の食品を大量に摂取したり、特定のビタミンを摂取する種類の人たちは、そうした治療を受けなかったり、そうした食品を摂取しなかったり、そうしたビタミンを摂取しなかったりする人たちとは異なる。どれほど多くの相違点があるかは、誰にもわからない。

「社会人口動態的な変数や、身体活動、肥満度指数（BMI）、脳卒中のリスク因子」を含めない場合、オリーブオイルを多く摂取する人は脳卒中になることが少ないと主張する研究について検討してみよう(8)。ある研究では、オリーブオイルを「集中的」に摂取する人と一切摂取しない人とを比較した場合の低減率は四一パーセントだった。しかし、死亡リスクを低下させているのはオリーブオイルの摂取量ではなく、オリーブオイルの摂取量と相関する何かかもしれない。手始めに、民族性に着目しよう。イタリア系アメリカ人はオリーブオイルをたくさん摂るが、アフリカ系アメリカ人はきっとほとんど摂らない。そして、イタリア系アメリカ人の平均余命はアフリカ系アメリカ人よりも著しく長い。ちなみに後者は、とりわけ脳卒中になりやすい。

いかなる疫学研究においても、混乱を招く可能性が最も高いものは、たいていが社会階級である。階級はまぎれもなく、脳卒中や、大半とまではいかなくても多数のその他の健康状態のリスクの差に影響を与えそうなものである。金持ちは、私たちとは違う。もっとたくさんお金をもっている。たくさんお金をもつ人は、トウモロコシ油ではなくオリーブオイルを使う経済的な余裕がある。お金のある人の書いた物はいっそう広く読まれ、他の読者とも連動し、したがってオリーブオイルのほうが、それより安い油と比べて、健康に良いと考える可能性が高い。お金のある人は、より良い医療を受ける。そしてお金のある人――そのうえ、社会階級を教育や個人の収入、職業の位置づけのどれで測ろうとも、社会的に高い階級にある人――は、あらゆる点においてより良い人生の成果を手にする。

　疫学研究において社会階級を制御できないと、ある健康状態の原因を推測しようとする試みにおいて決定的に失敗する。しかし、研究者が実際に社会階級を測ろうとするなら、どのようにすべきだろうか。収入を用いる研究者もいれば、教育や職業を用いる者もいる。どれが最適なのか。あるいは、三つをどうにかして組み合わせるべきか。じつは、さまざまな疫学研究では、これらのうちのどれかの方法で、あるいはすべてで、あるいはどれも使わずに、社会階級を測ろうとしているようだ。そしてそのことが、メディアで報道される「医学的所見」がころころ変わることの要因となっている[9]（脂肪は体に悪い。いや、脂肪は体に良い。赤身の肉は体に良い。いや、赤身の肉は体に悪い。抗ヒスタミン剤は風邪の症状を和らげる。いや、抗ヒスタミン剤にはそういう効果はない）。異なる結論に達するのは、多くの場合、社会階級を異なる手法で定義するか、まったく検討に入れていないかの結果にすぎない。

　しかし、社会階級は、重回帰分析の研究に存在する無限にある潜在的な混乱のひとつにすぎない。そうした研究において予測変数と結果変数の両方と相関するものはほぼどれも、両者のあいだの相関を説明する材料になる可能性がある。

　市場には何千もの栄養補助食品《サプリメント》がある。ときおり重回帰分析によって、何かのサプリメントが何かに効果のあることが発見される。するとメディアがその所見を報道する。残念ながら、ニュースを読む側が、その研究が重回帰分析にもとづくものか、あるいは実際の実験にもとづくものかを知ることはふつうない。もしも重回帰分析を根拠にしたものなら、あまり注意を払うべきではない。実際の実験が根拠なら、注意を払うだけの重要性があるかもしれない。報道する側は、たとえ健康問題専門の記者であっても、たいていは、この二つの手法の決定的な違いを十分には理解していない。

重回帰分析によって発見されることと実験によって発見されることが別物であるという例は無数にある。たとえば、重回帰分析によって、ビタミンEのサプリメントは前立腺ガンのリスクを低下させると報告されている。一方、アメリカ国内の多数の地域で実験的研究が行われた。そこでは、ビタミンEのサプリメントと偽薬を被験者の男性にランダムに割り当てた。この実験では、ビタミンEを摂取したためにガンになる確率がわずかに上昇することがわかった。[10]

疑わしいサプリメントはビタミンEだけではない。マルチビタミンを摂る——アメリカ人のほぼ半数がしている——ことは、ほとんどあるいはまったく効果がなく、何らかのビタミンを非常に大量に摂ることは確かに有害であるということが、多数の実験的研究によって明らかにされている。[11] 他にも市場に出回っている約五万種類のサプリメントのどれについても、その効果をどうにか証明した例はほとんどない。どのサプリメントについても、実際に入手できている証拠のほとんどは、効果がないことを示している。なかには、本当に有害であることを示す証拠もある。[12] 残念ながら、サプリメント産業界によるロビー活動の結果、下院がサプリメントを連邦政府の規制対象から除外したうえ、実際の効果についての実験的研究を製造会社が行うべきとする要求事項も撤廃した。その結果、役に立たないか、さらには悪い影響を及ぼす特効薬に、毎年、何十億ドルもが費やされている。

実験だけが役に立つ場合に重回帰分析を使うと

失業期間が長いほど、仕事を見つけるのが難しくなる。これを書いている時点で、短期間だけ（一四週間以下）失業している人の数は、大不況《グレート・リセッション》（二〇〇〇年代後半から二〇一〇年代初頭までの世界的経済衰退）に見舞われる直前の数をわずかに上回るだけだ。[13] しかし長期間の失業者数は、当時の二〇〇パーセントもある。雇用者側に、長期失業者にたいする偏見があるのか？　長いあいだ仕事にあぶれているからという理由だけで、考慮の対象から外されているのか？　重回帰分析では、他の条件を等しいとして、雇用者が、短期失業者のほうを優遇し、長期失業者を不当にも検討から除外しているかどうかは判断できない。長期失業者は、職歴がぱっとしなかったり、職探しにやる気がなかったり、仕事をえり好みしすぎなのかもしれない。グレート・リセッションの時期、政治家たちは型どおりに、こうした原因とおぼしきことを口にした。しかし、これらの説明が正しいかどうかを、重回帰分析を行うことではっきりさせることはできない。そのような変数をいくら「制御」しても、自己選択のバイアスは排除されず、雇用者の偏見があるかどうかを判断することはできないだろう。

この疑問に答える唯一の方法は、実験を行うことだけだ。そして実験が行われ、答えが判明している。経済学者のランド・ガヤドとウィリアム・ディケンズが、六〇〇人の求人にたいして架空の四八〇〇通の履歴書を送付した。[14] 履歴書の内容は、失業期間の長さを除きまったく同一だったにもかかわらず、短期失業者のほうが長期失業者よりも、面接を受けられる確率が二倍高かった。実際、短期失業者が資格要件を十分には満たしていない職の面接を受けられる確率は、資格要件をさらに満たしている長期失業者の場合よりも高かったのだ!

実験でしか扱えない問題があるというのに、一部の科学者は、そうした問題でさえ重回帰分析を使ったほうがより上手に解答が引き出せると思っている。

多数の実験研究によって、黒人らしい名前(ダンドレ、ラキーシャ)をもつアフリカ系アメリカ人の求職者は、黒人らしくない名前(ドナルド、リンダ)をもつ、他の条件は同一の求職者よりも、面接を受けられる確率が低いということが明らかになっている。白人らしい名前の求職者は、黒人らしい名前の求職者よりも、面接の機会を与えられる確率が五〇パーセントも高い。[15] 黒人らしい名前ではなく白人らしい名前をもつことは、八年間の職歴に相当する価値がある。黒人の名前が本当に経済的な損失につながるのだろうかと疑問を抱いた一流の経済学者ローランド・フライヤーとスティーヴン・レヴィットが、重回帰分析を用いて、黒人らしい名前をもつことと、さまざまな経済的な利益のあいだの関係を調べた。[16] 調査の対象とした集団は、カリフォルニア州で非ヒスパニック系黒人の親のもとに生まれ、大人になっても同州に住んでいる黒人女性たちだった。従属変数は求職活動の成功でも収入でも職業的な地位でもなく、対象の女性たちの居住地域における平均収入や、彼女たちが民間健康保険に入っているかどうかなど、人生の成果を間接的に測るものだった。研究者らは、後者の変数こそが「現在の被雇用の質についての最善の尺度」であると述べている[17](つまり、この調査において利用できた最善の尺度ということ。職業的到達度の尺度としてはじつのところかなりおおざっぱだ)。

フライヤーとレヴィットは、実験研究から予測されるように、黒人らしい名前をもつ女性は白人らしい名前をもつ女性よりも、職業的な成功を示す指数が著しく低いことを知った。しかし、女性が産まれた病院における黒人新生児の出生率や、女性が生まれた郡での黒人新生児の出生率、母親がカリフォルニア州で生まれたかどうか、出産時の母親の年齢、同時点での父親の年齢、妊婦管理を行った月数、女性が郡の病院で生まれたかどうか、新生児のときの体重、女性がもつ子どもの数、シングルマザーであるかどうかといった変数を制御すると、名前の種類と結果変数の関係は解消された。

二人は、この種の分析に潜む問題に気づいていた。「この経験的なアプローチにはっきりと存在する弱点は、気づかれていない女性の特性が、人生の成果と彼女の名前の両方と相関しているなら、私たちの推測に偏りが生じるだろうということだ」と認めている。[18] 確かにそのとおりだ。

それにもかかわらず、二人は次に、名前がどの程度黒人らしいかということと人生の成果とのあいだには、その他の因子を制御した後にはつながりがないと述べている。「明確に黒人とわかる名前をもつことと後の人生の成果のあいだには、誕生時の子どもの状況を制御した後には……否定的な関係が存在しないとわかった」。[19] この結論を正当化するには、フライヤーとレヴィットが調べた変数よりも職業上の成功をさらに予測できる変数を多く含むような、非常に多くの変数が評価されなくてはならなかっただろう（しかも、とても興味深い相関というレベルを超えた強い関係が従属変数とのあいだにあるような、非常に多くの変数を調べれば、この結論はもろくなる）。

フライヤーとレヴィットは、職業上の成功に否定的な影響を与えるかもしれないと心配せずに、親は子どもに黒人らしい名前をつけることができると示唆している。これは、実験研究の観点からは、とてもなくありえないことに思われる。

キャサリン・ミルクマンと同僚らが行った最近の研究では、黒人らしい名前は、大学院への進学希望者にとって確かに不利に働く可能性があることが明らかにされた[20]。数千人の大学教授に、研究に関わる機会について話し合う場を一週間後に設けてほしいという内容の、大学院への有望な進学希望者からとされるメールが送られた。白人らしい名前をもつ男子学生は、黒人らしい名前をもつ男子学生よりも、面接の機会が与えられる確率が一二パーセント高かった。これほどの差があれば、現実にも影響が出るだろう。大学院での初めての指導教官が見つかるか見つからないかでは、立派なキャリアとあまりそうでもないキャリアくらいの違いが生じうるだろう。

なぜフライヤーとレヴィットは、重回帰分析による研究が、実験的研究から得られた結論に疑いを投げかけるほど十分に強力で正確なものになるだろうと想定する気になったのだろうか？　私は、その理由は職業病ではないかと思う——すなわち、同じ職業の人が使う道具や視点を採用する傾向があるから。経済学者の行う種類の研究の多くが利用できる選択肢は、重回帰分析しかない。経済学者は、連邦準備銀行が設定した金利を操作できない。緊縮財政と経済刺激策のどちらがグレート・リセッション時代の国家経済にとってより有用であるかを知りたければ、緊縮財政の度合いと回復力とを相関させることができるが、いろいろな国にランダムに緊縮財政の条件を割り振ることはできない。

経済学者は、重回帰分析を主な統計学的ツールとして教えられている。しかし、なるべく、この手法に批判的であるべきだとは教えられていない。ジャーナリストのスティーヴン・ダブナーとの共著[21]において、レヴィットは、アメリカ教育省が行った「初等教育の縦断的調査（ＥＣＬＳ）」において収集されたデータを分析してみせた。親の収入や教育、家庭に何冊の本があるか、子どもたちがどれくらい読み聞かせをされたか、養子かどうかなどの多数の変数とともに、幼稚園から小学校五年生までの成績を調べた。レヴィットは、これら多数の変数と学業成績とのあいだの関係について、重回帰分析にもとづく結論を提示している。そうして、家庭にある本の冊数などを含む多数の変数を除いた場合、「読み聞かせは、初等教育におけるテストの得点に影響を及ぼすとは考えられない」と結んでいる。[22] 重回帰分析は、子どもへの読み聞かせは知能の発達にとって重要ではないことを証明する道具として断じてふさわしくない。証明ができるのは実験だけだ。レヴィットはこれに加えて、子どもへの本の読み聞かせを含む多数の変数を除いた場合、家庭に本があることはテストの得点に重要な影響を及ぼすことを示す結果にも気づいた。したがって、たくさんの本を所有することは子どもを賢くするが、それらを子どもに読み聞かせることは子どもを賢くしない。レヴィットは重回帰分析を固く信じているため、こうした状態についての因果関係を実際に説明しようとまでしている。

レヴィットのさらに大きな誤りは、家庭環境が子どもの知能に及ぼす影響は比較的少ないと主張していることである。彼は養子の研究を根拠に、こう結論づける。「子どもの学力は、育ての親の知能指数よりも生みの親の知能指数のほうにはるかに大きく影響されることが、研究から明らかになっている」。[23]

しかし、相関というものは、家庭環境の重要性を推定する際に見るべきデータとしてはふさわしくない。その代わりに、子どもを養子にした場合と、子どもを生みの親――一般的に社会経済的な水準がはるかに低い――のもとに置いたままの場合とを比較する自然実験の結果を検討する必要がある。育ての親が作る環境は、生みの親のもとの環境よりも、概ね多くの点において著しく好ましい。しかも実際に、養子になった子どもたちの学校での成績は、養子に行かなかったきょうだいたちの成績よりも、〇・五標準偏差分だけ高い。養子になった子どもたちのＩＱは、養子にならなかったきょうだいたちのＩＱよりも一標準偏差以上高い。しかも、育ての親の社会階級が高いほど（したがって平均的な知的環境がより好ましい）、養子になった子どものＩＱが高くなる。知能にたいする家庭環境の影響は、実際のところとても大きいのだ。[24]

レヴィットを弁護するために言っておくと、彼は、育ての親の作る環境の影響についての誤った結論に、自分だけで到達したわけではない。行動科学者や遺伝学者たちが数十年にわたって相関データを使用して、知能にたいする環境の影響についての誤った結論を導き出してきたのだ。

著名な経済学者たちの一部は、実験の価値をまったく認めていないようだ。経済学者のジェフリー・サックスは、アフリカの少数の村において、生活の質を改善する目的で健康と農業、教育への介入を行う非常に意欲的なプログラムを開始した。このプログラムにかかる費用は他の選択肢と比べて非常に高く、開発の専門家たちから厳しい批判を受けている。[25]

サックスが介入した村の一部では、住民の生活状況が改善されたが、アフリカにある同様の村では介入なしでそれ以上に改善されている。同じような村を、介入の対象とする村と対象としない村とにランダムに割り振り、対照群の村よりも対象とした村のほうが改善されたことを示せば、批判を終わらせることができただろう。サックスは、いわゆる「倫理的な理由」から、この実験を行うことを拒否した。[26]実験を行えるにもかかわらず実験を行わないことこそ、非倫理的である。サックスは他人の大金を使ったが、それが、他の選択肢と比べて、人々の生活をよりいっそう改善させたかどうかは、私たちにはわからない。もしかすると、もっと費用のかからないプログラムで、そうできたかもしれないのに。

しかしたまたま、社会心理学的な無作為制御実験を行う経済学者の数が増えつつある。最近の例に、経済学者のセンディル・ムッライナタンと心理学者のエルダー・シャフィールが行ったとりわけ印象深い一連の研究がある。そこでは、資源の欠乏が、農夫からCEOにいたるあらゆる人の認知機能に悲惨な結果をもたらすと示された。(27) 数千ドルもかかる自動車の修理を行う必要にとつぜん迫られたとして、どのように予算を組み直すかを想像するように被験者に求めてからIQをテストをすると、貧しい人のIQは大幅に低下する。裕福な人のIQは、思考実験を行った後にも影響を受けない。（数百ドルかかる自動車修理を想像しても、貧しい人と裕福な人のどちらのIQも低下しない）

経済学者のラジ・チェティは率先して、経済学的仮説を検証できる自然実験を探すよう、経済学者に勧めている。長期的に見て、教師の質は本当に重要なのか？　非常に能力の高い教師とそれほど能力の高くない教師とのどちらに教えられるかによってどれほど多くの違いが生じるかを、あるクラスが能力の高い教師に受け持たれる前と、その直後（もしくはそうした教師が退任した後）での、生徒の平均的な学力を調べることによって推定することができる。(28) たとえば、ある学校における三年生の生徒の各グループが、優れた実績を上げている教師が参入するまで毎年、学力到達テストで同程度の平凡な得点を取っていたとしてみよう（おそらく先任の教師は病気のために辞めた）。もしも三年生のクラスの成績が急上昇し、その教師が担任しているあいだ維持されたなら、そうした成績の上昇が、その後の学力の到達度や大学への進学率、大人になってからの収入に及ぼす影響を調べることができる。そして、これらすべての変数にたいする教師の能力の影響を記録する。このような研究は、実験に近いものと見なされる。なぜなら、その教師が参入する前のクラスは実質的に、新任の教師が参入した後のクラスにたいする対照群であるからだ。条件への割り振りはランダムとはならないが、教師の割り振りがおそらく偶然であれば、かなり優れた自然実験を行うことになる。

さらに、経済学者が行った最も重要な実験の一部に、ローランド・フライヤーが実施した教育介入実験がある。彼は、非常に有益な教育実験を行い、たとえば、マイノリティの生徒たちにとって成績を上げるための金銭的なインセンティブは効果がほとんどないことなどを示した。[29] 教師の仕事にたいしても、こうしたインセンティブには効果がほとんどない――年の初めにインセンティブを与え、生徒の学力が上がらなければインセンティブを返却しなくてはならなくなると告げて、損失嫌悪を生じさせた場合を除いては。[30] ちなみにこの所見は、5章で論じた、潜在的な利益よりも潜在的な損失の効果のほうが大きいことを示すぴったりの例である。フライヤーはまた、「ハーレム・チルドレンズ・ゾーン」〔ニューヨークマンハッタンのハーレム地区在住の貧困家庭と子どもを援助する非営利団体〕が行う非常に成功した実験にも協力し、その結果、アフリカ系アメリカ人の生徒たちの成績が大幅に上昇した。

私の仲間も同じ穴のむじな

今度は、心理学者もまた、行動科学者と同じように、重回帰分析の誤った使い方をするということを認めなくてはならないだろう。

次のような所見がよく報告される。十分な育児休業給付金を支給する企業の従業員は、給付金を支給しない企業の従業員よりも、自分の仕事への満足度が高い。この相関はさらに、休業制度が整っているほど従業員の仕事への満足度が高く、企業の規模や従業員の給与、同僚がどの程度感じがよいか、直属の上司をどの程度好きか、などといった点を「制御」した場合にも、それがまだ当てはまるということを示す重回帰分析によって強化される。この種の分析には三つの問題がある。ひとつは、測定される変数の数が限られるだろうから、そのうちのひとつか複数が上手に測定されなければ、あるいは、十分な育児休業制度と仕事への満足度の両方と相関しながらも調査の対象となっていない他の変数があれば、仕事の満足度の要因はそうした関係性であって育児休業制度ではないことになるかもしれない。次に、従業員の企業での体験全般から、育児休業制度だけを引き出すのはまったく理にかなわない。この点における企業の寛容性は、企業にある他のあらゆる種類の良い性質と結びついている可能性が高い。その一本の糸だけを、変数をつなぐ複雑に絡んだ関係性の毛玉から引き出して、その毛玉のなかの多数の変数にある数個の変数だけを「制御」しようとすれば、誤りを犯すことが防げそうにない。第三に、こうした類いの分析を行えば、3章で論じたハロー効果にとりわけ影響されやすくなる。自分の仕事を好きな人は、仕事をあまり好きでない人よりも、洗面所を清潔だと感じ、同僚たちの外見を好ましいと感じ、通勤もあまり退屈でないと感じる傾向がある。恋は盲目であり、恋に落ちている人の眼は、あまりよく働いていない。

これらの問題はおそらく、性格の研究の例を取れば、もっとわかりやすくなるだろう。人の性格のひとつの面を選び出し、それが、その人の性格の他の面と強く関連して――絡み合って――いないと想定することには、ほとんど意味がない。心理学者が「外向性や自制の手段、抑うつの傾向を制御すると、自尊心は学力と相関する」というような所見を報告することはよくある。しかし、自尊心の低さや、抑うつなどその他の好ましくない状態は、一般的に互いに相関することがわかっている。元気がないときには、自分自身をあまり高く評価できず、自分自身を高く評価できないときには、そのせいで気分が沈みがちになる。自尊心を、あたかも抑うつとの関係からそれだけを取り出せるものであるかのように見ることは、不自然なやり方だ。「私は素晴らしい人間だけど、残念ながら今は気分が落ち込んでいるから、物事をまっすぐに見ることができない」とか、「これまでいちばん幸せだけど、残念ながら私はほんとに間抜けなんだ」などと言える人がたくさんいるとは、あまり思えない。ひょっとするとありうることかもしれないが、こうした表現が奇妙に聞こえるのは、自尊心と抑うつはふつう互いに絡み合っているという事実があるからだ。この二つは、それぞれの要素を分離できるような混合物ではない。

仲間の心理学者の多くは、私がこれから述べる結論を聞いてがっかりするはずだ。抑うつを制御すれば学業成果は自尊心の影響を受けるかどうか、神経症的傾向を制御すればフラタニティ〔アメリカの大卒者のコミュニティ〕の会員の人気は外向性の影響を受けるかどうか、年齢と学力到達度、社会的交流の頻度、その他さまざまな変数を制御すれば、一日にハグされた回数によって感染症への抵抗力がつくかどうか、などといった疑問には、重回帰分析では答えられない。自然が結び合わせたものを、重回帰分析によって切り離すことはできないのだ。

相関がないからといって因果関係がないわけではない

相関は因果関係の証明にはならない。しかし、相関の研究には、これよりも深刻な問題がある。相関の欠如は、因果関係の欠如の証明にはならない。しかもこの間違いは、逆方向の間違いとおそらくは同じくらい頻繁に起こっている。

多様性の教育によって、女性やマイノリティの雇用率が向上するか？　この疑問に取り組んだある研究では、七〇〇のアメリカ国内の団体の人事責任者に、多様性教育プログラムを備えているかどうかを質問するとともに、雇用機会均等委員会に登録されているその団体のマイノリティ雇用率を調査した[31]。その結果、多様性教育プログラムがあることは、「経営層における白人女性、黒人女性、黒人男性の比率」とは関連性がなかった。論文の著者は、多様性教育はマイノリティの雇用に影響しないと結論づけた。

いや、ちょっと待て。多様性教育を行うことと行わないことは、自己選択変数だ。多様性教育の担当者を雇っている企業は、女性やマイノリティの雇用を増やすためのいっそう効果的な方法をすでに知っている企業と比べると、もともと女性やマイノリティの雇用への関心が低いのかもしれない。実際のところ、そのような教育プログラムを、本当の雇用方針を隠すための隠れ蓑として利用しているだけかもしれない。多様性教育プログラムをもっていない企業は、多様性のための特別委員会を設置したり、あるいはアメリカ陸軍のように、マイノリティの昇進を上司の評価の一部に加えたりといった手法でもって、マイノリティの雇用を推進しているのかもしれない。多様性教育がうまく作用しているかどうかを証明するには、無作為実験を行う必要がある。AとBのあいだに相関関係がないから、AはBに因果的な影響を与えることはありえない、という反射的な結論に抗うべきである。

差別──統計を調べるか会議室を盗聴するか？

差別の話題が出ているので、ある組織──あるいは社会──において差別があるかどうかを統計によって証明することはできない、と指摘しておこう。ある業界には女性を阻む「ガラスの天井」があるとか、男子生徒やマイノリティの生徒の停学率が過度に高いとかいった話をよく聞くだろう。それは差別があるからだ、とほのめかされる——直接的に非難されることも多い。だが、数だけでは事情はわからない。男性と同じ数の女性が、法律事務所の共同経営者や企業の幹部役員になれる高い資質をもっているのか、彼女たちがそれを望んでいるかどうかはわからない。しかも、女子生徒と男子生徒では、停学の理由となるような行為に同程度には関与しないと考えるだけの、かなり妥当な理由がいくつかある。

つい最近まで、大学院や教授陣に女性の数が少ないことを差別のせいにすることがよくあった。そして、確かに差別があった。私は知っている。その場にいたから。女性を大学院に入学させるか、教授として採用するかについて男どもが交わしていた会話に私も加わっていた。「男にしよう。女は辞める可能性が高すぎるからな」。会話を盗聴すれば、男性と女性の採用率を比較する純粋な統計学にはできないことを、証明することができただろう。

しかし、今日では大学卒業者の六〇パーセントが女性であり、女性は、人文学や社会科学、生物学の大学院だけでなく、法学部や医学部でも過半数を占めている。私が教えているミシガン大学では、採用される助教の三分の二が女性だ（しかも彼女たちは男性と同程度の率で終身在職権を手に入れる）。

これらの統計から、男性にたいする差別が証明されるか？　そうはならない。さらに、会話を盗聴しても——少なくとも私の大学では——差別の証拠にはならないだろう。反対に、大学院課程に圧倒的多数の女性を受け入れるという見通しにしょっちゅう直面しているために、男性の入学基準を緩和しようかと検討しているほどだ。だが、自覚的にそれを実行したことは一度もない、と私は確信している。

大学院課程における統計調査を知っても、物理科学の世界には女性にたいする差別が今なおあると主張し続ける人たちがいる。最近読んだ本には、女性たちは物理学から「閉め出され」ていると書かれていた。純粋に統計学的な種類以外の証拠がなければ、この主張を正当化することはできない。

しかし、差別が存在することを証明するために、会議室を盗聴する手段に訴える必要はない。実験できちんと証明できる。車の営業担当者は、白人男性よりも、女性やマイノリティにたいして高い値段を提示するのか？　マンモス・モーターズに白人男性と女性とマイノリティをひとりずつ送り込んで、それぞれがいくらを提示されるか見てみよう。この研究はすでに行われ、実際のところ白人男性が最も低い値段を提示されている。(32)

見た目の良い人は、人生においてより良い機会に恵まれるのか？　多くの研究から、それが事実であると明らかになっている。非行少年とされる人物の写真をファイルに入れて、大学生の「裁判官」がどういった判決を勧めるか見てみよう。写真の少年の見た目が良ければ、将来的に良い市民になる可能性が高いとみなされ、比較的軽い判決を受ける。見た目が悪ければ、厳しい判決を受ける。(33)

「人生は不公平である」とジョン・F・ケネディは言った。そして、他の人々と比べて一部の人々にとって、人生がどれほどいっそう不公平であるかを明らかにするための手段として、実験は最善のものである。

まとめ

重回帰分析は独立変数と従属変数のあいだの関連性を調べる。その際、独立変数とその他の変数のあいだの関連性と、その他の変数と従属変数とのあいだの関連性を制御する。この手法から因果関係が判定できるのは、すべてのありうる因果的な影響が特定され、確実かつ有効に測定される場合に限られる。実際のところ、こうした条件が満たされることはまれである。

重回帰分析にある根本的な問題は、すべての相関手法の場合と同じく、自己選択である。調査者は、各被験者（または各事例）について独立変数の値を選択しない。これはすなわち、関心の対象となる独立変数と相関するいくつもの変数が、独立変数に引っ張られていることになる。大半の場合、こうした変数のすべてを特定することはできない。行動を対象とした研究の場合、関連すると思われる変数のすべてを特定できたと確信をもつことは不可能であると考えて、ふつう間違いない。

以上のような事実があっても、重回帰分析には多くの用途がある。独立変数を操作することは、ときに不可能だ。誰かの年齢を変えることはできない。実験が行われている場合でさえ、実験によって証明された関係が自然の生態系にも成り立つと知れば、自信がさらに深まる。そして重回帰分析は一般的に、実験よりも費用がはるかに少なくすみ、実験で調べるに値する重要な関係を特定することができる。

ある関係について、完璧に実施された実験の結果と、重回帰分析による結果とが異なる場合、ふつうは実験のほうを信じなくてはならない。もちろん、実験を下手に行えば、重回帰分析と同じくらいのことしかわからない。もっとわからないときもあるかもしれない。

重回帰分析にある根本的な問題は、独立変数が建築用ブロックであり、各変数それ自体は他のすべての変数から論理的に独立しているとみなせると、一般的に想定されていることだ。これはたいていの場合、事実ではない。少なくとも行動についてのデータにとっては。自尊心と抑うつは本質的に互いに密接に関係している。このうちのひとつの変数が、他の変数による影響とは関係なく、ある従属変数に影響を及ぼしているかどうかと問うことは、まったくもって不自然なことだ。

相関が因果関係の証明にならないのと同じように、相関のないことが因果関係のないことの証明にもならない。重回帰分析を用いて、偽陽性の所見が得られるのと同程度に、偽陰性の所見が得られることもある――隠された複雑な因果関係の絡まり合いを判別できなかったために。

12章　質問するな、答えられないから

生きているあいだに、新聞や雑誌やビジネスレポートで、人々の信念や価値や行動についてのアンケートや調査の結果を、どれくらいたくさん読むだろうか？　きっと何千件も目にするはず。自分の関わるビジネスや学校や慈善団体にとって重要な情報を得るために、こうした調査を自分自身で作成することさえあるかもしれない。

大半の人々は、あまり批判せずに調査結果を読みがちだ。「なるほど、『タイムズ』には、アメリカ人の五六パーセントが、国立公園をもっと作るための増税を支持していると書いてある」。自分で作成する質問についても、回答者から得られる答えについても同じことだ。

ここまでのところ、論じてきた手法はどれも、ほとんどあらゆるものに適用される――動物から野菜や鉱物まで。ネズミを対象にA／Bテストをしたり、トウモロコシの収穫量に影響を与える要因についての自然実験から学んだり、水の清潔さに関連する因子について重回帰分析を行うこともできる。本章では、特に人間にかんする変数を測定する際の方法論的な難しさに着目したい。ネズミやトウモロコシや水と違い、人間は、自分の態度や感情、要求、目的、行動について言葉というかたち（口頭や書面）で述べることができる。そして、そうした変数にたいする因果的な影響が何かを述べることができる。本章では、そうした報告がどれほど誤解を招くものであるかを説明しよう。第一部で、私たちの行動に

影響を与える要因を知る可能性には限界があるという話をしたが、それを思い出せば驚くことはないだろう。この章では、自身の言葉による報告よりも、行動を測るさまざまな尺度を使った場合のほうが、人の態度や状態についての質問にたいして、はるかに信頼性の高い回答が得られることについて見ていこう。

また、どのような種類のことがらが、自分の態度や行動、身体や精神の健康に影響を与えるかを知るために、自分自身にたいして行える実験についてのヒントも得られる。自分自身についての相関的な証拠は、その他のいかなるものについての相関的な証拠と同じくらい誤解を招きうる。自分自身を対象に実験を行えば、正確で説得力のある証拠が得られるのだ。

その場で態度を決める

以下の例を読めば、言葉による自己報告的な回答を信じる前に少し立ち止まり、人の態度や信念について、どうやったら最も上手く有用な情報を得られるかを検討する役に立つかもしれない。また、これらの例を知っていれば、人が、自分の判断や行動についての因果的な影響を説明したときに、それにたいする疑いが高まるかもしれない。

質問：人生における三つの肯定的な出来事は何かと質問してから、人生の満足度を質問するとしよう。あるいは、三つの否定的な出来事は何かと質問してから、人生の満足度を質問するとしよう。どちらの場合のほうが、人生の満足度が高いと報告するだろうか？

回答：肯定的な出来事と否定的な出来事のどちらを質問するかによって、どんな影響がもたらされるかと推測していようとも、残念ながら、あなたの答えは間違っていると言わざるをえない。すべては、質問をした出来事が最近起こったことなのか、それとも五年前かそれ以上前に起こったことなのかで変わってくる。最近起こった良いことについて考えるよりも、最近起こった嫌なことについて考えたときのほうが、人生が好ましくないものに思える。[1] ここまでは当たり前。しかし、五年前の出来事について考えるなら、反対の現象になる。過去に起こった悪いことがらと比較すると、今の生活が良いものに思えるのだ。さらに、かつて起こったようないくつかの素晴らしいことがらと比較すると、今の生活はあまり良いものには思えない（このことによって、グレーテスト・ジェネレーション〔第二次世界大戦を経験した世代を指す用語〕の人々にとって、大恐慌時代〔一九二九年〕にひどい経験をした人ほど今の生活の満足度が高くなるという、他の方法では不可解でしかない事実を説明できる[2]）。

質問：オマハにいるいとこが電話をかけてきて、調子はどうかとたずねる。あなたの答えは、あなたの住む土地の天気が快晴で暖かいか、それとも曇天で寒いかどうかに影響されるか？

回答：それは状況によることがわかっている。天気が良ければ、天気が悪い場合よりも、調子は上々だと答える可能性が高い。まあ、当然だろう。でも……いとこがまず、あなたの住む町の今日の天気はどうかとたずねてから、調子はどうかと質問したら、調子についての報告にたいする天気の影響はなくなる。[3] なぜか？　心理学者の説明によれば。天気について考えるように促されると、自分の気分は天気と関係しているとしてその一部を割引き、それに応じて幸福度を加えたり引いたりするから。たとえばこうだ。「人生はとても順調に行っているようだ。でも、私がそのように感じる理由の一部は、気温が二〇度あって晴天だからかもしれない。だから、調子はまあまあというところだろう」

質問：結婚生活についての満足度と、人生全般についての満足度のあいだの相関はどれくらいあると考えるか？

回答：これは、かなり簡単に調べられるように思われる。人生についての満足度について質問してから、結婚生活の満足度について質問することができる。両者の相関が高いほど、結婚生活の満足度が人生の満足度に与える影響が高いだろうと想像するかもしれない。こうした相関については、すでに調査されている[4]。相関度は〇・三二であり、結婚生活の満足度が人生全般に与える影響はそこそこ重要であることがわかる。だが、質問の順番を逆にして、結婚生活にどれくらい満足しているかを質問してから、人生にどれくらい満足しているかを質問するとしよう。すると相関度は〇・六七となり、結婚生活の質が人生の質に与える影響の大きいことがわかる。したがって、ジョーが、人生は素晴らしいと答えるか、問題ないと答えるかは、結婚生活はうまくいっているかと質問したかどうかによって変わってくる――それも大幅に。この現象と、さらには本章で論じるその他多くの現象は、自分の態度を報告することにかんして1章で論じた類いの、言葉によるプライミング効果である。態度を報告することについて2章で論じたような、文脈の影響を示す現象もある。

質問の順序がこれほど重要になる理由として、最初に結婚生活について質問することで、結婚生活がとても目立たされ、そのために、人生全般についての回答者の気分が大きく左右される、ということが考えられる。もしも最初に結婚生活について質問しなければ、回答者は幅広い物事を検討し、そうした幅広い物事の影響が、人生の満足度の評価に関わってくる。では、実際のところ、結婚の質は人生の質にとってどれほど重要なのか？　この問いにたいする答えは存在しないだろう。ともかく、この種の質問をしても答えは出ない。人生の質にたいする結婚生活の質の重要性がこれほどころころ変わるように見えるのなら、私たちは現実について、ほとんど何もわかっていないことになる。

　しかし実際のところ、態度や行動に関わるほとんどどのような質問への回答も、まったく偶発的な物事や、ばかばかしく感じられるようなことがらによって振り回されてしまうことがしばしばある。

　政治家をどの程度好ましく思っているかと質問するとしてみよう。だがそれをたずねる前に、他の人たちによる政治家の評価の平均値が、1から6の尺度において5であると言っておく。ちなみに数が大きいほど高い好意をもっていることを示す。あるいは、この尺度において政治家の平均評価が2であると言っておこう。前者の場合では、後者の場合よりも、政治家を高く評価するだろう。そうなる理由の一部は、単なる同調性である。おかしな動きをする人に思われたくないのだ。しかし、さらに興味深いことに、他の人々による評価を伝えることで、政治家にたいするあなたの判断だけでなく、政治家というものがどのような種類の人間であるかというとらえ方も暗黙のうちに変わる。[5] ほとんどの人が政治家を高く評価すると言えば、暗に「政治家」という言葉が、チャーチルやルーズベルト級の政治家を意味しているということになる。ほとんどの人が政治家を低く評価していると言えば、暗に「政治家」という言葉が、金に汚い政治屋や詐欺師まがいの政治家を意味しているということになる。文字通り、判断を下そうとしている対象を変えたのだ。

アメリカ人の何パーセントが死刑に賛成しているか？　理論上では大多数が賛成だ。具体例を出せば、賛成は少数派になる。犯罪や犯人や状況について詳細を提示するほど、問われた人は、犯人を処刑してよいという気持ちが弱くなる傾向がある。[6]意外なことに、女性をレイプしてから殺すような、最も凶悪な犯罪についてもこれが当てはまる。犯人の性格やこれまでの人生についての詳細を提示するほど、人々は死刑にたいして後ろ向きな気持ちになる。犯人についてのそうした情報が圧倒的に否定的なものである場合でさえ、これが当てはまる。

アメリカ人の何パーセントが中絶を支持するのか？　ブラインドを下げて、こっそりとたずねよう。「個人的には、どうであってほしいのですか？」と。二〇〇九年のギャラップ世論調査によれば、アメリカ人の四二パーセントが、「中絶反対」ではなく「中絶賛成」であると答えている。[7]したがって、アメリカ人の四二パーセントが中絶を支持している。しかし、同年に行われた別のギャラップ調査によれば、二三パーセントが、どのような状況でも中絶は合法化されるべきだと考え、五三パーセントが、特定の状況では中絶が合法化されるべきだと考えている。[8]したがって、アメリカ人の七六パーセントが中絶を支持している。もしも、レイプや近親相姦の場合、あるいは母親の生命を守るために、中絶に賛成するかどうかをたずねたら、このパーセントはさらに高くなるだろうと私は確信している。もしも、これらの質問のどれかにイエスと答えれば、その人を中絶賛成派に数えることができる。したがって、中絶を支持する人が人口の半分以下なのか、あるいは大多数なのかは、まったくもって質問の表現のしかたの問題なのだ。

心理学者の行った多数の研究から、人は、あらゆることにたいする自分の態度を、頭のなかの引き出しからさっと取り出せる状態で持ち運んではいないことがわかっている。「中絶についてどう考えるかって？　うーん、確認してみよう。えーと、中絶とそれにたいする態度は、と。ああ、ここにあった。穏健な反対派だった」

その代わりに、多くの態度は、極端に文脈に依存し、その場その場で構築される。文脈が変われば、表明する態度も変わる。残念ながら、質問の表現や、用いられる回答のカテゴリーの種類や数、その前になされた質問の性質などの、ささいに見える状況でさえ、人が自分の意見を報告する内容に大きく影響を与えうる文脈的な因子となる。個人的あるいは社会的に重要性の高い態度についての報告ですら、とても変わりやすいこともある。

何があなたを幸せにするか？

態度を言葉で報告することは、他の多くの方法論的問題の影響を受けやすい。人は、セックスやお金など、いくつかのことについて嘘をつく。人は、自分の目からも他人の目からも良く見られたい。この社会的な望ましさのバイアスが原因で、肯定的なものを目立たせ、否定的なものを排除することがしばしばある。しかし、人の態度や行動の真実を見抜いたり、人がなぜ自分の考えを信じ、自分のしていることを行っているのかという理由を知るにあたり、嘘をついたり良く見せようとすることは、実際には最もささいなことにすぎない。

私たちは曲がりなりにも、自分が何を幸せに感じたり、幸せに感じなかったりするのかを、かなりよくわかっている。そうではないか？

次の要因を、ある日にあなたの気分に影響を与えると思われる度合いの順に並べよう。何が気分を変動させるのかを、どの程度正しく評価できるか見てみよう。次の項目の重要性を、1（ほとんど重要でない）から5（非常に重要である）の尺度で評価せよ。

1　仕事がどれくらいうまくいったか
2　昨晩の睡眠の量
3　どの程度健康か
4　どの程度天気が良いか
5　性的活動をしたかどうか
6　何曜日か
7　女性の場合、月経周期のどの段階にあるか

どのような答えになろうとも、それが正確だと信じる理由はない。ともかく、ハーバード大学の女子学生の場合、そう言えることがわかっている。(9) 心理学者が学生たちに、二か月間、一日の終わりに気分の質について報告するように求めた。回答者はまた、曜日と、その前の夜の睡眠の量、健康状態、性的活動を行ったかどうか、月経周期の段階などについても報告した。二か月間の最終日に、それぞれの要因がどの程度気分に影響する傾向があったかと質問された。

これらの質問にたいする被験者の答えから、二つのことが判明した。（1）各要因がどの程度気分に影響すると被験者が考えたか、と（2）各要因がどの程度実際に気分を予測したか、である。これらの自己報告は、報告された要因と報告された気分のあいだの実際の相関を反映していたのか？

結局のところ、被験者はまったく正確ではなかった。要因の気分にたいする実際の影響（日々の評価にもとづく）と、要因の変動がどの程度気分の変動に影響を及ぼしたかについての被験者の考えとのあいだの相関はゼロだった。まさに、対応関係は一切なかった。ある女子学生が、曜日がとても重要であると答えた場合でも、曜日と気分のあいだの実際の相関が高い場合と低い場合は同じくらいあった。性的活動はあまり重要ではないと答えた場合でも、性的活動と気分のあいだの実際の相関が高い場合と低い場合は同じくらいあった。

この他にも、さらに困惑させられるような所見もあった（被験者だけでなく他の誰にとっても。なぜなら、ハーバードの女子学生たちだけが、自分の気分を左右する原因への洞察を欠いていると考える理由はないから）。自分の気分を左右する要因の相対的な影響についてのジェーンの自己報告と、典型的なハーバード女子学生の気分にたいするそうした要因の影響についてのジェーンの推測とは、正確性がたいして違わなかった。実際、典型的な女子生徒についての推測は、自分自身についての推測とかなり一致していたのだ。

明らかに、私たちは、自分の気分に左右するものについての理論をもっている（そもそもその理論をどこから手に入れるのかは誰にもわからない）。さまざまな物事がどのように気分に作用するのかと問われると、こうした理論を参照する。私たちは事実に近づくことはできない。たとえ、そうできるかのように感じられても。

これでは、何が自分を幸せにするのかはわからない、と言いたくなる。それはもちろん言い過ぎだ。ただ言えるのは、私たちの幸福に作用するさまざまな出来事の相対的な重要性についての考えは、それらの実際の重要性と合うように上手に調整されていない、ということだ。もちろん、気分を左右する要因について特別なものがあるわけではない。8章で相関について説明したように、どのような種類の相関であっても、それを発見することに私たちは長けていないのだ。

ハーバードの女子学生についての調査から得られた教訓は一般的なものだ。まずは第1部に示したように、感情や態度や行動の原因について私たちが行う報告はとても信用のならないものであることに、心理学者は気づいている。

態度と考えの相対性

男1「奥さんはどうだい?」
男2「何と比べて?」

——古い漫才のネタ

次の質問に答えて、民族性や国民性の差異についてのあなたの意見の妥当性を調べよう。

個人的な目標を選択できることをどちらがより重んじるか? 中国人かアメリカ人か?

どちらがより誠実か？　日本人かイタリア人か？
どちらがより愛想がよいか？　イスラエル人かアルゼンチン人か？
どちらがより外向的か？　オーストリア人かブラジル人か？

あなたが、中国人のほうがアメリカ人よりも自分自身の目的を選択することを重んじると答えたり[10]、イタリア人のほうが日本人よりも誠実だと答えたり、オーストリア人のほうがブラジル人よりも外向的だと答えたりした[11]はずはないと断定しよう。

こうした差異が存在すると、どうしてわかっているのか？　これらの国の人たちが、自分でそう言っているからだ。

なぜ、自分自身の価値や性格についての考えが、よくある意見と大きく違うことがあるのか？（さらに言えば、先ほど挙げた文化のペアそれぞれについて精通している学者たちの意見とも大きく違う）。自分自身の価値や特性、態度についての答えは、多数のアーティファクトの影響を受けやすい（「アーティファクト」という用語は、ゆるやかに関連する二つ意味をもつ。考古学では、たとえば陶器など人間の作った物を指す。科学的方法論では、意図せぬ測定の誤り、多くは侵入的な人間の行為のために誤った所見のことを指す）。

先ほどの文化比較の場合、自分自身の性格についての自己報告と、同じ国の人の性格についての私たちの考えのあいだの食い違いは、準拠集団の影響によるもの[12]だ。私の価値や性格、態度について質問されたら、たとえば自分がその一員であるという理由から私にとって顕著である何らかの集団と暗黙のうちに比較し、その結果に部分的にもとづいて答えを出す。だから、あるアメリカ人が、自分自身の目的を選択できることがどれくらい重要であるかと問われると、自分自身を他のアメリカ人と、あるいは他のユダヤ系アメリカ人や自分の大学にいる他のユダヤ系アメリカ人女性たちと暗黙のうちに比較する。そうして、他のアメリカ人（もしくはユダヤ人かユダヤ人女性か、オハイオ州立大学のユダヤ人女子学生）と比べれば、自分自身の目的を選択することは、自分にとってそうたいした問題ではないように感じられる。中国人なら、自分自身を他の中国人や、他の中国人男性や、北京師範大学の他の中国人男子学生と比較する——そして、自分は、準拠集団の大半の人たちよりも、自分自身の目的を選択することを大切に考えると思うかもしれない。

　準拠集団との暗黙のうちの比較が、自己報告（オーストリア人はブラジル人よりも外向的だ、など）を形作るにあたり大きな要因になることがわかっているが、その理由のひとつが、準拠集団を明示するとそうした自己報告が消滅するというものだ。バークレー大学のヨーロッパ系アメリカ人は、バークレー大学のアジア系アメリカ人よりも自分自身をいっそう誠実だと評価するが、どちらの集団も、「バークレー大学の典型的なアジア系アメリカ人学生」という明確な準拠集団と自身を比較したときには、そう評価しない[13]。

　他の要素が等しい場合、ほとんどの文化の人々は、自分が属する集団内の大半の人よりも自分のほうが優れていると考える。この自己高揚バイアスはときに、ギャリソン・ケイラーの描写した「すべての子どもが平均以上」という架空の町にちなみ、レイク・ウォビゴン効果として知られている。アメリカ人大学生の七〇パーセントが、自分には平均以上のリーダーシップ力があると評価し、平均以下であると評価するのは二パーセントしかいない。[14] ほぼ全員が、「他人とうまく付き合う能力」が平均以上であると自己評価する。実際、六〇パーセントが、自分は上位一〇パーセントに入ると答え、二五パーセントが、自分は上位一パーセントに入ると答えている！

自己高揚バイアスの程度は、文化と文化のあいだでも、あるひとつの文化のなかにある下位集団のあいだでも大幅に異なる。この点においてアメリカ人をしのぐ国民はいないが、東アジア人はしばしば反対の効果、すなわち謙遜のバイアスを見せる。[15] したがって、価値という意味合いを含む問題（リーダーシップ、他人とうまくやる能力）にかんするどのような自己主張でも、西洋人は、東アジア人がするよりも自分自身を高く評価する。優れたリーダーであるかという自己評価は、韓国人よりもアメリカ人のほうが高く、誠実であるかという自己評価は、日本人よりもイタリア人のほうが高い。

その他の多くのアーティファクトが自己報告に関わってくる。それらのなかには、黙従反応傾向もしくは同意反応バイアスとよばれるものが含まれる。これは、何にでもイエスと答える傾向のことだ。推察されるとおり、イエスと答えるのは、率直なヨーロッパ人やヨーロッパ系アメリカ人よりも、礼儀正しい東アジア人やラテンアメリカ人のあいだによく見られる。また、同意をする傾向には、ひとつの文化のなかでも個人差がある。幸い、これと反対の作用を起こさせる手法がある。調査を行う側が回答の区分の釣り合いを取り、回答者が質問全体の半分においては主張に賛成し、半分においては反対して、ある側面——たとえば外向的と内向的の対比——において高い得点を取れるようにすることができる。（「大きなパーティーに行きたい」と「大きなパーティーには行きたくない」。）こうすることで、主張に総じて同意するというバイアスが相殺される。釣り合いを取ることで修正を施す手法は、すべての社会科学者に広く知られているが、それでいて軽視されている場合が驚くほど多い。

言うべきことを言うVSやるべきことをやる

だが、人や集団や文化全体を比較するのに、ただ質問をすることよりもよい方法があるのか？　確かにある。行動を測定することだ。それもとりわけ、自分自身が観察されていると気づかないうちに行動を測定する手法は、あらゆる種類のアーティファクトの影響をかなり受けにくい。

どれくらい誠実かと人に質問するより、成績や（あるいは、認知能力の得点を制御した成績のほうが好ましい）、部屋のきれいさや、約束や授業に遅れないかなどを調べるほうが、その人がどれくらい誠実かを測ることができる。また、郵便配達の速さや、時計の正確さ、列車やバスが定刻を守ること、長寿の程度、長くて退屈なアンケートのいくつの質問に答えるかなどといった、誠実さの代わりになるような点を測定することで、文化全体の誠実性を調べることもできる（ちなみに、さまざまな国の数学の得点と、長たらしいアンケートに並ぶ退屈な質問のどれだけの数に回答をするかのあいだの相関は非常に高い）。

意外なことに、さまざまな国の人々がどれくらい誠実かを知る目的で行動を調べると、行動の指数を用いて測定された場合の国民の誠実度が低いほど、自己報告で測定された国民の誠実度が高くなることがわかっている![16]

ほぼどのような心理学的変数についても、それを測定するとなると、私は、具体的なシナリオ（状況の描写がされてから、予測される結果もしくは望ましい結果の測定、または自分自身か他人の行動が続くもの）への回答よりも、行動（心拍数、コルチゾールの産生量、さまざまな脳の部位の活動など心理学的な作用も含む）のほうを信用すべきだという原則に従う。一方、信念や態度、価値、特性については、言葉による報告よりもシナリオへの反応のほうを信じるべきだ。

みなさんに、メディアで目にする言葉による報告のすべてを疑ったり、あらゆる種類のアンケートを作成する能力が自分にあるかどうかを疑ったりさせたいわけではない。従業員がピクニックを土曜日か日曜日のどちらに開催するのを好むかを知りたいなら、彼らの回答が有効かどうかについて、あまり思い悩む必要はない。

しかし、好みの表明についてでも、必ずしも自己報告を信用できるとは限らない。スティーヴ・ジョブズは「何を求めているかを知るのは、顧客の仕事ではない」と言った。ヘンリー・フォードは、交通手段として何を求めているのかと人々にたずねたなら、「もっと速い馬」と答えただろう、と述べている。全米不動産協会には、「買い手は嘘つきだ」という言い回しがある。牧場主風《ランチハウス》の住宅でなくてはだめだと言い張っていた客が、一九二〇年代のチューダー様式の家に一目惚れをする。現代的なスチールとガラスの建築物が好きでたまらない客が、結局は、人造の日干しレンガの家に落ち着く。

人の好みを知ることは、ビジネスにおける難題だ。緻密に構成されたフォーカスグループでさえ、失敗に終わることがある。フォード・モーター社では、ヘンリー・フォードの後継者たちが、フォーカスグループを信奉していた。グループの活動では、企業の代表者がグループのメンバーに質問をしたり、グループ内で質問をし合ったりする。表明された好みをもとに、まとめ役が、どのような新製品やサービスが成功しそうかという計画を立てる。自動車業界には次のような有名な話がある。一九五〇年代半ばフォード社は、4ドアセダンからセンターポストを取り除いたスポーティーな外観が、消費者を惹きつけるかどうかを検証したいと考えていた。フォーカスグループとして召集された人たちは、そのアイデアは好ましくないと考えた。「なぜセンターポストがないのか」、「見た目が変」、「安全性に不安を感じる」。ゼネラル・モーターズはフォーカスグループのプロセスを省略し、センターポストをなくしたオールズモビルの生産に突き進み、このモデルを4ドアハードトップコンバーチブルと名づけた。これは大成功を収めた。ハードトップにしてやられたという経験をもっても、フォードが、どの程度フォーカスグループを重視すべきかについて考え直すにはいたらなかったようだ。フォードは、一九五〇年代にエドセル発売の決定を下すにあたり、フォーカスグループの意見をさらに尊重した——このモデルは、まさに失敗の象徴となった。(17)

このセクションでおぼえておくべき教訓はこうだ。できる限り、人の話に耳を貸しすぎず、人の行動の成果を見よ。

もっと一般的に言えば、第2部の各章には、関心のあるどのような変数についても考えうる最高の尺度を手に入れて、変数が他の変数とどのように関連するかを確かめるための考えうる最高の手法を見つける必要があるという教えが記されている。調査のための戦略の大きな連鎖において、真の実験は自然実験に勝り、自然実験は相関研究(重回帰分析を含む)に勝り、相関研究は、どんなときでも思い込みやマン・フー統計学に勝る。利用可能な最高の科学的手法を使わないと、巨額なコストが発生することがある——個人にとっても組織にとっても国にとっても。

自分自身を対象に実験する

ハーバードの女子学生に気分に影響する要因を評価するように求めた調査でわかったように、私たちは、他の場面と同じくらい、自分自身の生活においても相関を発見するのに苦労している。幸い、私たちは、自分自身を被験者にして実験を行い、自分を動かしているものについてより良い情報を得ることができる。

眠りに就くのを難しくするのは、どのような要因か？　午前中のコーヒーは、日中の効率を上げるのに役に立つか？　昼食後に仮眠を取れば、午後の仕事がはかどるか？　昼食を抜いたほうが効果的か？　ヨガをすればもっと幸福になるか？　仏教徒の行う「慈愛」を実践すれば——他人に微笑みかけるところを心に描き、他人の肯定的な性質と寛大な行為について考え、「慈愛」という言葉を繰り返す——心が穏やかになり、他人にたいする怒りが和らぐか？

自分自身を対象に実験を行うことには、扱うNが1だという問題がある。しかし、自分自身を対象とした実験には、自動的に、その内部に事前・事後設計を抱えることになり、誤差が減るために正確性が向上するという利点がある。さらに、混同を招く変数を最小限に抑えることもできる。何らかの要因が自分に与える影響を発見しようとしているなら、要因が存在する場合と要因が存在しない場合を比較する期間を通じて、他のすべての要因を一定に保とうとするべきだ。そうすれば、かなり良い実験が行える。引っ越しをしたり、恋人と別れたりしたときと同じ時期に、ヨガを始めてはならない。適切な事前・事後設計が可能なときにヨガを始めるようにすることだ。ヨガを始める数週間前に、体と心の健康と、他人との関係の質、仕事の効果を観察し、ヨガを始めてから数週間にわたり同様の測定を行う。三つの得点からなる単純な尺度を用いれば、これらのことがらを適切に測定できる。一日の終わりに幸福度を評価しよう。（1）あまりよくない、（2）よい、（3）とてもよい。ヨガを始める前の数日間とヨガを始めてからの数日間にわたり、各変数の平均を取る（そして、生活を混乱させるような大きな問題が何も起こらないように願う）。

事前・事後調査よりもうまくやれる場合もしばしばある。ランダムに条件を割り振る手法が利用できるだろう。午前中のコーヒーで効率が上がるかどうかを知ろうとするなら、漫然とコーヒーを飲むだけではいけない。そんなことをすれば、さまざまな混同を招く変数によって、実験の結果が歪められてしまう。とりわけ頭がもうろうとしている朝にだけ、あるいは全力で仕事に向かわなくてはならない日だけにコーヒーを飲めば、データが混乱してしまい、得られるだろう教訓が的外れなものになる可能性が高い。キッチンに入るときに、文字通りコインを投げよう――表ならコーヒーを飲み、裏なら飲まない。それから、日中の効率の記録をつける――きちんと書いて残すこと！　あまり効率がよくない、まずまず効率がよい、とても効率がよいという三つの得点の尺度を用いる。そして、二、三週間後に合計を取り、コーヒーを飲んだ場合と飲まなかった場合の日中の効率性の平均を計算する。

同じ実験手順が、幸福度や有効性に影響を与えていそうなどのようなものにでも使える。そして、計画的に条件をランダムに割り振り、適切な尺度を用いて結果を厳密に記録することなしに、これらのことがわかったなどと勘違いしてはならない。

このような実験を行うことには、おおいに価値がある。なぜなら、コーヒーの効果や、持久力トレーニングとウェイトトレーニングからどの程度の効果が得られるか、仕事の効率がピークになるのは午前中か午後か夕方か、などといったことには、大きな個人差が実際にあるからだ。ジルやジョーにとって効果のあることでも、あなたにとっては効果がないかもしれない。

まとめ

言葉による報告は広範にわたる歪曲や誤りの影響を受けやすい。私たちの頭には、ファイルを収めた引き出しがあって、そこから態度を取り出せるわけではない。態度についての報告は、質問の表現や、その前に質問された内容や、質問をするときの偶然の状況的な刺激を「プライミング」することの影響を受ける。言い換えれば、態度はしばしばその場で形作られ、外部からのたくさんの影響にさらされるのだ。

態度についての質問への回答は、何らかの準拠集団との暗黙のうちの比較にもとづくことが多い。私がどれだけ誠実かときかれれば、他の（ぼんやりしている）教授や、私の妻や、質問をされたときに近くにいてたまたま目立っていた集団のメンバーと比べて、私がどれだけ誠実かを答えるだろう。

自分の行動の原因についての報告は、3章で説明され、本章で繰り返し述べたように、多くの誤りや偶然の影響に左右されやすい。そうした報告は、内省によって明らかにされた「事実」とは無関係の、理論から読み出されたものとみなすことが、たいていの場合ふさわしい。

行動は言葉よりもはっきりと語る。行動は、言葉による返答よりも、人の態度や性格を理解するための優れた手引きとなる。

自分自身を対象に実験を行う。心理学者が人を研究するために用いるものと同じ手法が、自分自身を調べるためにも使える。因果関係を観察する手法では、どのような種類の物事がある結果に影響を与えるのかについて、誤解が生じうる。条件をランダムに設定し、さらには計画的に記録をつけながら、何かを意図的に操作すれば、単に生活を送りながら不用意に状況を観察するだけでは到達しえないような正確性で、自分自身についてわかる。

第5部　まっすぐ考える、曲がって考える

人々はこれまでに、推論において誤りを犯す可能性を減らすための、さまざまな多数の手法を発見してきた。ひとつの方法が、形式論理学の規則に従うものだ――実際の世界にある事実とはまったく接点をもたずに、純粋に抽象的な言葉で描写することのできる、推論のための規則である。もしも議論の構造が、論理によって規定される妥当な形式をもつ議論のうちのどれかひとつに直接的に対応できるなら、演繹的に妥当な結論が保証される。その結論が真であるかどうかはまったく別の問題であり、それはあなたの前提――結論に先立つ陳述――が真であるかどうかにかかっている。形式論理学は一種の演繹的推論、すなわち「トップダウン」形式の議論であり、そこから生まれる結論は必然的に、それがよって立つ前提から導かれる。

二種類の形式論理学が歴史的に大きな注目を集めてきた。最も古いものが三段論法である。三段論法は、ある種のカテゴリー推論に用いられる。たとえば、すべてのAはBである、XはAである、ゆえにXはBである、というように（最も有名なものが、すべての人間は死ぬ、ソクラテスは人間である、ゆえにソクラテスは死ぬ）。三段論法は、二六〇〇年以上使われている。

形式論理学には、命題論理学も含まれる。こちらはいくらか新しく、紀元前四世紀にギリシアのストア派の哲学者らによって初めてきちんと扱われた。この種の論理を使えば、条件付き論理などを用いて、どのように前提から妥当な結論に到達するかがわかる。たとえば、もしもPが事実なら、Qは事実である。Pは事実である。したがってQは事実である（雪が降れば、学校は休校になるだろう。雪が降った。したがって学校は休校になる）。PはQを要求する条件である。あるいは別の言い方をすれば、PはQの十分条件である。

演繹的推論とは対照的に、帰納的推論は「ボトムアップ」的な推論だ。観察結果が集められ、それらによって何らかの結論が示唆または支持される。ある種の帰納的推論は、事実を観察することと、その特定の種類の事実についての一般的な結論に到達することから構成される。本書には、さまざまな種類の帰納的推論が取り上げられている。科学的手法にはほぼいつでも、さまざまな種類の帰納的推論が関わってくる――実際には完全に依存するものも多くある。本書で取り上げた帰納的推論のすべては帰納的に妥当であるが、それらの結論は演繹的に妥当ではなく、単にもっともらしいというだけである。観察と計算にもとづき、私たちは、ある出来事の集団の平均はXにY標準偏差を足したものか引いたものであると帰納的に推論する。あるいは、実験結果を観察すると、Aが事実であるときにはいつでもBも事実であり、Aが事実でないときにはBは事実ではないとわかるため、AはBの原因であると帰納的に推論する。このような観察結果がない場合と比べると、こうした状況が本当であれば、AがBの原因であることはいっそうもっともらしくなるが、確実にAがBの原因であるとはならない。たとえば、Aと関連する何かがBの原因であるかもしれない。帰納的な結論は、たとえ根拠にしている観察のすべてが真であっても、真であるとは保証されていない。そうした例は多数あり、例外はない。「すべての白鳥は白い」という一般化は帰納的には妥当であるが、結局のところ真ではないのだ。

演繹的推論と帰納的推論という図式《スキーマ》で、原則的に推測を制御できる。この二つを使えば、どういう種類の推測が妥当であり、どういう種類の推測が妥当でないかがわかる。これらとはとても異なる種類の推論の体系が、約二六〇〇年前にギリシアで発祥し、同時期にインドでも発展した。それが弁証論的推論というものだ。この形式の推論は、推論を制御するというよりも、問題を解決する方法を提示する。弁証論的推論にはソクラテス式対話が含まれる。後者は基本的に、批判的な思考を促し、考えを明確にし、一貫性がいっそう強く、正確または有益である可能性がいっそう高い見解を確立することにつながるかもしれないような矛盾を発見することによって真実に到達しようとする、二者のあいだで行われる会話や討論を指す。

ヘーゲルやカント、フィヒテらの哲学者が主な中心となって発展した一八世紀および一九世紀の弁証論的推論では、「テーゼ」に「アンチテーゼ」が続き、さらには「ジンテーゼ」が続くというプロセスが重視される。すなわち、命題の後に、その命題に矛盾する可能性のあるものが提示され、さらには、いかなる矛盾も解決する総合命題が提示される。

「弁証法的」と称される他の種類の推論が、これもまた約二六〇〇年前に中国で発達した。中国の弁証法的推論は、西洋やインドの弁証論的推論よりも、はるかに幅広い問題を扱う。中国の推論では、矛盾や対立、変化、不確実性を扱う方法が提示される。たとえば、ヘーゲルの弁証法は、命題間の矛盾を抹消し、新たな命題を見つけようとするという点において、矛盾にたいして「攻撃的」であるが、中国の弁証法的推論ではしばしば、対立する矛盾の両方が真になりうるようなあり方を探そうとする。

弁証法的推論は、形式的でも演繹的でもなく、ふつうは抽象的な概念を扱わない。妥当な結論ではなく、真であり有益な結論に到達することを目的とする。実際、弁証法的推論にもとづく結論が、現実には形式論理学にもとづく結論に反する場合もある。比較的最近、東洋と西洋の心理学者たちが弁証法的推論の研究に取りかかり、これまでの形式を体系的に記述し、新しい弁証法的原則を提唱し始めている。

13章では、二種類の一般的な形式的推論を説明し、14章では、最もおもしろく役に立つと思われる弁証法的推論の形式をいくつか紹介する。本書で論じる科学的手法はすべて、ある程度、形式論理学に依存している。他の手法の多くは、弁証法の規則に合う。

次に四枚のカードがある。これらは、どのカードも一方の面に文字が書かれ、もう一方の面には数が書かれているトランプ一組からランダムに選んだものだ。「カードの一方の面に母音があれば、もう一方の面には偶数がある」という規則にカードが従っているかどうかを知るには、どのカードをめくる必要があるかを示してほしい。規則が守られていることを証明するために必要となるカードだけをめくること。自分が何を選んだかを表明しよう。電子書籍で本書を読んでいるなら、選んだカードを黄色でマークする。紙の本で読んでいるなら、選んだカードに鉛筆で印をつける。

めくらなければならないカードは

a. カード3だけ
b. カード1、2、3、4
c. カード3と4
d. カード1、3、4
e. カード1と3

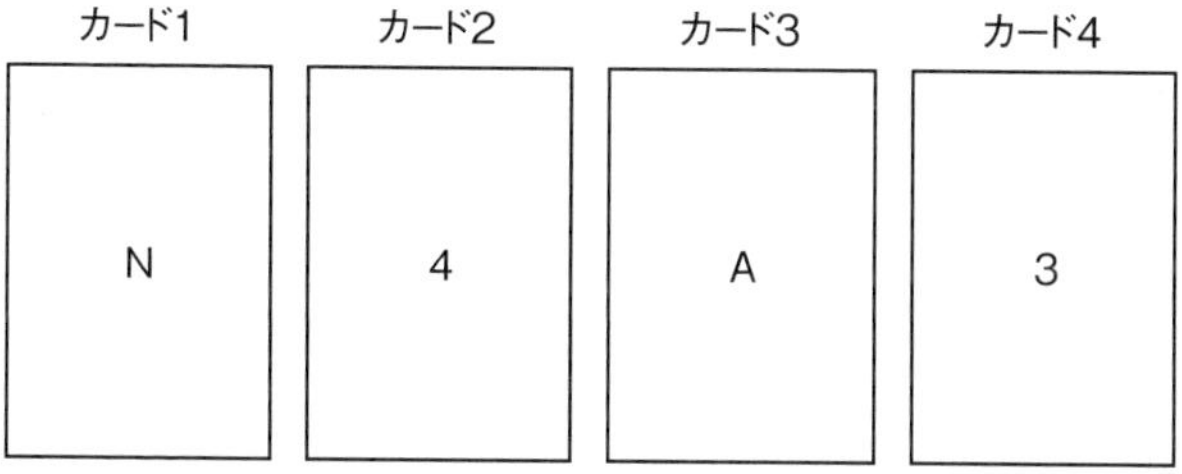

この問題には、後に別の文脈において立ち戻ることになる。

批判的推論の教科書はたいてい、大量の形式的な演繹的論理学を扱っている。そうなる理由は、日常生活における思考に役立つという証拠があるからというよりも、古くからの教育上の伝統があるからだ。また実際に、本章にある形式論理学に関係する内容のほとんどには、日常生活における問題を解決するにあたり、限られた価値しかないのではないかと疑うだけの理由がいくつかある。

それにもかかわらず、形式論理学の解説を読むだけの十分な理由がいくつかある。

1　形式論理学は科学と数学にとって必要不可欠である。

2　この章では、西洋の超合理性と東洋の弁証法的な思考習慣のあいだにある著しい対照性を提示する。二つの思考体系はどちらも同じ問題に適用することができるが、異なる結論を導き出すことがある。これらの二つの体系は、互いを批評するにあたっての優れたよりどころとなる。

3　教育を受けた人は、論理学的な推論の基本的な形式をいくらか扱えるはずである。

ら！）。

4 形式論理学はおもしろい。少なくとも多数の人にとって（ともかく、本章の長さくらいの分量なら！）。

西洋における形式論理学の起源は、次のように語られる。アリストテレスが、市場や集会でのひどい議論にうんざりした。そこで、議論の妥当性を分析するために、議論に用いる推論の定型を作ることに決めた。結論が前提から必ず導かれる場合に（限り）議論は妥当となる。妥当性は真実とは関係ない。議論が妥当でなくても、その結論が真である場合はある。議論は、適切な構成をもっていれば妥当になるが、それでもその結論が間違っていることもありうる。

議論の妥当性という概念は、いろいろな理由から重要である。理由のひとつは、結論が何らかの前提から導かれるという理由で結論にもっともらしさを付与されることによって、誰かからだまされる余地を作りたくない（あるいは自分自身からだまされる余地を作りたくない）というものだ——これらの前提が真であり、結論がそうした前提から必ず導かれる場合は別として。二つめの理由は、前提が明らかに真であり、議論の形式から、結論も同様に真であるはずだと規定されている場合、たまたま気に入らない結論を信じないことを自分に許すことはしたくないというものだ。三つめの理由は、真理ではなく妥当性の概念をはっきりと理解している場合、前提と結論から意味をはぎ取り、純粋に抽象的な用語で思考することによって、結論が前提から導かれるかどうかを評価することができるというものだ。鳥や蜜蜂ではなく、AやBについて考える。そうすれば、結論が少なくとも前提から導かれるということがわかり、したがって、たとえ結論があまりにもっともらしくなくても、それは、非論理学的な推論の産物ではないことだけはわかる。

三段論法

アリストテレスによる形式論理学への主たる貢献のひとつが三段論法である。三段論法が考案されたことで、中世にはこれがちょっとした産業のようになり、修道士たちが何十もの三段論法を編み出した。中世から一九世紀後半にいたるまで、哲学者や教育者は、三段論法から思考のための強力な規則が得られると信じていた。その結果、西洋では、高等教育のカリキュラムの大きな部分を三段論法が占めていた。

三段論法には、妥当性の問題がついて回る。この論法がカテゴリー推論を扱うからだ。ある種のカテゴリー推論では、「すべての」、「いくらかの」、「ひとつも……ない」といった数量詞が使われる。最も単純な三段論法は、二つの前提とひとつの推論からなる。そうした単純な三段論法のなかでも最も単純であり、ふつうは間違える恐れのないものが、すべてのAはBであり、すべてのBはCであるから、すべてのAはCである、というものだ。典型的な例を挙げよう。

すべての事務員は人間である。
すべての人間は二足動物である。
すべての事務員は二足動物である。

この議論は、前提から論理的に導かれることから妥当である。結論も真である。

すべての事務員は人間である。
すべての人間には羽がある。
すべての事務員には羽がある。

この議論も妥当である。ただし、結論は真ではない。だが、結論がもっともらしくないために、議論も妥当でないと感じさせられる。事務員と人間と羽の代わりにA、B、Cを用いることで、議論の妥当性を確認することができる。そうすることで、結論が真であるかどうかを考え直すように迫られ、それが役に立つ場合がある。

次の議論は、たとえ前提と結論がどちらも真であっても（あるいは少なくとも、非常にもっともらしくても）、妥当ではない。

生活保護を受けているすべての人は貧乏だ。
貧乏な人の一部は不正直だ。
したがって、生活保護を受けている人の一部は不正直だ。

抽象的な用語を使うとこうなる。

すべてのAはBだ。
Bの一部はCだ。
したがって、Aの一部はCだ。

用語を抽象化する練習は有用だ。なぜなら、結論がもっともらしいと感じられ、結論を論理的に支えるように思われる真の前提があるために、結論が真であると感じることがあるかもしれないからだ。議論が妥当でないことがわかると、結論が必ず正しいという感覚がはぎ取られ、それを疑うようになるかもしれない（先ほどの議論が妥当でないことを見抜くには、AがBの部分集合であることを理解することが肝要だ）。

物事は、ここから急速にもっと複雑になっていく。すべてのAはBである。Cの一部はAである、Cの一部はBである。妥当か、妥当でないか？　AはどれもBではない、Cの一部はBである、AはどれもCではない。妥当か、妥当でないか？

こういうふうに、いつまでも考えていられるだろう。中世の修道士たちは、こうした問題を果てしなく作って、暇つぶしをした。しかし私は、三段論法は修道士と同様に不毛であると言った哲学者のバートランド・ラッセルと同意見だ。三段論法が効果的な思考にとってきわめて重要であるとした二六〇〇年にわたる教えも、ここで終わる。

カテゴリー推論を学ぶなかで私が習得した最も有用なことは、ベン図の描き方である。この名称は、

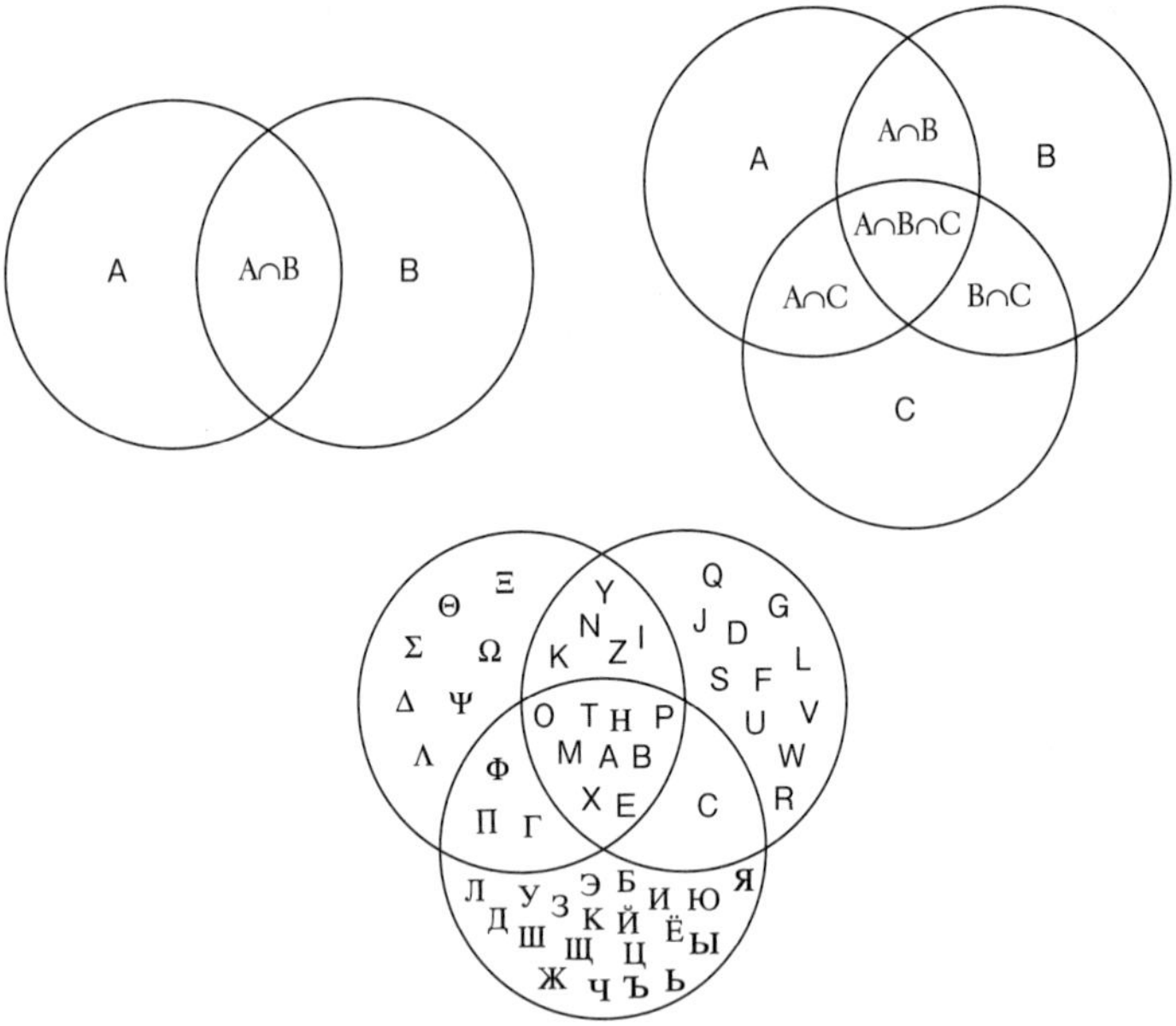

図5　互いに重なり合うカテゴリーの交差

一九世紀の論理学者で、カテゴリーに属することを図で表す方法を発明したジョン・ベンにちなんだものだ。私はときおり、ベン図が、カテゴリー間の関係を表すのに有用で、さらには必要でさえあることを実感する。図5に、とても役に立つ例を示す。一般的な考え方については後から説明しよう。

　図5の左上の図は、日常生活で私たちが実際に使っている特定の三段論法を示している。Aの一部（すべてではない）がBであり、Bの一部（すべてではない）がAであるような状況を表す。Aは、毛皮のある小さな動物を表すかもしれないし、Bは、鴨のようなくちばしをもった動物を表すかもしれない。たまたま、AとBの交差部分に入る動物がひとつある。その名はカモ

ノハシ。あるいは左上の図は、インターナショナルスクールで英語を話す生徒のすべてではないが一部がフランス語も話し、フランス語を話す生徒のすべてではないが一部が英語を話すという状況を表す場合もあるだろう（Aのすべてではないが一部がBであり、Bのすべてではないが一部がAである）。英語だけを話す生徒（Aのみ）は、スミス先生と数学を勉強しなければならない。フランス語だけを話す生徒（B）は、ピロト先生と勉強しなくてはならない。両方の言語を話す生徒は、どちらの先生と勉強してもよい。

右上の図は、もっと複雑だが、それほどまれではない状況を示す。Aの一部がBであり、Bの一部がAであり、Aの一部がCであり、Cの一部がAであり、Bの一部がCであり、Cの一部がBである、というものだ。

下の図は、そうした状況の実例を表している。すなわち、ギリシア語（左上）とラテン語（右上）とロシア語（下）にある文字の交差を表す。カテゴリーについて言葉で陳述する方法だけで、カテゴリーの重なり合いについて正しい結論に到達できるかどうか、やってみるとよい。私がやっても、どのみちアルファベットスープで終わってしまう。

これだけでは、ベン図を使ってとても幅広い種類の問題に十分に触れたとは言えないが、カテゴリーに包含されるものと除外されるものを図的に表す方法の基本については、いくらかわかっただろう。ベン図についてもっと学べば役に立つということは、感じられただろう。

命題論理学

三段論法は、日常生活で行う必要のある推測のなかで、ごく小さな範囲にしか適用されない。さらに重要なものが命題論理学であり、こちらは、非常に幅広い推論の問題に適用される。おおよそ紀元前三〇〇年から一三〇〇年までのあいだに、哲学者と論理学者は、命題論理学に断続的に貢献してきた。一九世紀半ば以降、論理学者が命題論理学を大きく進展させた。彼らはとりわけ、「および／そして」〔and〕、「または」〔or〕などの「演算子」に重点を置いた。「および」は、「Aは事実である、そしてBは事実である。したがってAおよびBはどちらも事実である」のような「連言《れんげん》」〔論理積〕と関係する。「または」は、「Aは事実である、またはBは事実である。Aは事実である。したがってBは事実ではない」のような「選言《せんげん》」〔論理和〕と関係する。この時代における命題論理学の研究が、コンピュータの設計とプログラミングの礎となった。

本章の冒頭で、トランプのカードについての問題を解くように求めた。今度はそれを、条件付き論理を応用することを求められた問題とみなすことができる。もしもPであればQである。「もしもカードの一方の面に母音があれば、もう一方の面には偶数がある」。あの問題をどれくらい上手に解けたかを確認する前に、次の問題の解き方を見ていこう。

あなたは警視だ。仕事のひとつに、レストランが二一歳未満にアルコールを販売しないようにすることがある。「客がアルコールを飲んでいれば、その客は二一歳以上である」という規則を客が守っているかどうかを知るために、次の客のうちの誰を調べるべきかを特定することがあなたの任務だ。規則が

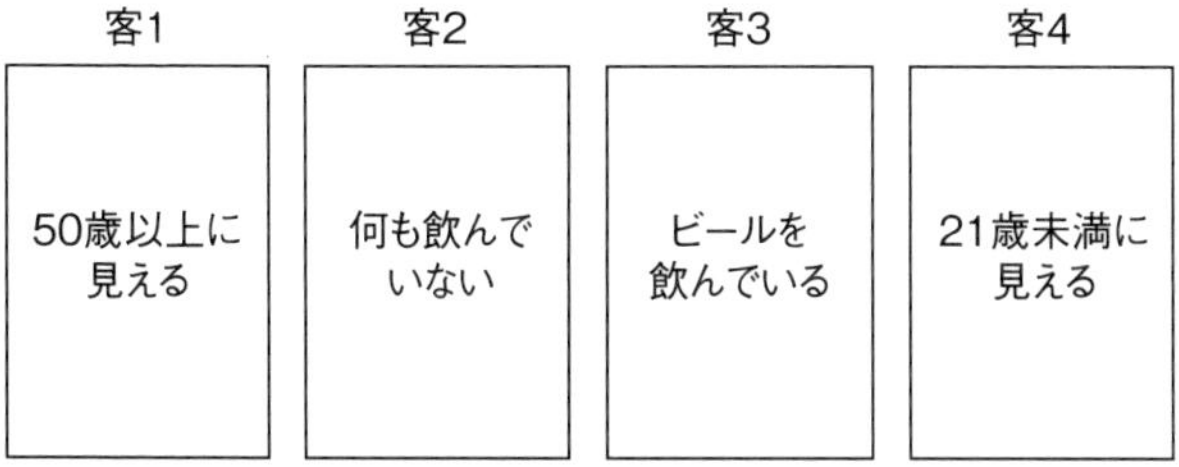

順守されていることを証明するのに必要とされる客だけを調べるべきである。最初に調べるテーブルには四人の客がいる。次のことがわかっている。

あなたが調べるべき客は

a. 客1
b. 客1、2、3、4
c. 客3と4
d. 客1、3、4
e. 客1と3

あなたはきっと、選択肢cの客3と4を選んだはずだ。それでは、カードの問題に戻ろう。あなたは、選択肢cのカード3と4を選ばなかったはずだ。それを選ぶべきだったという見解に同意できるだろうか。二つの問題の論理的な構造はまったく同じだ。次に示した私の論理を検討してほしい。

カードの問題

規則に反していないことを確認せよ。母音がある？　それなら、もう一方の面に偶数があることが望ましい。

N――もう一方の面に偶数があってもなくても構わない。
4――もう一方の面に母音があってもなくても構わない。
A――もう一方の面に偶数があることが望ましい。偶数がなければ、規則に反する。
3――もう一方の面に母音のないことが望ましい。母音があれば、規則に反する。

レストランの問題

この規則に反していないことを確認せよ。飲酒している? それなら二一歳であることが望ましい。
客が五〇歳以上――飲酒しているかどうかはどうでもよい。
飲酒していない――客が二一歳かどうかはどうでもよい。
飲酒している――二一歳であることが望ましい。そうでなければ、規則に反する。
二一歳未満――飲酒していないことが望ましい。飲酒しているなら、規則に反する。

カードの問題を解けなくても落ち込まないこと。オックスフォード大学の学生のうち、カードの問題を抽象化したものを解けるのは、二〇パーセントもいないのだから!

なぜカードの問題は、レストランの問題よりもこれほど難しいのか。一見すると奇妙に思われる。なぜなら、どちらの問題も、条件付き論理を、実際には条件付き論理のなかでも最も簡単な原則である肯定式を応用することで解けるからだ。

もしPが事実なら、Qは事実である　客が飲酒しているなら、客は二一歳だ。
Pは実際に事実である。　客が飲酒している。
したがって、Qは事実である。　したがって、客は二一歳だ。

肯定式には、後件否定（もしQでないなら、Pではない）が含まれる。Q（二一歳以上）が事実でないがP（飲酒している）が事実である例は、条件規則に矛盾する。

P（飲酒している）は、Qの十分条件ではあるが必要条件ではないことに注意してほしい。Qが事実であるためには、Pが事実であれば十分である。他の多数の条件でも、客が二一歳であることを求めるために十分かもしれない。たとえば、飛行機の操縦やギャンブルなどがあるだろう。

双条件の場合、Qが事実であるためには、Pが必要かつ十分である。これには、飲酒しているなら二一歳であるはずであり、二一歳であるなら飲酒しているはずだという（かなり奇妙な）規則が含まれるだろう。

条件推論についてもう少し検討してから、飲酒の問題がなぜこれほど簡単なのかを説明しよう。

もっともらしさ、妥当性、条件付き論理

これまでに見てきたとおり、三段論法の議論は、たとえその結論が真でなくとも妥当になりうる——すなわち、説得力のある議論の形式へと正確に対応しうる。このことは、命題論理学についても当てはまる。

次の、二つの前提とひとつの結論からなる議論それぞれについて、妥当であるかどうかを決定せよ。

議論A

前提1：もしも彼の死因がガンであったなら、悪性腫瘍があった。
前提2：彼には悪性腫瘍があった。
結論：したがって、彼の死因はガンだった。

議論B

前提1：もしも彼の死因がガンであったなら、悪性腫瘍があった。
前提2：彼の死因はガンではなかった。
結論：したがって、彼には悪性腫瘍はなかった。

議論C

前提1：もしも彼の死因がガンであったなら、悪性腫瘍があった。
前提2：彼の死因はガンだった。
結論：したがって、彼には悪性腫瘍があった。

議論Cだけが妥当である。これは、次のような肯定式に対応する。もしもP（死因がガン）であれば、

Q（腫瘍がある）である。P（死因がガン）である。したがってQ（腫瘍がある）である。議論AとBの結論がもっともらしいことから、それらが妥当であると思いたくなる。しかし、議論Aは、次のような妥当でない議論の形式に対応する。もしもP（死因がガン）であれば、Q（腫瘍がある）である。Q（腫瘍がある）である。したがってP（死因がガン）である。これは、推論の形式において、もしもPならQという前提を、もしもQならPに誤って置き換えているため、後件肯定の誤りとよばれる（もしも悪性腫瘍があったなら、死因はガンである）。もしもそれが前提であったなら、Qが事実であるためにPもまた事実であるということを実際に知っているということになるだろう。しかし、それは前提ではなかった。

私たちはいつでも後件肯定の誤りを犯す――自分の行う議論が論理的に妥当であるかどうかを自分自身で監視していなければ。

後件肯定の誤り1

車がガレージになければ、ジェーンが町に出かけたのだ。
ジェーンを町で見たとジェニファーが言った。
したがって、車はガレージにないだろう。

しかし当然ながら、ジェーンが車とは違う手段で町に出かけたこともありうる。その場合、車はおそらくガレージにあるだろう。ある種の背景的な知識が与えられると、間違いを犯す可能性が高くなる。

もしもジェーンが車に乗らずにどこかに出かけることがめったにないなら、間違いを犯す可能性が高くなる。もしもジェーンがときにはバスに乗ったり、ときには友人の車に乗せてもらったりするなら、間違いを犯す可能性は低くなる。

後件肯定の誤り2

もしもインフルエンザにかかっていれば、喉が痛い。
喉が痛い。
したがって、インフルエンザにかかっている。

しかし当然ながら、P（インフルエンザ）以外の可能性はある。風邪や連鎖球菌性咽頭炎なども考えられる。人々が、喉の痛みの症状を決まって伴うインフルエンザでばたばた倒れ、他の病気はあまり流行っていないなら、間違いを犯す可能性が高くなる。もしもインフルエンザや風邪や花粉アレルギーが一斉に流行しているなら、間違いを犯す可能性は低くなる。

先ほどの議論Bはこうだった。もしも死因がガンなら、悪性腫瘍があった。死因はガンではなかった。したがって悪性腫瘍がなかった。これは前件否定の誤りとよばれる。この妥当ではない議論の形式は、もしもPであればQである、Pではない、したがってQではない、というものだ。私たちはこちらの間違いもたくさん犯す。

前件否定の誤り1
もしも雨が降っているなら、道路は濡れているに違いない。
雨は降っていない。
したがって、道路は濡れていないに違いない。

もしも、道路清掃員が頻繁に仕事をする（そのために道路が濡れる）町に住んでいるなら、あるいは日差しの強い夏の日で、街角の消火栓をときおり開いて熱気を冷ましているなら、間違いを犯す可能性は低くなる。もしも、アリゾナの田舎に住んでいて、道路清掃員も消火栓もないなら、間違いを犯す可能性は高くなる。

前件否定の誤り2
もしもオバマ大統領がイスラム教徒なら、彼はキリスト教徒ではない。
オバマ大統領はイスラム教徒ではない。
したがって、オバマ大統領はキリスト教徒だ。

もしも、人はイスラム教徒かキリスト教徒のどちらかしかありえない、という付加的な前提が暗にあるなら、この結論は妥当だろう。もちろんそんなふうには考えないが、オバマ氏にとってはこの二つの選択肢しかないというような気分になることもあるかもしれない。たとえば、オバマ氏の信仰についてこれまでに議論されたのが、イスラム教かキリスト教かという二つしかない場合には。

後件肯定の誤りと前件否定の誤りについて興味深い点がある。それは、これらは演繹的に限っては妥当ではない結論である、ということだ（すなわち、結論が前提から論理的に導かれない）。しかし、帰納的にとても優れた結論が存在しうる（すなわち、もしも前提が真であれば、結論が真である可能性が高くなる）。喉が痛いときにインフルエンザであることのほうが、喉が痛くないときにインフルエンザであることよりも起こりうる。もしも雨が降っていなければ、雨が降っているときよりも道路が濡れている可能性が低い。これらの例における帰納的な結論のもっともらしさは、妥当ではない演繹的結論ももっともらしく見せる働きをする。

議論の形式や論理的な誤りはとてもたくさんある。ここに挙げたものは、最もよく見られ、最も重要な誤りの一部である。

実用的推論のスキーマ

条件付き論理――もしもPならQである――を抽象化したものは使いにくい。私たちは確かに、つねに条件付き論理に従って推論をするが、それを完全に抽象化したものを用いることはめったにない。その代わりに、実用的推論のスキーマというものをよく用いる。これは、日常生活の状況について考えるのに役に立つ規則の集まりである。[1] 本書には、こうしたスキーマがたくさん取り上げられている。実際、ある程度のところ、本書はまさに実用的推論スキーマについての本なのだ。このスキーマの一部は、条件付き論理に直接対応する。そうしたもののなかには、たとえば、独立した出来事と従属した出来事の違いを見分けるスキーマや、相関は因果関係の証明にはならないといった原則などがある。埋没費用の原則と機会費用の原則は演繹的に妥当であり、費用便益分析の原則から論理的に導かれることができる。経済学の授業ではこれらの原則を教えるが、あまりうまく説明できてはいない。なぜなら、経済学ではふつう、形式的な原則をどのようにして日常の推論において実用的に用いることができるかを、あまり上手に示すことができないからだ。

実用的推論のスキーマの一部は条件付き論理に対応するが、正しい答えが保証されるわけではないので、演繹的に妥当とまではいかない。実際、実用的推論のスキーマは、真であるかどうかや妥当性とはまったく関係がなく、人の行為が適切であるかどうかを評価することと関係する。この論理学の一分野は、ギリシア語で義務を意味するdeonから、義務論理学〔deontic〕とよばれている。これは、どのような種類の状況から義務が構成されるのか、どのような種類の状況において許可が与えられるのか、どういう行動を選択できるのか、義務で要求される以上のことは何なのか、何がなされるべきなのかを扱う。契約スキーマは、義務スキーマの一種であり、許可と責務に関連する幅広い問題を解くために用いることができる。

飲酒年齢の問題を正しく解くために必要とされる義務スキーマは、許可スキーマとよばれる。[2] お酒を飲みたい（P）？　それなら二一歳以上であるべき（Q）。二一歳ではない（Qではない）？　それなら飲むべきではない（Pではない）。

類似のスキーマに責務スキーマがある。[3] 一八歳なら（P）、徴兵に登録しなければならない（Q）。徴兵に登録していない（Qではない）？　それなら一八歳ではないか、責務を果たさなかったことになる。

法学部で二年間学べば義務推論力がかなり向上するが、哲学や心理学、化学、医学を大学院で二年間学んでも、この種の推論の役には立たない[4]。

実用的推論スキーマの二つめの種類は、条件付き論理にまったく対応しないが（あるいは少なくとも、そのような対応をさせてみることにあまり価値がない）、非常に幅広い状況に適用され、純粋に抽象的な用語で描写されることができる。これらのスキーマを使うには論理的思考が必要とされるが、スキーマが強力であるのは論理のおかげではなく、むしろスキーマが日常的な問題を解くヒントとなるところにある。そうしたスキーマには、統計スキーマや、無作為制御設計などの科学的手順のためのスキーマなどがある。統計学や方法論の授業ではこうした概念が教えられるが、日常生活で役に立つ実用的スキーマを作り出すことには必ずしも成功していない。自然科学や人文科学はそうではないが、社会科学と心理学の学部と大学院の授業では、日常の問題に統計スキーマや方法論スキーマを適用する手助けとなる実用的スキーマが確かに重視されている[5]。その他のとても一般的な実用的推論スキーマには、オッカムの剃刀や、共有地の悲劇、創発の概念があり、これらについては15章で説明する。

最後に、一部の強力な実用的推論スキーマは、推論の抽象的な設計図とはならず、広範にわたる日常的な問題を正しく解決するのを助ける経験的な原則となっている。そうしたスキーマには、根本的な帰属の誤り、行為者と観察者が行動を異なるふうに説明する傾向があるという一般法則、損失回避、現状維持バイアス、いくつかの選択設計《アーキテクチャ》が、それが促す選択の質という点で、ほとんどの場合その他の選択設計より優れているという原則、インセンティブは、人に行動を変えさせる最善の方法とは限らないという原則などがある。これらは、本書で取り上げた何十もの例のごく一部だ。

抽象的な実用的スキーマはおおいに役に立つが、純粋に論理的なスキーマの価値は限られている。私がこう考えるのは、純粋に論理学的な形式主義を決して確立しなかった非常に高度な文化、すなわち中国の儒教があるからだ。次章では、その文明における弁証法の伝統と、現代になってそれに加えられたものを取り上げる。

まとめ

論理は、議論から実世界についてのいかなる言及も取り除く。その目的は、議論の形式的な構造を、以前からの考えに干渉されることなくむき出しにすることである。二六〇〇年にわたる教育者の意見に反して、形式論理学は、日常的な思考の基礎とはならない。これはもともと、推論において何らかの種類の誤りを生じさせうる思考法なのだ。

結論が真であることと、結論が妥当であることは、まったくの別物である。議論の結論は、それが前提から論理的に導かれる場合に限って妥当である。ただし、前提が真であるかどうか、あるいは前提から論理的に導かれるかどうかにかかわらず、結論が真である場合もある。推測は、他の前提から論理的に導かれものである必要はないが、論理的かつ経験的な裏付けがあると示すことができれば、信頼性が確保される。

ベン図は三段論法的な推論を具現化したものであり、いくつかのカテゴリー問題を解くのに役に立つ、あるいは必要ですらある。

演繹的推論における誤りはときに、帰納的に妥当な議論の形式に対応させることから生じる。こういう理由もあって、私たちは演繹的な誤りを犯しやすい。

実用的推論スキーマとは、多くの思考の根底にある推論の抽象的な規則である。このスキーマには、許可スキーマや責務スキーマなどの義務の規則が含まれる。また、統計スキーマや、費用便益分析、確実な方法論的手順に従った推論など、本書で述べた多数の帰納的スキーマも含まれる。実用的推論スキーマは、特定の状況だけにしか適用されないことから論理規則ほどには一般的ではないが、そのうちのいくつかは論理的な基礎にもとづいている。それ以外のもの、たとえばオッカムの剃刀や創発の概念などは幅広く応用できるが、形式的な論理にはもとづいていない。さらに、根本的帰属の誤りなど、実用性はとても高いが、単なる経験上の一般化でしかないものもある。

14章　弁証法的推論

文明世界の両端に存在する伝統における最も著しい違いは、論理学のたどる運命にある。西洋にとって論理学は中心にあり、これを受け渡す糸は一度も切れたことがない。

——アンガス・グレアム、哲学者

その理由はまさに、中国人の精神があまりに合理的であるために、合理主義的になって……文脈から形式を切り離すことを拒むからである。

——劉述先、哲学者

論理的一貫性について議論することは……不快に思われるだけでなく、幼稚であると受け止められることもある。

——長島信弘、人類学者

もしもあなたが西洋文化において育った人なら、世界で最も偉大な文明のひとつ、すなわち中国に、形式論理学の歴史がないという事実を知って驚くかもしれない。

プラトンの時代以前から、中国人が西洋の思想に触れたごく最近にいたるまで、東洋では論理学についての関心が事実上まったくなかった。(1) アリストテレスが形式論理学を打ち立てていたその時、中国の哲学者墨子と弟子たちが、論理学と関連のある問題を確かに扱ってはいたが、彼も、古代中国文明における誰ひとりとしても、形式化された体系を確立させはしなかった[2]。そして、墨子思想への関心がほんの一時高まった後、東洋における論理学の足跡は途絶えた（ちなみに墨子は、西洋において真剣に扱われる何世紀も前に、費用便益分析を体系的に研究していた[3]）。

それでは、もしも中国人に論理学の伝統が欠けているなら、彼らはどのようにして数学の分野で大きな進展を遂げ、さらには、西洋ではるか後の時代に発明された、あるいはまったく発明されなかった、何百もの重要な発明を実現できたのか。

形式論理学への関心があまりなくとも、文明はとても大きな進歩を遂げることができるということを認めざるをえない。このことは、中国だけでなく、日本や韓国を始め、儒教の伝統をルーツにもつ東アジアのあらゆる文化についても当てはまる。一方、インドには当てはまらない。インドでは、およそ紀元前五世紀または四世紀の昔から、論理学への関心があった。興味深いことに、中国人は、インドにおける論理学の研究を知っており、インド人の書いた論理学の教科書をいくつか翻訳していた。しかし中国語への翻訳には間違いが多く、これらの教科書の影響力はごくわずかに留まった。

中国人が論理学の代わりに発展させた思考体系は、弁証法的推論とよばれてきた。弁証法的推論とは実際のところ、多くの点で形式論理学とは反対のものである。

西洋の論理学 VS 東洋の弁証法的論法

アリストテレスは、論理学的思考の根底に次の三つの命題を据えた。

1　同一律：A＝A：在るものはすべて在る。Aはそれ自身であり、他の何物かではない。

2　無矛盾律：AであるとAではないは、双方ともに事実であることはありえない。何ものかが、在ると無いの両方でありえることはない。命題とその反対が両方とも真ではありえない。

3　排中律：すべてのものは、そうであるか、そうでないかのどちらかのはずである。Aである、またはAでない、のいずれかが真でありうるのであり、その中間はありえない。

現代の西洋人はこれらの命題を受け入れる。しかし、中国の知的伝統のなかで育った人は、これらを受け入れない――少なくともすべての種類の問題については。その代わりに、東洋思想の根本にあるのは弁証法的論法である。

心理学者のカイピン・ペンが述べるように、これら三つの原則が東洋の弁証法的論法の基礎にある。[4]ここで「命題」とは言わなかったことに注目してほしい。カイピン・ペンは、「命題」という用語は、一連の厳格な規則というよりも、世界にたいする一般化された態度を描写するような、あまりに形式的な響きをもっていると忠告している。

1　変化の原則

現実は変化のプロセスである。

現時点で真であることは、まもなく偽となるだろう。

2 矛盾の原則
矛盾は、根底にあるダイナミックな変化である。変化はつねにあることから、矛盾はつねにある。

3 関係（または全体論）の原則
全体は、部分の和よりも大きい。部分は、全体との関係においてのみ意味をもつ。

これらの原則は、密接につながり合っている。変化から矛盾が生まれ、矛盾から変化が生まれる。変化と矛盾がつねにあることから、他の部分および世界の以前の状態との関係性を考えることなしに個々の部分について論じることは、無意味であることが示唆される。

これらの原則からは、東洋思想にあるもうひとつの重要な信念もうかがわれる。それは、極端な命題の中間にある「中庸」を探すことへのこだわりだ。矛盾は単に見せかけのものであることが多いという強い推定があり、「Aは正しいが、Aではないは誤りではない」と考える傾向がある。この姿勢は、禅宗の格言「おおいなる真理の反対もまた真である」に言い表されている。

多くの西洋人にとって、これらの概念は合理的で、なじみがあるようにすら感じられるかもしれない。ソクラテスの対話は弁証法とよばれることも多く、いくつかの点でこれらに似ている。ソクラテスの対話とは、真理へさらに近づくことを目的として、さまざまな見解を交換し、話し合うものである。ユダヤ人がギリシア人からこうした種類の弁証法的思考を借り受け、タルムード学者がその後の二千年余り

図6　道の印

をかけて発展させた。ヘーゲルやマルクスなど、一八世紀と一九世紀の西洋の哲学者が、弁証法の伝統に貢献した。弁証法的推論は二〇世紀後半から、認知心理学者が手がける難解な研究のテーマに取り上げられている——それも東洋と西洋の両方において。

東洋の弁証法的な姿勢は、東洋の思想に深く浸透している道教の影響を受けている。道《どう》とは、東洋人にとってさまざまなことがらを意味するが、要するに変化の概念をとらえたものである。陰（女性的で暗くて受動的）と陽（男性的で明るく能動的）は交互に起こる。まさしく、陰と陽は、互いがあってこそ存在し、世界が陰の状態にあるということは、すぐにも陽の状態になろうとしていることを示す確かな兆候なのである。道とは、自然と人間とが共存する「方法」を意味する言葉であり、その印は、白と黒の渦巻きをかたどった二つの力からできている。

変化の概念は、黒の渦巻きのなかに白い点があり、白の渦巻きのなかに黒い点があることで表される。陰陽の原理は、互いを完全なものにし、互いを理解可能なものにし、あるいは一方がもう一方に変わるような状態を作り出すような、対立しつつ互いに浸透する力のあいだに存在する関係を表す。

老子の『道徳経』にはこう記されている。「禍《わざわ》いは福のよるところ。福は禍いの伏すところ。たれかその極を知らん。それ正邪なきか。正はまた奇となり、善はまた妖《よう》となる」

東洋の弁証法的論法に精通していれば、東洋思想と西洋思想に見られる、変化の性質についての考え方の大きな差異を理解しやすくなる。リジュン・ジは、どのような種類の傾向についても——世界の結核罹患率、発展途上国のGDP成長率、アメリカ人児童における自閉症の診断率——西洋人はその傾向が現行のまま継続するだろうと想定し、東洋人は、横ばいになるか、それどころか反転する可能性がもっと高いと想定することを示した。(5) 西洋の伝統に浸かったビジネススクールの学生は、上昇している株を買い、下降している株を売る傾向にある。(6) 東洋の伝統に育った学生は、下降している株を買い、上昇している株を買う傾向がある（第2部から、これは誤った選好を示す明らかな例であることを思い出してほしい）。

弁証法的な伝統は、なぜ東アジア人が文脈にいっそう注意を払うかを部分的に説明する（2章で論じた）。物事がつねに変化しているなら、その出来事を取り囲む状況に注意を向けたほうがよい。物事は出来事に影響を与え続け、その結果、変化と矛盾が生じるだろう。

論理学的な伝統と弁証法的な伝統からは、矛盾する命題や議論にたいし、まったく異なる反応が生まれる。互いに反する——正反対に近い——ことを示唆するような二つの命題を提示したら、西洋人と東洋人はとても異なった反応をする。ミシガン大学と北京大学の学生たちに、科学的所見と称された二つのものが提示された。(7) たとえば、何人かの学生は次の二つの命題を読んだ。（1）多数の発展途上国における燃料の使用から、地球温暖化などの環境問題が著しく悪化していることがうかがわれる。（2）気象学者が、世界各地の二四か所の気温を調べ、実際には過去五年間、毎年一度ずつ低下していることを発見した。残りの学生たちは、二つのうちの一方だけを読んだ。すべての学生に、命題がどれほどもっともらしいと感じられるか、とたずねた。

ミシガン大学の学生たちは、よりもっともらしい命題（（1）のような）だけを読んだ場合よりも、あまりもっともらしくない矛盾する命題（（2）のような）とともに読んだ場合のほうが、もっともらしい命題を信じる傾向が強かった。このパターンは論理的には一貫性がない。命題が、矛盾とともに提示された場合のほうがそうでない場合よりも、いっそう信じられるものになることはありえない。この誤りはおそらく、西洋人が、どちらの命題が正しいかを決定することによって矛盾を解消したいと強く願うことから起きるのだろう。選択の過程において、いっそうもっともらしい命題が好まれるべきだとする、あらゆる理由に着目する。ここで確証バイアスが働く。こうやって強化されることにより、もっともらしい命題と、見たところ矛盾していてあまりもっともらしくない命題のどちらかを選ぶ過程を体験していない場合よりも、もっともらしい命題がいっそう確固たるものに感じられるのだ。

中国人の学生たちのふるまいは、これとはまったく異なっていた。矛盾とともに提示された場合のほうがそうでない場合よりも、いっそうもっともらしくない命題をいっそう強く信じたのだ。これもまた論理学的には一貫性がないが、二つの矛盾する陳述のどちらにもいくらかの真実があるはずだ、という感覚から導かれている。もっともらしくないほうの命題が、それが真であるかもしれない見方を発見することによってひとたび強化されると、そうした強化のプロセスがなかった場合よりも、その命題がさらにもっともらしく思える。東洋人はときに反確証バイアスを発動する、と言えるかもしれない！

したがって、西洋的な思考は、両方の命題にいくらかの真実があるかもしれないという可能性を考慮せず、矛盾しているように見える命題を急いでもみ消そうとして間違いを犯す。東洋的な思考は、弱い命題と、それとは矛盾する強い命題のあいだにある違いを分離させる目的をもって弱い命題を強化しようと試み、そのために矛盾とともに提示された弱い命題がいっそうもっともらしく感じられて間違いを犯す。

論理学的な思考体系と弁証法的な思考体系は、互いから学ぶべきことがたくさんある。いずれも、もう一方が間違ったことがらについては正解するからだ。

論理学VS道教

東アジア人が論理学にしっかり依拠していないということは、今日、アメリカ最高の大学で学んでいる若者たちの思考においてさえ明らかだ。

次の三つの議論を検討しよう。どれが論理学的に妥当だと思われるか。

議論1

前提1：警察犬はどれも老犬ではない。
前提2：高度な訓練を受けた犬の一部は老犬である。
結論：高度な訓練を受けた犬の一部は警察犬である。

議論2

前提1：植物由来のすべてのものは、健康に良い。
前提2：タバコは、植物由来のものである。
結論：タバコは健康に良い。

議論3
前提1：AはどれもBではない。
前提2：Cの一部はBである。
結論：Cの一部はAではない。

ひとつめの議論は意味があり、結論ももっともらしい。二つめの議論は意味があるが、結論はもっともらしくない。三つめの議論は抽象的すぎて、実世界の事実とはまったく接点がない。議論1は、結論がもっともらしくても、妥当ではない。議論2は、議論がもっともらしくなくても、妥当である。また、意味をなさない議論3は、たまたま妥当である（これらの議論をベン図で表してみれば、妥当性を評価するのにベン図がいかに有用かわかるだろう）。

心理学者のアラ・ノレンザヤン、ボムジュン・キムらが、先ほどのような問題についてアジア人と西洋人が異なる考え方をするかどうかを明らかにしようと試みた。そこで、韓国とアメリカの大学生に、もっともらしい、あるいはもっともらしくない結論をもつ、妥当な、あるいは妥当でない議論を提示した(8)。それから、それぞれの議論について、結論が前提から論理的に導かれるかどうかを評価するように求めた。非常に単純な構造から、かなり複雑な構造までをもつ、合計で四つの異なる種類の三段論法が題材として使われた。

韓国人とアメリカ人はいずれも、実際に妥当であるかどうかにかかわらず、もっともらしい結論をもつ三段論法が妥当であると評価する傾向が高かった。しかし、韓国人のほうがアメリカ人よりも、結論のもっともらしさにいっそう大きく影響を受けた。こうなる理由は、韓国人の被験者たちの論理学的な操作能力が、アメリカ人の被験者たちよりも低かったからではない。二つのグループは、純粋に抽象的な三段論法について同じ数の間違いを犯していた。ただ、アメリカ人のほうが韓国人よりも日常の出来事に論理学的な規則を応用する習慣があり、したがって、結論のもっともらしさを考慮から外すことができたというだけだ。

東アジア人の大学生はまた、カテゴリーのメンバーがどれほど典型的であるかを論じた三段論法においても間違いを犯した。たとえば、すべての鳥に、何らかの性質があると学生に言う（「網《もう》がある」など、架空の性質を作り上げる）。それから、鷲にその性質があることがどれほど説得力が高いと思われるか、あるいは、ペンギンにその性質があることがどれほど説得力が高いと思われるか、と質問した。二つの結論は、当然ながら同じくらい妥当である。アメリカ人は韓国人よりも、典型性の影響をそれほど受けなかった。具体的には、韓国人はアメリカ人ほど、鳥にそうした性質があるとして、ペンギンにその性質があるということに納得しなかった。

最後に、東アジア人の学生はアメリカ人の学生よりも、命題論理学を苦手としている。東アジア人の学生は、自分の思いに振り回されることが多い。ある特定の結論が真であってほしいと思う場合、その結論が前提から導かれると誤って判断してしまいがちなのだ。[9] こういう類いの間違いは、あまり犯したくはない。このことから、西洋人には論理学を用いる力があるおかげで――命題から意味をはぎ取り、抽象化することができる――不適当な影響が判断に及ぶことを避けやすくなるとわかる。

文脈、矛盾、因果関係

2章で文脈の重要性について論じたときに、西洋人の世界についての考え方は、中心に位置する対象物（または人）に着目することに始まると述べたことを思い出してほしい。西洋人は、対象物の属性を特定し、対象物をカテゴリーに割り振り、対象物の入るカテゴリーを支配する規則を当てはめる。その根底にある目的はしばしば、自分の目的に沿って対象を操ることができるように、対象物の因果関係のモデルを確立することである。

東洋人は、文脈のなかにある対象物や、対象物のあいだの関係性や、対象と文脈との関係にもっと幅広く注意を向ける。

歴史の分析手法が異なるのは、どのようにすれば世界を最適に理解できるかという点におけるこうした違いから生じている。日本人の歴史教師はまず、出来事の背景を詳細に説明する。[10] それから、重要な出来事を年代順にたどっていき、それぞれの出来事を次に起こる出来事と結びつける。教師は生徒に、歴史上の人物の置かれた状況と、生徒自身の日常生活との類似点について考えることによって、その人物の精神や感情の状態を想像するように促す。人物の行動を感情の観点から説明する。生徒たちが歴史上の人物への共感を示したときに、歴史的に考える優れた能力があるとみなす。そうした人物が日本に敵対する者である場合でも。「どのように」という質問が頻繁に出される――アメリカの授業で出されるよりも二倍ほど多く。

アメリカ人教師は、日本人教師がするほどには文脈の提示に時間をかけない。最初の出来事やきっかけではなく、まずは結果から始める。出来事の時系列的な順序は軽視されるか、まったく提示されないこともある。その代わりに、要因を検討する順番は、重要と思われる原因を議論することによって決定される（「オスマン帝国は主な三つの理由から崩壊した」）。生徒たちが、結果の因果関係のモデルに適合する証拠を提示することができたとき、生徒には歴史的に推論する優れた能力があるとみなす。アメリカの授業では日本の授業よりも、「なぜ」という質問が二倍多く出される。

どちらの手法も有用である――そして互いを補完する――ように思われる。しかし実際には、西洋人にとって、東アジア人の歴史分析手法は単に間違っているように感じられる。そして一般的に、西洋人は、東洋の全体論的な思考スタイルを正当に評価せず、たびたび否定する。意外にも、アメリカ在住の日本人ビジネスマンの子どもたちは、アメリカの学校では、教師から分析能力がないと評価され、成績が下がる場合がときにある。

思考の種類が異なることから、まったく異なる形而上学、すなわち世界の性質についての想定が生まれる。思考パターンの違いからはまた、異なる物理学が生まれる。古代中国人は、文脈に着目することにより、ギリシア人が誤解をしたことがらを正しく理解していた。

古代中国人が文脈に注目したことから、遠隔作用がありうるという認識が生まれた。これによって中国人は、音響学や磁気学の問題を正しく理解し、さらには潮汐の発生する本当の理由を知ることができた。ガリレオでさえ、月が海を引っ張るなどとは思わなかった。

物体が水中に落ちるとなぜ下降するのかを、アリストテレスは、物体には重力の性質があるからだと説明した。しかし、すべての物体が水に落ちると下降するわけではなく、水面に留まる物もある。そうした物体には軽さという性質があるのだと、アリストテレスは説明した。もちろん、軽さなどという性質はない。重力は、ひとつの物体の性質ではなく、物体と物体のあいだの関係性なのだ。

アインシュタインは、宇宙の状態は安定しているという自分の確信を説明づけるために、宇宙の性質についてのまやかしの要因、すなわち宇宙定数を自説に付け加えなければならなかった。しかし当然ながら、宇宙は、アリストテレスの時代から想定されていたような安定した状態にはない。ギリシア人の言う安定した状態なる概念にすっかり染まっていた西洋人のアインシュタインは、宇宙は一定であるはずだと頭から思い込んでいたので、その想定を守るために宇宙定数に手を出したのだ。

中国の弁証法的推論は、東洋思想に通じていた物理学者のニールス・ボーアに影響を与えた。ボーアは、自分が量子力学を確立できたのは、一部には東洋の形而上学のおかげであると述べている。西洋では数百年にわたり、光は粒子と波のどちらでできているかという論争があった。一方を信じることは、もう一方の考えを否定し、不可能にすることであると思われていた。ボーアの解決策は、光はどちらでもあると考えられるとするものだった。量子論では、光は粒子であるとも波であるともみなすことができる。ただ、同時に両者であることができないだけだ。

しかし中国人は、西洋人の間違えたことの多くを正しく理解しながらも、彼ら自身の理論が正しいと証明することはできなかった。そうするには科学が必要であり、科学は二六〇〇年にわたって西洋のものだった。科学とは要するに、カテゴリー化に、経験上の規則と、論理学の原則との関わりを加えたものである。中国人は、西洋人が理解していなかった遠隔作用を理解していたが、その概念が正しいことを証明したのは西洋科学だった。それを行ったのは、遠隔作用が不可能であることを証明するつもりで実験を行うことにした科学者たちだった！　遠隔作用が実際には可能であることを示す結果を見て、彼らは驚愕した。

安定と変化

東洋と西洋の変化についての考え方には、きわめて大きな違いがある。私にはなぜだかまったくわからないが、ギリシア人は、宇宙とそのなかにある物体は変化しないという考えに完全に取り憑かれていた。

ヘラクレイトスなど紀元前六世紀の哲学者らが、世界は変化すると認識していたのは確かだ。（「一人の人間が同じ川に二度足をふみ入れることはない。なぜならその人間も川も以前とは違うから」。）しかし紀元前五世紀になる頃には、変化が廃れ、安定が流行していた。ヘラクレイトスの考え方は、実際にあざけりの対象とされていた。パルメニデスが、いくつかの簡単な段階をふんで、変化は不可能であることを「証明」した。ある者について、それが存在しないと語ることは矛盾である。非存在は自己矛盾であり、したがって非存在は存在しえない。非存在が存在しえないなら、変化しうるものはなにもない。なぜなら、物1が物2に変化するのであれば、物1は存在しないのだから！

パルメニデスの弟子ゼノンは、運動は不可能であることを証明し、多くのギリシア人を満足させた。

証明のひとつに、矢について語った有名なものがある。

1　矢が、その大きさのままで、ある場所にあるなら、それは停止している。

2　飛行中のどの瞬間も、矢はその大きさのままで、ある場所にある。

3　したがって、飛行中のどの瞬間も、矢は停止している。

4　矢はつねに停止しているため、運動（ゆえに変化）は不可能であるとわかる。

ゼノンの行ったもうひとつの証明が、アキレスのパラドックスだ。もしもアキレスが、前を走っている自分より足の遅い者——たとえば亀——に追いつこうとするなら、亀がある瞬間にいた位置まで走っていかなくてはならない。しかし、アキレスがそこに到着するまでに、亀はすでに先に進んでいる。それゆえ、アキレスは亀に追いつくことは決してできない。足の速い者が足の遅い者に決して追いつくことができないことから、運動は決して起こらないと演繹できる。

コミュニケーション理論家のロバート・ローガンが書いているように、ギリシア人は、二者択一の論理にある厳密な直線性にとらわれていたのだ[11]。

変化しないあるいは非常に安定した世界にたいするギリシア人のこだわりは、何世紀にもわたりこだましている。人間の行動の原因は、状況的な要因ではなく、その人の変わらない性質にあると西洋人は強く主張する——これは根本的な帰属の誤りである——が、このこだわりは、ギリシアの形而上学にまっすぐ遡ることができる。

根本的な帰属の誤りによって被る害のうち、最も明白な例のひとつに、知性や学業成績にたいするいくつかの重要な影響についての西洋人の理解（誤解）と関係するものがある。

私は小学校五年生のときから算数が苦手になった。両親は、それは予測できたことだと慰めてくれた。ニスベット家に算数が得意な人はこれまでもいなかった、と。私は、言い訳ができてほっとした。しかし今から振り返ると、両親――それに私も――は、単球増加症にかかって二週間学校を休んだ後から算数が苦手になったという事実を見ようとしていなかった、ということがわかる。私は今でもあまり算数が得意でないが、もしも、分数を扱う私の能力には私の性質が影響しているという両親の推測をあのとき受け入れていなかったら、もう少し算数ができていただろうと確信している。

私の両親の説明のしかたを、中国系アメリカ人の猛烈な教育ママの言いそうなことと比べてみよう。「成績表で算数にBをもらって帰ってきたの？　この家の子でいたいなら、これからはAを取ってきなさい！」

中国の百姓の息子が勉学を通じてその土地で最も強い権力をもつ行政官になることが可能になってからの二〇〇〇年間、中国人は、一生懸命勉強をすれば賢くなると信じてきた。孔子は、能力の一部は「天から授かった」ものであるが、大半は努力の賜であると信じていた。

一九六八年に開始されたアメリカの高校三年生を対象とした調査から、中国系の生徒は、白人の生徒たちとIQのスコアではほぼ互角だということがわかった。[12] しかし、中国系の生徒は、SATでは約三分の一標準偏差だけ得点が高かった。SATの得点はIQと相関が非常に高いが、SATの得点はIQのスコアよりも勉強にいっそう影響される。驚くことに、高校を卒業してから数十年後、中国系アメリカ人は、ヨーロッパ系アメリカ人と比べて、専門職や管理職、技術職に就く確率が六二パーセントも高かった。[13] ヨーロッパ系アメリカ人のなかでさえ、能力は修正可能であると考える生徒は、そう考えない生徒よりも学校の成績が良い。[14] さらに、ヨーロッパ系アメリカ人に、賢さの程度は大部分が、どれだけ一生懸命勉強するかによって変わってくると教えると、学校の成績が上がる。努力の重要性を知ることは、とりわけ貧しい黒人やヒスパニックの子どもたちにとって効果が高い。[15]

柔軟性や変化についての考え方が東洋と西洋で異なることは、生活のあらゆる領域で見て取れる。ヨーロッパ文化圏に入る人――特にアメリカ人――は、窃盗や殺人の判決を受けた人に「犯罪者」のレッテルを貼る。アジア人は、そのような固いカテゴリー化は避ける。おそらくはその結果、長期間にわたる禁固がアジアでは比較的少ないのだろう。アメリカの禁固刑の実施率は、香港の五倍、韓国の八倍、日本の一四倍である。

弁証法的推論と賢さ

次の手紙は、人生相談助言コラムニストのアビゲイル・ヴァン・ビューレンあてのもので、多数の新聞に掲載された。ここに記されたような状況から、どのような結果になりそうかを少し考えてほしい。

ディア、アビー

私の夫「ラルフ」には、「ドーン」という妹と「カート」という弟がいます。彼らの両親は六年前に、数か月とおかずに続けて亡くなりました。それ以来、ドーンが年に一回は、両親にお墓を買いたいと言ってきます。私は大賛成ですが、ドーンは大金をかけるつもりでいて、兄弟が費用を負担することを期待しています。最近、墓石代として二〇〇〇ドルを貯めておいたと私に話しました。先日、ドーンから電話があって、一人で先走り、デザインを選び、墓碑銘を書いて、墓石を注文したと言われました。ドーンは、カートとラルフに「彼らの負担分」を返済してもらうことをあてにしています。ドーンの言うには、一人で勝手に注文したのは、ここ何年間も、両親のお墓がないことに罪悪感を抱えていたからだそうです。私は、ドーンが全部一人でやったのだから、兄弟はドーンにお金を払う必要はないと思います。カートとラルフがドーンにお金を払わなければ、ドーンとは縁が切れるでしょうし、私ともそうなるでしょう。どうするべきでしょうか？

思考パターンにおける洋の東西の違いについてもう少し解説してから、このエピソードに戻ることにする。

二〇世紀半ばに活躍した偉大な発達心理学者のジャン・ピアジェが、児童期以降のすべての思考の根本には命題論理学があると主張したことを思い出してほしい。ピアジェはこうした論理学的な規則を「形式的操作」とよび、容器の形が変わっても物質の量が変わらないなど、具体的な現実の事象について子どもがどのように考えるかを記述する「具体的操作」と区別した（細長い容器から背の低い幅広の容器へと砂を入れ替えても砂の量は変わらない）。幼い子どもは論理を使って世の中の出来事を理解していくが、論理を使って抽象的に思考する能力はない、とピアジェは主張した。子どもが思春期に入ると、形式的操作を用いて抽象的な概念について考える段階へと移行する。形式的操作、すなわち命題論理学の規則は、引き出されるものであり、教えられることはできない。形式的操作は、思春期が終わる頃には十分に発達している。その時点を過ぎると、抽象的な規則を用いた考え方は、もはや学習されない。ふつうの大人は誰でも、まったく同一の形式論理学の規則一式を身に付けている。

この話のほとんどが間違いだ。本書で示したように、形式的操作以外にも、統計学的回帰や費用便益分析の概念など、数え切れないほどの抽象的な規則がある。さらに、こうした抽象的な規則は、引き出すことも教えることも可能であり、思春期が過ぎてからもずっと私たちは学習し続ける。ピアジェの理論に対抗する意図も一部はあって、二〇世紀後半、心理学者たちがいわゆる「ポスト形式的操作」を定義し始めた。これはすなわち、主に思春期以降に学習され、一般的には唯一の正しい答えを保証するのではなく、さまざまなもっともらしい答えを引き出すような思考の原則である。むしろ、こうした原則を適用すると、問題にたいする新たな視点や、論理的に見える矛盾や社会の対立に対処する実用的な指針が得られるかもしれない。

ポスト形式的操作主義者、とりわけクラウス・リーゲルやマイケル・バセチスは、この種の思考法を「弁証法論的」と称した[16]。彼らは、弁証法的論法の原則を記述し説明するにあたり、東洋的思考におおいに頼った。これらの原則は、次の五つに分類される。

関係と文脈。弁証法的思考では、関係と文脈に注目すること、対象や現象をより広い全体の一部に位置づけることの重要性、体系の機能のしかたを重点的に理解すること、体系（身体や集団、工場の操業など）内の平衡を大切にすること、問題を多数の視点からとらえる必要性が強調されている。

反形式主義。弁証法的思考は、形式主義は形式と文脈を切り離すとして、形式主義に反対する。私たちは、問題の要素を形式的なモデルに抽象化し、正しい分析にとってきわめて重要となる事実や文脈を無視することによって、誤りを犯す。論理学的な取り組み方を重視しすぎると、曲解や誤りや硬直につながる。

矛盾。ポスト形式的操作主義者は、命題間および体系間での矛盾を特定することと、対立するものの一方を採用しもう一方を拒否することにこだわるのではなく、対立するものが互いに補完し合い、より深い理解につながりうるということを認識することが重要であると説く。

変化。ポスト形式的操作主義的心理学者は、出来事を、静的で一回だけ起こるものではなく、過程における瞬間ととらえることが重要であると主張する。体系間の相互作用が変化の源であるとみなす。

不確実性。ポスト形式的操作主義者は、変化を重視することと、矛盾を肯定すること、大半の文脈に多様な影響が存在すると認識していることもあって、知識の不確実性を認識することに価値を置く。

これらの思考の原則は、西洋人に相容れないわけではない。東洋人と西洋人の違いは、東洋人はこうした原則を基本的なものとみなし、つねに用いているということだ。日常的な問題についてこれらの原則を適用する事例をいくつか見てみよう。

文化、加齢、弁証法的論法

心理学者のイゴール・グロスマン、唐澤真弓、泉里子、ジュンキュン・ナ、マイケル・ヴァーナム、北山忍と私は、数ページ前に紹介したディア・アビーのジレンマなどの問題や、民族間の不協和や自然資源の使用についての意見の不一致などの社会的対立の問題を、アメリカと日本の両国において、さまざまな年齢や社会階級の人々に提示した。[17] 次に何が起こると思うか、それはなぜかと被験者に質問し、弁証法的推論に関連する六つのカテゴリーの観点から回答をコード化した。

1 回答は、規則の厳格な適用を避けているか?
2 回答は、各人の視点を考慮に入れているか?
3 回答は、矛盾する見解の性質に注意を払っているか?
4 回答は、膠着状態ではなく変化の可能性を認識しているか?
5 回答は、ありうる妥協の形態に言及しているか?
6 回答は、独善的な自信ではなく不確実性を表しているか?

調査の結果、日本人の若者と中年は、アメリカ人の若者と中年よりも、人間どうしや社会内での対立に、いっそう弁証法的な形で反応することがわかった。[18] 日本人のほうが、規則の厳格な適用を避ける率が高く、すべての関係者の視点を考慮に入れる率が高く、対立の性質にいっそうの注意を払い、変化と妥協の可能性を認識する率が高かった。自分の出した結論を確実であるとみなす傾向は低かった。

表5に、母親の墓石の費用支払いについてのきょうだい間での対立を描写したディア・アビーのコラムにたいする、弁証法的およびあまり弁証法的ではない取り組み方の回答例を挙げる。ここにある回答はどれもアメリカ人被験者のものだが、日本人の回答もまったくこれらに類似していた——ただ、日本人のほうが弁証法的な回答をする率が高かったというだけだ。

日本人におおむね、弁証法的な回答をする例が多かったのは、彼らがより賢明であることの表れだと私たちは考える。それに、私たちには良い仲間がいた。この問題を、日本人とアメリカ人の回答もあわせて、シカゴ大学に拠点を置くウィズダム・ネットワークのメンバーに見てもらった。このネットワークは、（大半が西洋人の）哲学者、社会心理学者、心理療法士、賢さの性質と人がどのように賢さを身に付けるかに関心をもつ聖職者たちから構成される。ネットワークのメンバーたちは、ディア・アビーのような問題にたいしては弁証法的な回答のほうが賢明であると支持をした。

人は年を取るにつれ、社会的な対立に弁証法的推論を適用する可能性が高くなるという点からして、いっそう賢くなっていくものなのだろうか。アメリカ人はそうだ。二五歳頃から七五歳頃までのアメリカ人は、対人関係や社会的な問題にたいして弁証法的に考える傾向が徐々に強くなっていく[19]。

年齢が高くなるにつれ、より賢明に社会的に対処するようになるというのは理にかなっている。対立の可能性を察知し、回避する方法を学び、実際に対立が起こった場合にはそれを軽減する方策を立てる傾向が強くなると予測されているからだ。

しかし日本人は、こうした点において、いっそう賢くはなっていかない。

アメリカ人は年齢を重ねるにつれ弁証法的になっていき、日本人はそうならないという事実は、次のように説明される。日本人の若者は、日本の社会が社会的な文脈に注意を向けることを重視するため、アメリカ人の若者よりも対立を賢明にとらえられる。彼らは、対立を回避し緩和する方法を明確に教えられている。対立は、西洋よりも東洋において、社会の構造により大きなダメージを与えるからだ。

アメリカ人の若者は、弁証法的な原則や、対立にどう対処するかを教えてもらう機会が少ない。しか

表５　墓石の話にたいする、弁証法的推論を多く用いる回答例とあまり用いない回答例

弁証法的推論があまりない回答	弁証法的推論を多く用いる回答
対立に関わる人々の異なる視点を考慮に入れる	
カートとラルフが、たとえばこれ以上行動を起こさず、墓石のお金を払わなければ、この後に気まずい関係になるだろうと想像できる。それから、妹と兄弟のあいだのコミュニケーションに溝ができるだろう。墓石が全員にとって同じように重要なら、そもそもお金を払うことは問題にはならなかっただろう。	両親をこんなふうに敬うべきだと考える人もいるだろう。特に何も行う必要はないと思う人もいるかもしれない。あるいは、経済的な余裕がなくて何もできない人もいるかもしれない。あるいは、兄弟にとっては重要なことではないだろうというとらえ方もあるだろう。自分にとって重要な状況であっても、他の人は異なる見方をすることはよくあるものだ。
対立が生じる多様な道筋を認識する	
ドーンはおそらく自分一人でお金を払わなくてはならなくなるだろうし、それについて兄弟に文句を言うだろう。兄弟がドーンを助けたかったなら、もうすでにお金を渡していただろうと思うから。決着が着くとは思えない。	いくつかの結果が考えられるだろう。兄弟が妹にお金を返すかもしれないが、そうすると妻が怒る。あるいは、三人全員が怒る場合もあるだろう。あるいは、兄弟がお金を出すのを断り、ドーンがそれを受け入れることもあるかもしれない。あるいは、兄弟のうちひとりだけがお金を出すこともあるかもしれない。
妥協を探る	
兄弟にはたぶんお金がなかったのだろう。お金があれば、もっと早く払っていただろう。それにドーンはそのうちお金に困るはず。兄弟の了承を得ずに自分で事を進めたのなら、お金に困るはずだ。ドーンは自分でお金を払ったのだから、後から兄弟に厳しくあたるのはよくないと思う。自分の責任だ。	おそらくは何らかの妥協に行き着くだろうと思う。カートとラルフが、何がしかの墓石があるのはいいことだ、と考えるなど。ドーンは兄弟の同意なしに墓石を注文したが、兄弟はおそらくいくらかは援助するだろう。たとえ、ドーンが最も望むかたちでなくても。でも、いくらかお金を出してくれるとよいと思う。

しアメリカ人も、人生において多くの対立を経験するにつれ、それを理解し対処するための、以前よりも優れた方法を引き出すようになる。日本人は、毎日の生活を送るなかで対立について用いる原則の種類を増やすのではなく、早くに学んだ概念を当てはめるだけなので、年齢とともに上達してはいかない。さらには、日本人はアメリカ人と比べて、日常生活において対立に遭遇することがとても少ないので、対立に対処するための以前よりも優れた方法を引き出す機会があまりない。

では、論理的思考や弁証法的思考は、一般的に言って優れた思考法なのだろうか？ こんな質問は無意味なものに感じられるかもしれない。どちらの思考法にも長所と短所があることはすでに説明した。論理的な構造を調べることができるまで議論を抽象化することが役に立つ場合もあるが、形式を文脈から切り離すことにこだわるのは間違いである場合もある。矛盾を解消しようとすることが役に立つ場合もあるが、矛盾を認識し、矛盾する思考のどこかに真実がないかどうか、あるいは矛盾を超越して、いずれの側も真であるような地点を見つけることが可能であるかどうかを検討することのほうが、いっそう生産的である場合もある。

しかし私はあえて危険を冒して、論理的思考は科学思想やある種の上手に定義された問題にとってきわめて重要であるという一般化をしてみたい。弁証法的思考はしばしば、毎日の問題、とりわけ人間関係が関わる問題について考える際にいっそう役に立つ。

弁証法的な思考の価値について、東アジア人や高齢者、シカゴ・ウイズダム・ネットワークのメンバーとあなたの意見が一致すると仮定して、自分自身の生活において、もっと弁証法的に考える方法を身に付けることができるだろうか？

そうできると私は思う。しかも、あなたはすでにその手法を身に付けているはずだ。本書で読んだことの多くは弁証法的推論に好意的であり、形式的な分析手順に頼りすぎることについては懐疑的だ。本書ではこれまでに、文脈に注意を払うことの重要性や（そうすることで根本的な帰属の誤りと戦う）、可変性やプロセスや個人のなかでの変化の可能性（面接の錯覚に惑わされにくくする）、対象物や人の属性が他の属性と関連づけられる傾向があるという事実（自己選択の問題への注意を促す）、知識の不確実性（真のスコア、測定の誤り、相関評価の正確性、信頼性、妥当性）を重点的に説いてきた。そして何よりも重要なのが、思い込みは間違いがちであるということだ。

まとめ

西洋と東洋の思考の根底にある根本的な原則には、異なるものがいくつかある。西洋的な思考は分析的で、同一性という論理的概念と無矛盾へのこだわりに重きを置く。東洋的な思考は全体論的で、変化を認識することと矛盾を受け入れることを促す。

西洋的な思考は、議論の妥当性を評価するために、文脈から形式を切り離すことを促す。その結果、西洋人は、東洋人が陥るようないくつかの論理的な誤りを免れる。

東洋的な思考は、世界のいくつかの側面と人間の行動の原因について、西洋的な思考がするよりもさらに正確な信念を生み出す。東洋的な思考は、対象物や人間のふるまいに影響を与える文脈的な要因に注意を向けさせる。それはまた、あらゆる種類のプロセスや個人において変化が起こりうるということについての認識も促す。

西洋人と東洋人は、二つの命題のあいだにある矛盾にたいしてまったく異なる方法で反応する。西洋人はときおり、強い命題だけを前にしているときよりも、それに矛盾する弱い命題とともに提示されたときのほうが、強い命題を実際に信じることが多い。東洋人は、弱い命題だけを前にしているときよりも、それに矛盾する強い命題とともに提示されたときのほうが、弱い命題を実際に信じることがある。

東洋と西洋の歴史にたいする取り組み方は、大きく異なる。東洋の取り組み方では、文脈を重視し、出来事の順序を大切にして出来事のあいだの関係を重視し、歴史的な人物への共感を促す。西洋の取り組み方では、文脈的な要因を軽視する傾向があり、出来事の順序に沿うことにあまり留意せず、歴史プロセスの因果モデルを強調する。

西洋的な思考はこの数十年間、東洋的な思考からおおいに影響を受けている。伝統的な西洋の命題論理学が、弁証法的原則によって補完されつつある。二つの思考の伝統が、互いを批評するための優れた根拠となっている。論理学的思考の長所は、弁証法の欠点に照らすといっそう明らかになり、弁証法的思考の長所は、論理学的思考の限界に照らすといっそう明らかに見えてくる。

日本人の若者による社会的な対立についての推論は、アメリカ人の若者による推論よりも賢明である。しかし、アメリカ人は年を取るにつれより賢くなるが、日本人はそうではない。日本人と、間違いなくその他の東アジア人は、社会的な対立をいかにして避け、解決するかを教え込まれている。アメリカ人はそうしたことをあまり教えられておらず、年齢を重ねるにつれて多くを学んでいく。

第6部　世界を知る

私は昔、二人の若い哲学者、スティーヴン・スティッチとアルヴィン・ゴールドマンを相手に気軽な会話を始めた。認識論に関連する多くの問題点に共通の関心を抱いていることがわかってくると、会話は真剣味を帯びていった。認識論とは、何が知識とみなされるのか、どのようにして最善の方法で知識を得ることができるか、何を確実に知ることができるのかを研究するものだ。私たち三人と、心理学専攻の大学院生ティム・ウィルソンは、長期間にわたる研究会を開始した。

哲学者というものは、およそ二六〇〇年間にわたり存続している知識についての哲学的な疑問のいくつかに、経験にもとづいて取り組むと称される科学が存在するという考えにすっかり取り憑かれている。彼らは、心理学者たちが、スキーマやヒューリスティックなどという、本書で説明したような種類の推論の道具の研究に着手し、科学的な発見のための道具と日常生活の理解との関連性を示し始めたことを知り、興味をかき立てられた。さらに、心理学者たちが、哲学的な疑問のいくつかを科学的に調べる手法を実際に手にしていることを知った。そのうえ、哲学の文献には、問うべき重要な疑問を指し示すという点と、何が知識とみなされうるかという点の両方において、推論についての科学的な取り組みに役に立つ内容がたくさんあることにも気づいた。

ゴールドマンは、知識の理論と認知心理学、科学哲学（科学者の手法や結論についての評価に関わるもの）を融合した新たな分野を「エピステミックス」と名づけた。スティッチは、X^{ϕ}とよばれる活動を開始した。Xは「実験的な」を意味し、ギリシア語のファイの記号は「哲学」を表す。スティッチと多数の教え子たちは、優れた心理学でもあり重要な哲学でもある研究を継続している。ここで取り急ぎ、私たちの誰もが、当初自分たちが思っていたほど独創的ではなかったと言っておこう。多くの哲学者や心理学者が似たような路線で考えていたことがわかったのだ。しかし、その時代の思潮に漂っていたいくつかの重要な思想を具体化する役には立ったと思う。

15章と16章では部分的に、ゴールドマンの定義したエピステミックスを扱う。そこで論じられる研究は、スティッチの打ち立てたX^{ϕ}の実験的な姿勢を反映してもいる。哲学者は、「私たちの直観」について語ることをつねとしている。スティッチと同僚らは、世界の性質や、知識とよびうるもの、道徳的とみなされるものについての直観は、文化間や個人間において非常に多様であるために、「私たちの直観」とよばれるキメラに訴えかけることには意味がない場合が多いということを示した。[1]

15章　KISSで語る

現象を、できうる限り最も単純な仮説を用いて説明することが、優れた原則であると考える。

――クラウディオス・プトレマイオス

より少ないことでもってできることを、より多くのことを用いて行うのは無駄である。

――オッカムのウィリアム

同一の自然の結果にたいしては、できる限り、同一の原因を割り当てなくてはならない。

――アイザック・ニュートン

可能な限りつねに、知られていない存在についての推測ではなく、知られている存在から作り出された解釈を用いること。

――バートランド・ラッセル

何が知識とみなされるか、そして何が説明とみなされるかは、本書で論じる主要な問題のうちの二つである。この二つは、科学哲学者の主な関心事でもある。これらの問題点について彼らが提示する回答においては、科学者の行っていることが記述されるとともに、科学者の仕事が批評される。逆に、伝統的な哲学の問題に取り組むために、科学者——および実験哲学者——の知見を活用する科学哲学者もいる（しかしこのことは、みなさんが想像するよりもっと、哲学者のあいだで論議をよんでいる）。

科学哲学者が取り組む重要な問題の一部には、次のようなものが含まれる。優れた理論とは、何から構成されるのか？　理論は、どれくらい経済的あるいは単純であるべきか？　科学理論は、いつか立証されうるのか、あるいはせいぜい「いまだ誤りが立証されていない」だけなのか？　もしも誤りを立証する方法がなければ、理論は優れたものになりうるのか？　理論にたいする、特定の目的をもった「アドホック」な解決策のどこがいけないのか？　これらの疑問はどれも、科学者の活動に関係するとともに、日常生活における出来事について私たちがもつ理論や信念にも関係する。

KISS

私が大学院生だった頃、非常に複雑な理論を立てがちな教授がいた。検証できるとは思えないほど、あるいは説得力のある方法で立証される可能性があるとは思えないほどの複雑な理論ばかりを。その教授は、「もしも宇宙がプレッツェルの形をしていれば、プレッツェルの形仮説があったほうがよい」と自己弁護していた。私はそれにたいして用心深く独り言をつぶやいた。「プレッツェルの形仮説から始めるなら、宇宙はプレッツェルの形をしているほうがいい。そうでなければ、宇宙がどんな形をしているかは絶対にわからない。まずは直線から始めて、その先に進んでいったほうがいいのに」

複雑さを禁止することは、今ではオッカムの剃刀と称されるようになった。すなわち、理論は簡潔で

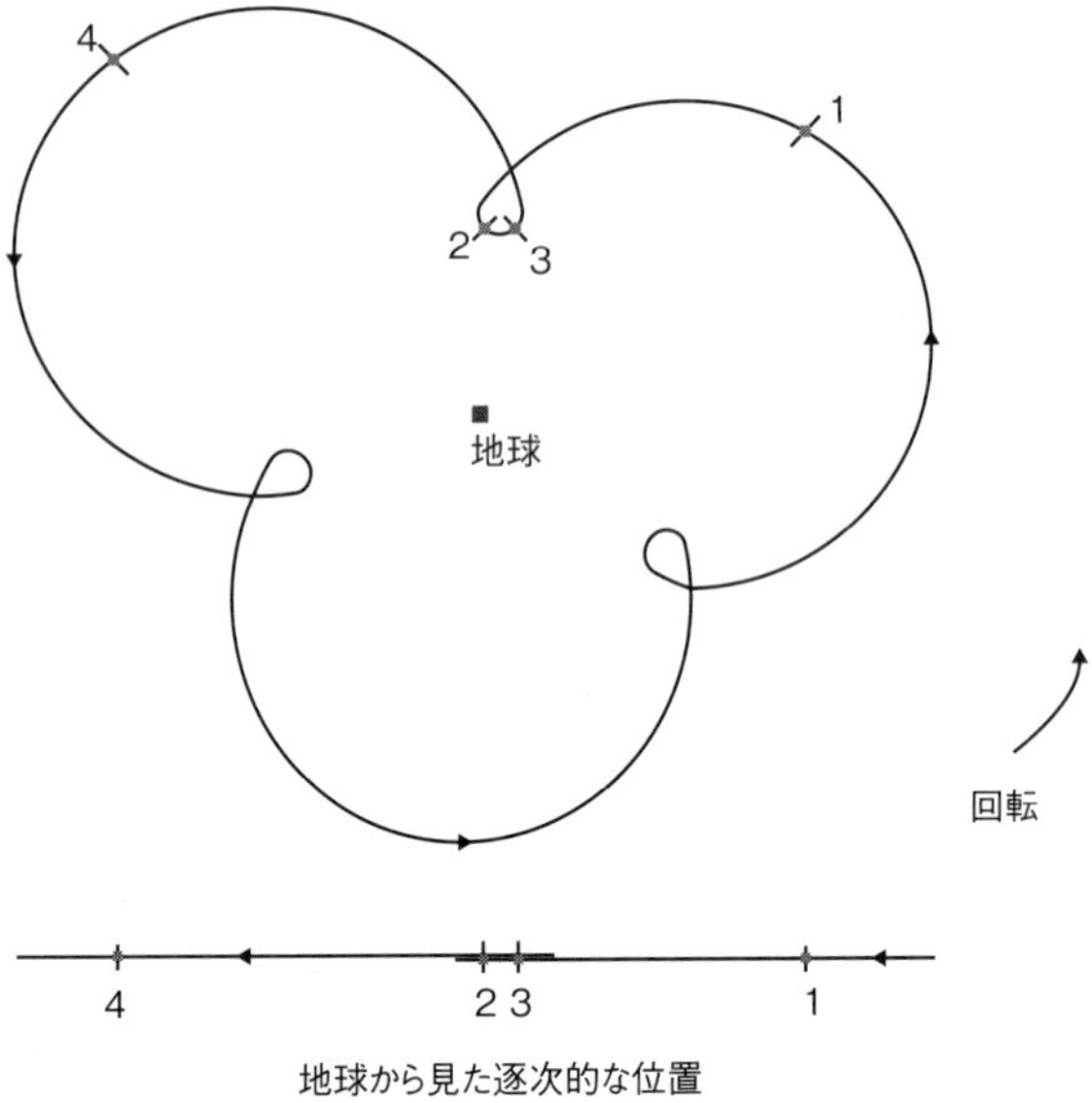

図7　火星と地球の運動を説明するためのプトレマイオスの周転円

あるべきだ——不要な概念はそり落とされなくてはならない、というものだ。科学の領域では、証拠を説明づけることのできる最も簡潔な理論が勝つ。簡単な理論を捨て去るのは、簡単な理論でもってよりもさらに多くの証拠を説明づける、いっそう複雑な理論がある場合だけだ。また、より簡単な理論のほうが好まれるのは、そのほうが検証が容易である傾向があり、いっそう厳密な科学においては、いっそう容易に数学的なモデル化ができるからだ。

　プトレマイオスは、彼自身が言ったとおりにはしなかった。図7に、プトレマイオスが記述した地球の周りを回る火星の軌道を示す。プトレマイオスは、火星の観察された動きに合うように、周転円をいくつも加えた。周転円とは、円の上を転がる円だ。プトレマイオスの時代には、宇宙は、とりわけ円を使った美しい幾何学的原則にのっとって構成されている、という強い思い込みがあった。惑星の運動をモデル化するためにたくさんの円が必要なら、そうしよう、というように。プトレマイオスの理論はデータと完璧に一致する。しかし、こうした軌道をわずかにでももっともらしく説明できるような運動の法則を誰も考えつかなかったことから考えると、この理論には何か根本的に間違ったところがあると人々が気づくまでに非常に長い時間がかかったのは不可解だ。

ＫＩＳＳ――Keep It Simple, Stupid〔シンプルにしておけ、この間抜けが〕――は、たくさんの物事に当てはまる優れたモットーだ。複雑な理論や提案や計画は、混乱を招くことが多い。経験から言うと、包括性と複雑さを捨てて単純さを優先する人は、答えを思いつく可能性が高い。独創性のある問題にたいする答えではなくとも、とにかく何かについての答えを。

手許にあるすべての証拠を説明するには適していないとわかっている場合でさえ、簡単な理論のほうが好まれるべきである。複雑な理論を検証するにはさらに労力が必要であり、検証が袋小路に入り込む可能性がさらに高くなる。

私が研究を始めて間もない頃、肥満の人の摂食行動を調べたことがあった。そうして、彼らの行動は、視床下部腹内側部（ＶＭＨ）に病変のあるラットの行動に似ていることを発見した。脳のその部位に損傷があると、ラットは、つねに空腹であるかのようにふるまい、肥満になるまでたくさん餌を食べた。この類推は有効であるとわかり、肥満の人の摂食行動は、ＶＭＨに病変のあるラットの摂食行動と非常によく似ているということを証明できた。このことは、肥満の人がほとんどの時間、空腹であることを強く示唆していた。そこで私は、彼らは、体重の「設定値《セットポイント》」を大半の人々の値よりも高く設定し、それを守ろうとしているのだと主張した。[1] この主張を支える最も適切な証拠は、減量をしようとしていない肥満の人の摂食行動は、通常の体重の人の摂食行動と同じである一方、減量をしようとしている通常の体重の人の摂食行動は、減量をしようとしている肥満の人の摂食行動と似ているという事実から得られる。[2]

摂食行動と肥満の専門家は、これらの事実は、体重の設定値を守るという単純な仮説では十分に説明できないと私に忠告した。確かにそうだろう。だが、そんなことを忠告してくる人の大半は肥満についてあまり多くを知らず、その一方で肥満についての単純な仮説を探している人々は、肥満について多くを学んでいた。

科学において意味のあることは、ビジネスや他の職業においても意味のあることである可能性が高い。KISSの原則は、大きな成功を収めているいくつかの企業で方針として明示されており、多くのビジネスコンサルタントからも推奨されている。

マッキンゼー・アンド・カンパニーは、同社のビジネスコンサルタントたちに、まずは仮説をできる限りシンプルにし、そうせざるをえない場合にだけ複雑さを受け入れるように指導している。

新興企業に助言する人は、まずはシンプルを心がけるように言う。考えられる最高の製品を作り出すことにこだわるよりも、素早く製品を発売してフィードバックを得る。多様な市場を狙うよりも、早期の利益を最大にすることが可能な市場を狙う。行動を起こす前に、市場や、その他のビジネスについての完璧な知識を求めない。潜在的な投資家に提示するビジネスモデルは、できる限りシンプルにする。

フェイスブック社のモットーにもこうある。「完璧を目指すよりまず終わらせろ」

問題を解決するための過度に複雑な方法は、ときにルーブ・ゴールドバーグ・マシンとよばれる。ゴールドバーグとは、単純な問題を解決するための、こっけいなほど手の込んだ方法を描いた漫画家だ。史上最高のとてつもないルーブ・ゴールドバーグ・マシンを見るには、www.youtube.com/watch?v=qybUFnY7Y8w をクリックしよう。

オッカムの剃刀のなかの、複数の仮説を禁止するという条項は、医者のような実際的な職業についてはすべてがすべて当てはまるわけではない。どの説明とどの説明が拮抗し、どうすれば最もうまく分析できるのかを判断しようとしているときには、仮説がたくさんあるほど好ましい。私は、主治医に、一番もっともらしい仮説だけを検討してほしくはない。主治医には、正しいと思われる確率が十分にあるすべての仮説を追求してほしいし、私の症状を説明するには、二つやそれ以上の仮説が必要だという可能性も捨ててほしくない。しかし、医学的な診断にさえ、いくつかの節約の原理が当てはまる。医学部では学生たちに、複雑で高価な診断法を使う前に、シンプルであまりお金のかからない診断法を使うことと、最もありうる可能性をまず追求することを教えている（「シマウマではなく馬を疑え」）。

還元主義

多くの哲学や科学の議論の中心となるある問題は、還元主義と関わるものだ。この原理は、ぱっと見るとオッカムの剃刀に似ている。還元主義では、一見すると複雑な現象や体系は、部分の和にすぎないと説明される。その説明はときに、さらにふみ込んで、部分そのものは、現象や体系そのものよりも単純な、あるいは下位にある複雑さのレベルにおいて最もよく理解されるとまで言う。この立場では、創発の可能性が否定される。創発では、現象は、より単純でより基本的なレベルにおいてプロセスを引き起こすだけでは説明のつかない存在となって出現する。創発のずば抜けた例が意識だ。意識には、その土台にある肉体的、化学的、電気的な事象のレベルには存在しない（さらに、少なくとも今のところは、そのレベルでは説明しえない）特性がある。

もしも、これらの問題点のどれかを還元主義で実際に切り抜けることができたら、正当に勝利を収めたことになる。しかし、あるレベルにおける現象を研究する人々は必然的に、事象を単なる随伴現象――根底にある事象の次にくる事象で、真の因果的な意義を欠いている――として片づけようとする人と対立するだろう。

一部の科学者は、マクロ経済（経済全体としての総合的なふるまいや意思決定）はミクロ経済（個人の行う選択）によって完全に説明されると考える。ミクロ経済は心理学によって完全に説明されると考える科学者もいる。さらには、心理学的な現象は、生理学的なプロセスによって完全に説明可能である、あるいは、いつか確実に説明されると考える科学者もいる。このつながりはどこまでも続く。生理学的プロセスは細胞生物学によって、細胞生物学は分子生物学によって、分子生物学は化学によって、化学は電磁力の量子論によって、量子論は素粒子物理学によって完全に説明される、というように。もちろん、誰もここまでの還元主義を提唱しているわけではない。だが、少なくとも一部の科学者は、こうした連鎖における、ひとつかそれ以上の個別の還元主義を支持している。

還元主義者の行っている多くの努力は有益だ。節約の原則では、できる限り簡単なレベルで現象を説明し、必要になった場合に限って複雑さを付け加えることが求められる。しかも、たとえ最終的には、根底にあるより単純なプロセスの観点から完全な説明をすることを阻む創発の特性が確かに存在するという結論にたどりつこうとも、階層におけるひとつ下のレベルで物事を説明しようとする努力は有益だ。しかし、ある人にとっての単純化は、別の人にとっての愚かさになる。他の分野の科学者たちは、私の専門分野である心理学の現象は、複雑さがいくらか低いレベルにおける要因の作用に「すぎない」と主張して説明する試みを繰り返している。

心理学的な現象を還元主義で説明したなかで、見当違いで的外れに思われる二つの例を紹介しよう。はっきりと言っておこう。私が心理学者だということをお忘れなく!

十年ほど前、権威ある『サイエンス』誌の新編集長が、新体制においては、脳の写真を掲載していない心理学の論文は受け付けないと宣言した。これには、心理学的な現象はつねに神経細胞のレベルで説明することができる、あるいは少なくとも、心理学的な現象の知識が進歩するためには、その根底にある脳の仕組みを最低限いくらかは理解していることが求められるとする彼の意見が反映されていた。心理学者、さらに言えば神経科学者で、心理学的な現象を純粋に心理学的に説明することは、無益であるか不適切であるとみなされるべき段階にある、という考えを受け入れるような者はほとんどいない。編集長が生理学的還元主義にこだわるのは、良く言っても時期尚早だ。

哲学者のダニエル・デネットが「貪欲な還元主義」と評したものから派生した、はるかに重大な例が、十年あまり前に国立精神衛生研究所(NIMH)が策定した、行動科学における基礎研究への支援を許可しないという方針である。

NIMHは、神経科学と遺伝学の基礎研究の支援は継続している。このことには、精神病は生理学的プロセスから生じるものであり、環境面での出来事や精神的な表象、生物学的なプロセスにわたるループの一部としてではなく、主として生理学的なプロセスの観点から、あるいはその観点からのみ理解されることが可能であるとする、物議をかもしている所長の見解が反映されている。

国立衛生研究所（NIH）が神経科学の基礎研究に年間二五〇億ドルを、遺伝学の基礎研究に一〇〇億ドルを費やしてきたにもかかわらず、どちらの研究からも、精神病の新しい治療法は考案されていない。統合失調症の治療には五〇年間、うつ病の治療には二〇年間、大きな進展はない。[3]

これとは対照的に、行動科学の基礎研究から生まれた精神病の効果的治療法の例は多数あり、精神病とはみなされないふつうの人々の精神衛生状態や人生の満足度を向上させるような、さらに多くの治療介入もある。

その第一の例として、アルコホーリクス・アノニマス（AA）を支える理論が、その創設者の弁によれば、宗教が絶望や無力感を追い払う一助となっているというウィリアム・ジェイムズの説から取り入れられた、という事実を挙げよう。

自殺未遂で入院した人が再度自殺を試みる可能性を評価するための最も優れた診断法が、潜在的連想テストとよばれるものだ。[4] この尺度はもともと、さまざまな対象や現象、人のカテゴリー分類にたいする、暗黙のうちにあり認識されていない態度を評価するために社会心理学者によって考案された。自身についての暗黙の連想が、生よりも死のほうに近い人は、二回目の自殺を試みる可能性が高い。その人の自己報告や、医師の判断、精神医学的なテストには、二回目の試みを予測するにあたり、これほどの効果はない。

恐怖症にたいする最も効果的な治療法は、動物と人間の学習についての基礎的な研究から得られている。

10章で説明したように、心理学的なトラウマにたいする利用できるなかで最高の介入は、社会心理学の基礎研究から得られたものだ。

他にも多数の例を引用できる。

最後になるが、行動科学者以外によって考案された精神衛生のための介入法が無効であることや、実際には有害であることを立証するにあたり、行動科学はきわめて重要な役割を果たし続けている。

自分自身の強みを知る

世界についての仮説を立てることがどれほど容易であるかを、私たちはわかっていない。もしもわかっていれば、立てる仮説の数が少なくなるか、せめて、暫定的にしか保持しないだろう。相関があると知ると、私たちは多数の因果理論を打ち立てて、世界が自分の立てた仮説を立証できないことへの因果的な説明をすぐに見つける。

表面上は自分の仮説を否定するように思われる証拠を、うまく言い訳して退けることがいかに容易であるか、私たちはわかっていない。それに、もしも実際に仮説が間違っている場合に、仮説の誤りを立証することのできる検証法を作り出すことをしていない。これは、一種の確証バイアスである。

科学者は、これらあらゆる間違いを犯す。ときには仮説をあまりにも容易に作り出す。矛盾する証拠をごまかして退けることがいかに容易かをわかっていない場合もある。自分の仮説の誤りを立証できるような手順を探そうとしないこともある。科学におけるとても興味深く重要な議論のいくつかには、制約のない理論化や、見たところ矛盾している証拠をあまりに安易に説明すること、仮説の誤りを証明する機会を利用していないことなどへの非難が関係している。

かつてあるアメリカ人心理学者が、フロイトの抑圧理論を補強できると信じている実験のことを手紙に書き、フロイトに送った。フロイトは返信に、自分の理論を否定する「証拠《エビデンス》」が見つかっても、自分はその実験には取り合わないだろうから、自分の理論を補強できるとされるいかなる実験的な証拠も無視しなくてはならないのだ、と書いた。そうして仲間の精神分析学者たちに向かって、「ganz Amerikanisch」（まったくアメリカ人らしい）と鼻であしらってみせた。

フロイトのいやみは、フロイト自身が、神経学と催眠の疑問を追究するにあたっては、実験に熱心に取り組み、成果を上げていたからこそ奇妙に感じられる。だが、精神分析についてのフロイトの科学哲学は、患者が自分に話した内容を解釈することこそが、真実にいたる王道であるというものだった。こうした解釈に同意しない者は誰でも、嘆かわしい誤りを犯しているにすぎなかった。フロイトはたびたび、無謀にも自分の意見に反対する学生や同僚に、はっきりとそう通告した。

科学者の世界では、たったひとりの個人の判断が証拠とみなされるという主張は受け入れられない。もしも理論に、理論の創設者（またはその弟子）だけがその真偽を判断できるというただし書きが含まれていれば、その時点で、その理論は科学の域外にある。

フロイトの確信と独断性は、認識論という点で不安定な根拠に立っているということを明らかに示している。そして現在では、大部分とまではいかなくても、多数の心理学者と科学哲学者が、たいていの場合フロイトは、そのような不安定な根拠に頼っていたと考えている。

しかしフロイトの研究から、ふつうの科学的な手法によって検証されうる多数の仮説が生まれ、そのうちの一部には強力な裏付けが得られている（アメリカ人以外からも！）。3章で紹介した、無意識は前知覚であるとする概念は、そうした仮説のひとつだ。今では、人は数え切れない刺激を同時に取り込み、意識が参照して検討するのはその一部だけであり、無意識下の刺激が行動に著しく影響する、ということを示す圧倒的な証拠がある。その他の精神分析理論も、研究によってしっかりと裏付けられている。そうした研究には、転移や昇華の概念が含まれる。転移とは、子ども時代に形成された、両親やその他の重要な人にたいする感情が、人生の後の段階で、ほとんど損なわれることなく、他の人へと移っていくというものだ。[5] 昇華とは、怒りや性欲などの自身にとって受け入れられない感情が、芸術的な創作など、脅威的でない活動へと向けられるというものだ。[6]

支持者の操る精神分析理論は、十分な制約に欠いている。フロイトや、その信奉者の多くにとっては、何でもありだ。私が患者は「エディプス・コンプレックス」（自分の母親とセックスをしたいという欲望）をもっていると言えば、いったい誰が、そんなのは嘘っぱちだと言えるだろうか？　しかも、どんな根拠で？　ユダヤ人の母親が言ったとされるように、「母を愛しているのなら、エディプス・コンプレックスの何がいけないの？」

フロイトによる性心理的発達段階理論——口唇期、肛門期、男根期、潜伏期、性器期——には、早期の段階のどこかで発達が遅滞する場合があり、そうなると行動に大きな影響が生じる、という主張も含まれている。排泄物を出してママに与えることができない幼児は、大人になると、けちで強迫神経症になる。フロイトは、こうした仮説を補強するものを診察室の外から見つけ出そうとすることに価値があるとは、決して思わなかっただろう。それに、もしもそうしようとしても、見つけられなかったのではないかと、私はおおいに疑っている。

今日から振り返れば、精神分析学者たちが仮説を導き出した主な手法は、代表性ヒューリスティックを当てはめて、認識された類似性にもとづいて原因と結果を照合させるというものだったのだろう。

精神分析理論家のブルーノ・ベッテルハイムは、おとぎ話のお姫様がカエルを嫌いな理由は、「ねばねば、べとべと」した感覚が、子どもの頃に性器についてもっていた感覚と結びついているからだと推論した。いったい誰が、子どもは自分の性器が嫌いだと言ったのか？（しかも、ねばねば、べとべとだって？まあ……やめておこう）。それなら、お姫様がカエルを嫌いなのは、カエルにあるでこぼこが、いやでたまらない自分のにきびを思わせるからだ、と私が言っても構わないのではないか？あるいは、お姫様が臆病で、カエルが急に動いてびっくりしたからだ、と言ってもよいのでは？

人間の性質についてのフロイトの理解は、一九二〇年代まで、快楽原則という概念が指針となっていた。人生の核心は、身体的な欲求やセックス、怒りの放出を満たすというイドの要求を満足させることにある。夢の内容はたいてい、願望を充足させることと関係する。

だが、願望充足へと向かう動機と、人生の満足を求めるイドの欲求は、第一次世界大戦でトラウマを負った人々の一部が、悲惨な体験を何度も思い返す必要性をおぼえているということによって否定されるように見えた。フロイトはまた、子どもたちが遊びのなかで、愛する者の死を空想することがあると気づくようになった。それまで抑圧されていた痛みを伴う記憶と向き合う患者たちは、執拗に、そして解決策を求めずに、そうした記憶に何度も立ち帰る。さらに、治療者たちは、たびたびマゾヒスト――意図的に痛みを求める人――と遭遇した。

明らかに、こうした人たちはみな、快楽原則に動かされてはいなかった。したがって、快楽原則とは反対の何らかの動因があるはずだ。フロイトはその動因を「死の本能」と名づけた――無生物の状態へと戻ろうとする欲望である。

この仮説において代表性ヒューリスティックの果たす役割が、とてもはっきりと見えてくる。人間の人生における主な目的は快楽の追求であるが、ときにその反対を求めているようにも見える。したがって、個人の死滅へと向かおうとする動因がある。安直で、まったく検証不可能だ。

精神分析学の仮説を生み出すにあたって代表性ヒューリスティックが果たす役割についての私のお気に入りの例は、『アメリカン・ジャーナル・オブ・サイキアトリー』誌に、当時、アメリカ精神医学会の会長を務めていたジュールズ・マサーマンの論文が掲載されたことへの反応だ。論文の主旨は、足の巻き爪は男性らしさへの憧れと子宮内での空想の象徴であるというものだった。ただし、これはジョークのつもりだった。同誌には洞察力を称える意見が殺到し、マサーマンは悔しがった。[7]

精神分析理論よりももっと尊敬に値し、もっとしっかりと裏付けられている理論にも、制約や、確証、反証に関わる問題がある。

進化論からは、生物の特徴のひとつである順応性について、検証可能で確証の得られた（または同じくらい頻繁に反証された）仮説が何千と生み出されている。なぜ、雌が一匹の雄だけに誠実な種もあれば、雌が乱交をする種もあるのか？　おそらくは、相手がたくさんいるほど生殖の可能性が高くなる種もあれば、そうでない種もあるからだろう。実際、これが事実であることが判明している。

なぜ蝶のなかには、色が派手なものがあるのか？　説明：交尾の相手を誘うため。証拠：研究者によって色調を抑えられた雄の蝶は、うまく相手を見つけられない。なぜカバイロイチモンジは、オオカバマダラの外見をほぼ完璧に擬態しなくてはならないのか？　その理由は、オオカバマダラはたいていの脊椎動物にとって有毒であり、それがカバイロイチモンジに有利に働くからだ。動物は、たった一度だけオオカバマダラを食べて病気になりさえすれば、その後は、オオカバマダラに似たどんなものでも避けようとする。

しかし、適応主義者の見方は濫用されがちである。しかもそうするのは、素人の進化論者だけではない。認知科学者や進化論者の双方に人気のある構成概念が、「心的モジュール」というものだ――私たちの能力が世界のいくつかの側面に対処するよう導くように、進化が進んできたという、認知的な構造のことである。心的モジュールは、その他の心的状態やプロセスからは比較的独立しており、学習によるところはほとんどない。心的モジュールの最も明確な例が言語である。今日では、人間の言語を純粋に学習された現象であると説明しようとする者は誰もいない。言語がある程度、あらかじめ配線されていることを示す圧倒的な量の証拠がある。人間の言語は、かなり深いレベルにおいてはどれも似通っており、すべての文化においてほぼ同じ年齢で学習され、脳の特定の領域によって司られる。

しかし、進化論者は、あまりに容易にモジュールを用いた説明をする。行動を目にすると、モジュールを組み立てて仮定する。こうした説明には、はっきりとした制約はひとつもない。精神分析家の行う多くの説明と同じく、容易で制約がないのだ。

進化論による多数の仮定があまりに安易であり、オッカムの剃刀に反していることに加えて、こうした仮定の多くは、現在使うことのできるどのような手段によっても検証されない。私たちには、検証不能な理論に注意を向ける義務はない。だからといって、検証不能な理論を信じることが許されないと言うわけではない。ただ、検証可能な理論と比べると弱いということを認識する必要がある、というだけだ。私は、世界について信じたいどんなことでも信じることができるが、あなたがそれを考慮に入れなくてはならないのは、私が、それを支える証拠や、完璧な論理的起源を提示したときに限られる。

心理学の分野には、あまりに容易な理論化の事例がたくさん見られる。強化学習理論は、ラットが餌をもらうためにレバーを押すなどといった学習された反応の獲得や、「消去」を裏付ける条件について、多くのことを教えてくれた。この理論からは、恐怖症の治療や機械学習の手順など、重要な応用が導かれた。しかし、この流れを汲み、複雑な人間の行動を推定された強化の観点から説明づけようとする理論家たちは、多くの精神分析や進化論の理論家たちと同じ間違いをときに犯す。オスカー少年の学校での成績が良いのは、幼い頃に真面目なふるまいを強化されたから、あるいは、他の人々がオスカーにたいして真面目なふるまいの手本を見せたからである。どうしたらそんなことがわかるのか？　オスカーが今、学校でとても真面目にやっていて、成績がとても良いから。真面目なふるまいに強化されたり、そうしたふるまいをしていれば報いが得られると観察してきたお手本をまねて行動したりといった理由以外で、オスカーがこんなに真面目になることができただろうか？　こうした仮定は単に安易すぎて制約がないだけでなく、循環論法的であり、今ある手法では誤りを立証することができない。

「合理的な選択」を説く経済学者にはときおり、精神分析や進化論や学習理論家たちと同様の、制約の欠如や循環論法が見られる。すべての選択は合理的だ。なぜなら、選択が自身の最大の利益になると考えなければ、その選択をしなかっただろうから。その人はその選択をしたのだから、それが自分の最大の利益であると考えていたということがわかる。人間の選択はつねに合理的であるということに宗教じみたほどこだわる経済学者たちは、さらに一歩進んで、検証不可能でも同語反復的でもあるような主張をする。ノーベル賞を受賞した経済学者のゲイリー・ベッカーは、薬物中毒になることを選んだ人は、その人の人生における主な目的が即席の満足感を得ることであるなら、合理的であるとみなされなくてはならないと主張した。安直、反駁不能、循環論法的だ。もしも薬物中毒が、合理的選択理論を唱える者によって合理的な行動であると「説明」づけられるのなら、その理論は、その人の手中で破綻している。すべての選択が合理的であるとあらかじめわかっているなら、どのような選択についても、合理性について学べることは何もない。

もちろん私の批判は、科学者だけに向けたものではない。罪は私にあり、あなたにもある。日常生活で私たちが思いつく理論の多くには、制約がまったく欠けている。そうした理論は安っぽくて怠惰であり、たとえ検証されるにしても、確証を与えるような証拠を探すことによってしか検証されず、否定的な証拠に遭遇してもあまりに容易に救い出される。

才能ある若い化学者で、そのエネルギーと知性でもって科学の世界で素晴らしいキャリアを積み上げるだろうと確信されていたジュディスは、ソーシャルワーカーになるために化学をやめた。彼女は、成功が怖くなったにちがいない――そんな理論をいくらでもたやすく作り上げ、あまりにたやすく当てはめる。それに、成功への恐れが関係していなかったと、どうしたら確信がもてるのか？

温厚な隣人のビルが、大型小売店舗で子どもに怒りを爆発させた。彼には、私たちがこれまでに見たことのなかった、怒りや残酷さといった性質があったにちがいない――代表性ヒューリスティック、根本的な帰属の誤り、「小数」の法則を信じる気持ちが、互いを幇助して、こんな場当たり的な理論が生まれるのだ。

仮説をいったん立てれば、仮説の反証になりそうな証拠は、とても容易に言い訳をして取り除くことができる。多数の小規模な投資家によって支えられる新興企業は、その企業についての情報がほとんど得られない場合でさえ、必ず大成功を収めるという理論を私が立てた。この理論は、新しく設立されたBamboozl.comにも当てはまる。だから同社は、大成功を収めるはず。Bamboozlは倒産したが、その失敗についてはいくらでも理由を思いつくことができるだろう。経営陣に、私が思っていたほどの才覚がなかった。競争の進展が、予測よりもずっと速かった。

連邦準備制度理事会が「量的緩和」の縮小を発表すれば、株式市場に恐怖心が生じ、株価が下落するだろうと私は考える。連邦準備制度理事会は、量的緩和の削減を発表し、株価が上昇した。その理由は……何とでも言える。

私生活が乱れているジェニファーは絶対に、優れた新聞編集者にはならないだろう。その仕事には、締め切りを守ると同時に、インターネットから入手した情報を巧みに操り、校正者に仕事を割り振り、などといったことが求められる。驚くなかれ、彼女は優れた編集者であると判明した。以前に前任者から受けた指導のおかげで、もともとの無秩序な性分の招く結果から救われたにちがいない。

私は何も、こういった仮説を考えつくべきではないと言っているのではない。仮説は容易に作れることと、それを否定する証拠をたやすく言い訳して取り除くことができることを認識すれば、仮説を信じることに慎重になるはずだと言いたいだけだ。

問題は、私たちが、理論家としての自身の能力に気づいていないということだ。

理論の検証について議論をすれば、どのような種類の理論が誤りであると証明されることができ、どのような種類の証拠がそれに役立つか、という疑問が生まれる。

反証可能性

もしも事実が理論に合わないなら、事実を変えろ。
——アルベルト・アインシュタイン

どういう実験も、理論によって確証が得られるまでは信じるべきではない。
——アーサー・S・エディントン、天体物理学者

「それは経験にもとづいた疑問だ」とは、実際よりもはるかに多くの会話を終わらせるべき発言だ。演繹的推論は論理学の規則に従い、前提が正しければ論駁することのできない結論を生み出す。しかし、大半の知識は、論理学でなく、証拠を集めることによって得られる。哲学者は、経験的な手法によって到達した結論を、「無効にできる推論」の一種であるとみなす。実際には「打倒可能な」推論という意味だ。あなたの仮定をもっともらしく支えるような証拠を探し、その証拠が仮説を実際に支えるなら、あなたは合理的な信念をもっていることになるかもしれない。もしもデータがあなたの仮説を支え

ないなら、仮説を支える他の手段を見つけるべきか、適切なためらいとともにそれにしがみつくべきかのどちらかだ。あるいは、アインシュタインの言ったように、「事実」が間違っていることを示すか。

もしも誰かが理論についての主張をしながら、どのような種類の証拠がそれに不利に働くかがわかっていないなら、その人の主張を特に警戒すべきだ。その人は、イデオロギーや宗教が指し示すことを言っている場合が多い。経験主義的な伝統に沿ってではなく、預言者のように動いているのだ。

反証可能性の原則は現在、科学と称されるものを教える際の基準として、いくつかの国で法律化されている。反証可能でなければ、それは科学ではなく、教えることはできない。このことは本来、天地創造の「科学」教育を排除することを目的としている。典型的な創造論者の主張は、次のようなものだろう。「人間の眼は、進化というこれほどやっかいで手間のかかる過程から生まれるには、あまりに複雑すぎる」。この命題にたいする適切な答えは、「そんなこと誰が言った?」である。こうした主張は、反証可能ではない。

だが、反証可能性が要求されると、私は少しそわそわする。なぜなら、進化論も反証可能であるかどうか、確信がもてないからだ。ダーウィンは、進化論は反証可能だと信じ、このような文を書いていた。「わずかな修正を何度も連続して施したとしても生じる可能性のないような複雑な器官がどんなものでも存在することが実証可能であれば、私の理論は完全に崩壊するだろう。しかし、そのような例は私には見つけられない」

そして、誰もまだ、そうした事例を見つけていない。そもそも、見つけられない。もしも創造論者が、これこれの器官が進化することは不可能だっただろうと言えば、進化論者はこう言うだけでよい。「いいや、進化できた」。あまり説得力はないが、現時点ではそのような主張を経験にもとづいて検証する方法はない。

それにもかかわらず、進化論は、生命の起源についての他のいかなる理論にも勝る。とはいえ、他には二つの理論、すなわち神と、地球外生物による播種しかないが。進化論が勝つのは、それが反証可能であり、なおかつまだ反証されていないからではなく、(a)とてももっともらしく、(b)この理論がなければ無関係に見えるような数千とも数万とも知れない幅広い事実をうまく説明づけ、(c)検証可能な仮説を生み出し、(d)偉大な遺伝学者、テオドシウス・ドブジャンスキーの言ったように「生物学においては何ひとつ、進化論の視点なくしては意味をなさない」からである。

進化論的な仮説と神の仮説は、もちろん両立しないものではない。「神は、奇跡が実現するように神秘的な方法で力を働かせる」。進化は実際のところ、全能の存在が生命を始動させ、私たちの時代にいたるまでずっと存続させるために選んだかもしれない、比較的神秘性の少ない方法のひとつなのだ。ちなみに、ドブジャンスキーは信心深かった。ヒトゲノムプロジェクトのリーダーで、現在は国立衛生研究所の所長を務め、(どう見ても)進化論を信奉しているフランシス・コリンズは、福音主義キリスト教徒だ。コリンズは、自分の進化論についての信念は、神への信仰と同じ種類のものであるというふりは決してしないだろう。神は反証可能ではないと、コリンズは他の誰よりも先に認めるだろう。

ポパーとたわごと

オーストリア出身でイギリスの科学哲学者であり、ロンドン・スクール・オブ・エコノミクスの教授、カール・ポパーは、科学は、推量と、推量の誤りを立証すること、または立証できないことによってのみ前進する、という見解を広めた。ポパーはまた、帰納的推理は信頼できないと主張した。彼の見方によれば、命題が、それが正しいと帰納的に推論されるような証拠によって支えられているからという理由だけでは、私たちは命題を信じない（あるいは、信じるべきではない）。「すべての白鳥は白い」は、白ばかりで他の色は一羽もいないような無数の白鳥を見た映像によって支えられていた。おっと、オーストラリアには黒鳥がいる。仮説とは、否定されることのみ可能なのであって、裏付けられることはできない。

ポパーの勧告は論理的に正しい。どれだけたくさん白い白鳥を目にしても、すべての白鳥が白いという一般化が真である、と立証することはできない。ここには非対称が存在する。経験上の一般化は反駁されうるが、真であると証明されることはできない。なぜなら、そうした一般化はつねに、いつでも例外によって反駁されうる帰納的な証拠に依存しているからだ。

ポパーの主張は正しくはあるが、実際には無益である。私たちは世界のなかで行動しなければならず、誤りを立証することは、私たちの行動を導くための知識を生み出すプロセスのごく小さな部分にすぎない。科学はたいてい、理論を支える事実からの帰納的な推理を通じて前進する。[8] 何か他の理論、または手に入る証拠の観察にもとづいた帰納的な推理、あるいは直感による推論にもとづいた理論をもっている。それから、その理論を検証するための試験を作る。その試験が理論を支えるなら、そのような証拠がない場合と比べて、その理論が正しい可能性が高いと結論づける。試験が理論を支えないなら、理論についての確信が低くなり、他の試験を探すか理論を保留する。

反証は科学において確かに重要だ。事実のなかには、あまりに強力すぎて、それがあるだけでいくつかの仮定をすっかり捨ててしまうようなものもある。クラーレ〔毒矢に使われる植物から採られた毒性の物質。麻酔にも使われる〕を与えられてから手術を施されているチンパンジーが、動きがなく眠っているように見えることから、クラーレが意識を失わせるという仮説が生まれた。クラーレを投与されて手術を受けたひとりめの人が、手術のあいだずっと意識があり、外科医の手さばきを激しい痛みとともに感じていたと、私が思うにおそらくはののしりの言葉とともに述べたときに、この仮説は消え去った。月は生のチーズでできているという仮説は、一九六九年にニール・アームストロングによって打ち砕かれた。

圧倒的な事実をいったん知れば、理論は壊れる（ただし当面のあいだ。多くの理論が打ち砕かれては、修正されて再び立ち上がってきた）。しかし、研究とはたいてい、多かれ少なかれ理論を支えるか否定するかする所見のあいだを、苦労しながら進んでいくようなものである。

科学における輝かしい賞は、誰か他の人の理論を、あるいは自分自身の理論を反証した人に与えられるのではない——研究においてそのような偶発的な効果が生じる場合もあるかもしれないが。そうではなくて、何らかの新しい理論にもとづいて予測を行い、理論を支えるが、理論がなければ説明が困難であるような重要な事実が存在することを実証した科学者にこそ、栄誉は与えられるものである。

科学者のほうが科学哲学者よりも、ポパーの反帰納的な態度を受け入れるであろうと思われがちだ。私の知る人たちは、それはまったくの間違いだと考える。科学は主に帰納によって進展するものだからだ。

ポパーはちなみに、精神分析理論は反証不可能であると批判し、したがって無視してよいと主張した。この点において、ポパーは大きく間違っていた。私は先ほど、精神分析理論の多くの側面は実際に反証可能であり、そのうちのいくつかは確かに反証されたと指摘した。治療の原理についての精神分析理論の主要な主張は、反駁とまではいかなくとも、少なくとも疑わしいということが明らかにされている。埋もれた記憶をほじくり出し、セラピストとともにそれらに取り組むことによって、患者の状態が良くなることを示す十分な証拠はない。しかも、心理療法は、精神分析学的な概念を一切取り入れていない場合のほうがいっそう効果的であることが、実際に明らかになっている。

私は、ある著名な科学哲学者から、ポパーは実際には精神分析理論のことをよく知らなかったという話を聞いた。カフェでの会話で小耳にはさんだこと以外は、何も知らなかったのだ。

事実が理論を支えないなら事実を変えるべきだという、アインシュタインのとんでもない発言はどうだろう。この発言にはいろいろな解釈がありうるが、私が好きな解釈は、たとえ理論と食い違う事実があろうとも、十分な支えのある満足できるような理論を信じ続けることは許されているというものだ。もしも理論が十分に優れていれば、「事実」が最終的に覆されるだろう。ここで、エディントンの気の利いた台詞が座標点となる。事実とされていることを私たちが受け入れるように導くはずのもっともらしい理論がない場合に、事実と称されることを信じるならば、足下があやうくなる。

エディントンのルールを守っていたら、社会心理学という私の専門分野がとんでもない困惑に陥ることはなかっただろう。最も権威ある学術誌が、超感覚的知覚（ＥＳＰ）についてのあまりにも信じがたい主張を掲載したのだ。コンピュータを何度も作動させ、陳述のリストからコンピュータがどの陳述をランダムに選択するかを被験者に予測させた。被験者は、ランダムな推測で到達できるレベルを超えて、コンピュータのふるまいを正確に予測することができたと報告された。したがってこの主張は、事象そのものも予言できない機械が、将来の事象を超常的に予言したということになる。この主張は、ただちに却下するべきだ。こんな理論を支えることのできる証拠はひとつもない。時間をもてあましている数名がこの実験を反復しようと試みたが、成功しなかった。

アドホックとポストホック

表面的には予測を否定するように見える証拠を、私たちが無視することを可能にするような手法はたくさんある。そうした妙案のひとつが、仮説にたいする疑わしいが合法的な解決策に関連するものだ。アドホック仮説とは、理論から直接的に導かれるものではなく、理論を下支えする以外の目的は果たさないような、理論に施された修正である。アドホックとは文字通り、「このため」を意味する（アドホック委員会とは、特定の問題に対処するために設立された小委員会である）。

14章で言及した、アリストテレスが考案した「軽さ」という性質のことを思い出してほしい。これは、対象物にある重力という「性質」が、それを地面へと落下させているという理論に施したアドホック修正である。水中で沈まずに浮かぶ物もあるという事実に対処するために、軽さという性質が仮定された。軽さという概念は、アリストテレスの重力理論にたいする、特殊な目的をもった解決策である。これは、何らかの原則にもとづいて、基本的な理論から導かれたわけではない。この理論自体を、私は「プラシーボ」と命名した〔偽薬《プラシーボ》のように機能するという意味〕。実際には何も説明されない。フランスの戯曲作家モリエールは、登場人物に、睡眠薬の効果は「睡眠効力」によるものだと言わせて、こうした説明のしかたを嘲笑している。

プトレマイオスの周転円は、天体が、当時の人々が運動パターンにとって必要であると仮定していた完璧な円の軌道で地球の周りを回っていないという問題にたいする、アドホックな解決策だった。14章で触れたアインシュタインによる宇宙定数の仮定は、一般相対性理論にたいする特殊な目的をもった解決策だった。宇宙は安定した状態にあるという「事実」を説明づけるためだけに仮定されたのだ。どうしよう、宇宙は安定した状態にはないぞ、それなら……というように。

ある天文学者が、水星がニュートンの理論から要求されるような軌道で太陽の周りを回っていないということを説明づけるために、アドホック理論を考えついた。太陽の重心が、中心点から表面へと移動していると仮定したのだ――惑星のなかでも水星にたいしてだけ。理論を特殊な目的をもった仮説で救おうとした必死の（そして奇をてらった）策だ。

アドホック理論は概して、ポストホック――文字通り「この後」――でもある。すなわち、事前に予測されなかったことを説明するためのデータが手に入った後に考え出したもの、という意味だ。変則的な例が見つかると、ポストホックな説明がとても簡単に頭に浮かぶ。「まあ、ジョーンがスペルテストで絶対に優勝すると言ったけど、テスト当日の朝に、数学のテストの出来が悪くて落ち込むなんてことは予測できなかったからなあ」。「ええ、チャーリーは周囲にたいして鈍感だからマネジャーとしては成功しないだろうと言ったけど、性格を丸くしてくれるような女性と結婚するなんて予想できなかったからね」

大学で仕事をするようになった最初の数年間、私はしょっちゅう、誰それが学部長や学術誌の編集長になるだろうと自信たっぷりに予測を立てていた。予想が外れたとき——当たるのとほぼ同じ確率だった——なぜその予測が間違っていたのかを、すらすらと説明できた。そうすることで、特定の役割で成功を収める要因とは何かについての私の理論を修正する必要が生じずにすんだ。幸い、今では予測を立てるときに以前のような自信は全然もっていないと言える。あるいは少なくとも、予測を誰にも言わないようにしている。そのおかげで、あまり恥をかかずにすんでいる。

ここまでのところ、科学的な研究や理論の確立が、明確な規則に従って仮説を立て、証拠を探し、仮説を受け入れるか切り捨てるというような、型にはまった手順をふむとする素人的な考え方を暗黙のうちに取り入れてきた。次章で見ていくように、良くも悪くも、これは事実とはかけ離れている。

まとめ

説明はシンプルに留めるべきだ。説明には、できる限りシンプルに定義されたできる限り少ない概念が必要とされるべきだ。同一の結果は、同一の原因によって説明されるべきである。

単純さを求めるために還元主義を用いるのは良いことであるが、還元主義のために還元主義を用いるのは悪いことである。事象は、できる限り最も基本的なレベルで説明されるべきだ。残念ながら、ある結果が、因果的な重要性を欠く随伴現象であるのか、あるいは、より単純な事象のあいだの相互作用から出現した現象であり、それらの事象では説明のつかない性質をもった現象であるのかどうかを見分けるために役立つ規則はおそらくない。

私たちは、いかに容易にもっともらしい理論を作り出すことができるのかをわかっていない。とりわけ代表性ヒューリスティックから、そうした説明が豊富に作られる。似ている事象を指し示すことができれば、その事象の因果的な説明ができると思い込みすぎるのだ。仮説は、いったん立てられると、それに値するよりも大きな信頼が置かれる。なぜなら私たちは、ほとんど努力もせず知識もなくとも、多数のさまざまな仮説を作り出すことができるということが自分でもわかっていないからだ。

私たちが仮説を検証するやり方は、理論を反証するような証拠を探すことを怠りながら、理論を裏付けるような証拠だけを探そうとする傾向があるという点において、損なわれている。さらに、理論を反証するように思われる証拠を前にすると、私たちはあまりに上手な言い訳をしてそれを退ける。

どのような種類の証拠が理論を反証するのかを明示できない理論家は、信じるべきではない。反証不可能な理論を信じることはできるが、それは、ただ信じているだけだと認識しよう。

理論が反証可能であることは確かに良いことだが、確証が得られることのほうがさらに重要である。カール・ポパーの意見とは違って、科学——および日常生活の指針となる理論——はたいてい、反証するための証拠を見つけることではなく、理論を支える証拠を生み出すことによって変化していく。

理論に反するように見える証拠を扱うためだけに提案され、理論にとって本質的ではない考えは疑うべきである。理論へのアドホックな処置、およびポストホックな処置は、あまりに容易に生み出すことができ、あまりに明らかに日和見的であることから、疑われるべきである。

16章　現実を現実のままに

今や、物理学において発見されるべき新しいことは何もない。まだすべきことは、いっそう正確に計測することだけである。

——ケルビン卿ウィリアム・トムソン、絶対ゼロ度の正確な値を発見。一九〇〇年に英国科学振興協会で行った講演より

「合理性のない」〔arational　合理性と不合理性の中間を意味する〕（あるいは非合理的または準合理的）な科学の実践は、線形で合理的な教科書的科学の進展と並行して——それに反する場合すらある——行われる。科学者たちはときに、一般的に受け入れられている理論を捨て、手に入る証拠によって十分には支えられていない他の理論に身を捧げる。新しい理論を選び取ることは、最初のうちは論理やデータというよりも、信じるかどうかの問題である。

科学理論を遡ると、ときに、特定の世界観まで行き着くことがある。そうした世界観は、学問分野やイデオロギー、文化のあいだでさまざまに異なる。異なる理論が文字通り対立する場面もある。

科学の合理性のなさという側面は、脱構築主義者やポストモダニストと自称する人々が客観的な真実

という概念を拒絶することの一因となったかもしれない。このような虚無主義《ニヒリズム》から、どのように身を守れるだろうか。「現実」は単なる社会的に構築された虚構《フィクション》であると主張する人に、何が言えるのか？

パラダイムシフト

ケルビン卿が物理学の退屈な未来について発言してから五年後、アインシュタインが特殊相対性理論についての論文を発表した。相対性理論は、アイザック・ニュートンの力学――二世紀にわたり不変だった運動と力を記述する法則――に文字通り取って代わった。アインシュタインの理論は単に、物理学における新しい進展には留まらなかった。新たな物理学の到来を告げたのだ。

アインシュタインの論文が発表されてから五〇年後、哲学者で科学社会学者であるトーマス・クーンが、著書『科学革命の構造』〔中山茂訳／みすず書房〕において、科学はつねに、苦労して理論と格闘し、データを収集し、理論を修正するという積み重ねからなるとは限らないと発言し、科学界を揺さぶった。革命こそが、科学が最も大きく進歩する通例のやり方だというのだ。

古い理論が老朽化して例外が徐々に積み重なったところで、誰かが素晴らしいアイデアを思いつき、それが遅かれ速かれ最後には古い理論を打ち負かす――あるいは少なくとも、関連性や関心度をはるかに低下させる。新しい理論が、古い理論で説明されていた現象のすべてを説明することはふつうなく、当初のうち新たな論点は、よく言っても、あまりおもしろくないデータによって支えられる。新しい理論はしばしば、確立された事実を説明することにはまったく関心がなく、新たな事実を予測することだけを目指している。

クーンの分析が科学者たちを動揺させたのは、ひとつには、科学の進歩という概念に、一見すると不合理的な要素を持ち込んだからだ。科学者たちは、古い理論が不適切であるから、または新しいデータが手に入ったから、古い理論から逃げ出すのではない。むしろ、いくつかの点において古いアイデアよりも満足のいくような新しいアイデアが出現し、それが示唆する科学計画が前よりも胸を躍らせるものであるから、パラダイムシフトが起こるのだ。科学者は、十分に熟していてもぎ取られるのを待っている「低い位置にぶら下がっている果実」――古い理論では説明できない、新しい理論が提示する驚くべき所見――を探し求めている。

新しい理論に取り組んでも、これといってどこにも到達しないこともたびたびある。たとえ、大勢の科学者が後押ししていても。しかし、突如として出現し、一見すると一夜のうちに古い見解に取って代わるような新しいパラダイムもある。

心理学の分野では、新しいパラダイムがとつぜん台頭し、それとほぼ同時に古いパラダイムが捨てられるような、かなり明確な事例がある。

二〇世紀初頭からだいたい一九六〇年代後半までの心理学は、強化学習理論に支配されていた。イワン・パブロフは、特定の恣意的な刺激が、何らかの種類の強化が行われることを合図するものであると動物がいったん学習すれば、その刺激それ自体が強化を行う因子となって、同じ反応を引き起こすということを明らかにした。ベルが鳴ってから肉を与えると、ベルの音によって、肉を目の前にしたときと同じ唾液反応が引き出されるようになったのだ。B・F・スキナーは、ある行動が何らかの好ましい刺激によって強化されると、動物が、強化を欲するときにはいつでも、その行動を行うということを明らかにした。レバーを押すと餌が供給されるなら、ラットはレバーを押すことを学習する。心理学者たちは、パブロフやスキナーの理論から示唆されるさまざまな原理から導かれる仮説を検証するために、何千もの実験を考案した。

学習理論の全盛期、心理学者たちは、人間の行動の多くは、モデル化の結果なされるものであるという結論に到達した。ジェーンが何かを行い、それにたいして「正の強化」を受けるところを私が見る。そこで私は、その強化を受けるために、同じことをするようになる。あるいは、ジェーンが何かをして罰を受けるのを見ると、私はその行動を避けるようになる。「代理強化理論」は明白でありながら、厳密な方法で検証することが難しかった。その例外に、子どもがときに短期間で人をまねることを示した、幼児を対象とする実験がある。人形をぶつと、子どもはそれをまねするだろう。しかし、だからといってこの例が、慢性的に攻撃的な大人が、攻撃的にふるまうことで報酬を得ている人を観察した結果そうなったということを示すものではない。

科学性を重んじる心理学者のあいだでは、あらゆる心理学的な現象を強化理論で解釈することが必須だった。それが動物の行動であっても、人間の行動であっても。証拠を別の方法で解釈する科学者は、無視されるか、もっとひどい目に遭った。

強化理論の弱点は、それが本質的に漸進的であるというところに由来する。明かりがつき、そのすぐ後に衝撃が生じる。動物はゆっくりと、光が衝撃を予告するということを学ぶ。あるいは、レバーを押すと餌が出てくると、動物は徐々に、レバーを押すことが食事券の役割を果たすことを学ぶ。

しかし、動物がほぼ即座に、二つの刺激のつながりを学習するような現象も現れ始めた。たとえば、ブザーの音が鳴った直後に、ラットに必ず電気ショックを与える場合がそうだ。ラットは、ブザーが鳴るといつでも恐怖を示すようになるだろう（たとえば、うずくまったり脱糞したりという行動で表される）。しかし、明かりがついてからブザーが鳴っても衝撃が与えられないと、ラットが見せる恐怖は著しく減るだろう――最初に明かりをつけた、まさにその初回に。二回めには、恐怖をほとんど見せないだろう。このことは、ある種の学習が、ラットとしてはかなり高度な因果的な思考の結果生じたものであると理解するのが最もふさわしい、ということを多くの人に示唆した。[1]

一時の謎が解かれたのと同じ頃、マーティン・セリグマンが、伝統的な学習理論の中核にある教義のひとつ、すなわち、どのような刺激を二つ選んでペアにしても、動物はその二つの関連性を学習するという考え方に、この上なく深刻な打撃を与えた。[2] セリグマンは、恣意性が保証されるという考えはどうしようもなく間違っていることを証明した。8章で、動物が学習する「準備」ができていない関連性は学習されないと述べたことを思い出してほしい。犬は、明かりが左についたときよりも右についたときのほうが、右に進むことを容易に学習することができるが、明かりが下ではなく上についたときには、容易に学習できない。鳩は、明かりがついたときにくちばしでつつかなければ餌が出てくることを学習させようとすると、飢えて死んでしまう。

とても速やかに学習されるような関連性もあれば、学習が不可能であるような関連性もあることを学習理論で説明できないということは、最初のうちは、実際ほどの衝撃ではないように受け止められていた。学習理論の危機は、こうした変則的な事例からではなく、記憶や、視覚や事象の解釈にたいするスキーマの影響、因果的な推論などを始めとする、学習理論とは関連性のないように見える、認知的なプロセスについての研究から忍び寄ってきた。

多くの心理学者が、調べるべき本当におもしろい現象は、学習よりも思考に関係するものであることに気づき始めた。ほぼ一夜にして、何百人もの研究者が心の働きに取り組み始め、学習プロセスの研究は事実上中断された。

学習理論は、誤りが証明されたというよりは、顧みられなくなった。今にして思えば、研究計画が、科学哲学者のイムレ・ラカトシュが「退行性の研究パラダイム」と名づけたもの――もはや興味深い所見をもたらさないもの――になっていったようだった。どんどん狭まっていく対象を、さらにせっせとほじくり返すような。

新しい機会は、認知の分野に訪れた（そして後には認知神経科学の分野に）。わずか数年のうちに、学習理論を研究する者はほぼ誰もいなくなり、認知科学の研究成果を学習理論の観点から解釈したものにありがたくも注意を向けてくれる認知科学者は、ほとんどいなかった。

科学の場合と同様に、技術や産業、商業における大きな変化は、進化よりも革命によって起こることが多い。蒸気機関が発明され、世界の多くの地域で、衣服に使われる主な織物として綿織物が毛織物に取って代わった。汽車が発明され、製造業の地域的な特性がなくなった。工場での大量生産が始まり、遠い昔からの製造手法が終わりを告げた。わずかな期間で、インターネットの発明が……すべてを変えた。

科学におけるパラダイム的変化と技術やビジネス慣習におけるパラダイム的変化のあいだにあるひとつの違いが、技術やビジネスにおいては古いパラダイムがあまり残存しないということだ。認知科学によって、学習理論で得られた知見のすべてが、さらには所見を支える説明のすべてが取って代わられはしなかった。学習理論の枠組みでは生み出されなかったような一連の成果が確立されたのだ。

科学と文化

バートランド・ラッセルはかつて、動物の問題解決行動を研究する科学者は、実験の対象となる動物のなかに、研究者自身の国の国民的な特性を認めると述べた。実際的なアメリカ人や理論志向的なドイツ人は、いったい何が起こっているのか理解するのにとても苦労した。

アメリカ人が研究する動物は、必死になって走り回り、とてつもない精力を示し、ついには偶然、望まれる結果に到達する。ドイツ人が研究する動物は、じっと座って考え、ついには内部の意識から、解決を導き出す。

これは痛いところをついている！　どんな心理学者でも、ラッセルのこの風刺には一抹の真実以上のものがあるとわかるだろう。確かに、認知研究の発展の土台は、西ヨーロッパの人々、とりわけドイツ人によって築かれた、彼らは、学習よりも知覚や思考を主に研究した。アメリカは、認知理論にとってかなりの不毛の地で、もしもヨーロッパ人からせっつかれることがなかったなら、思考についての研究が開始されるのは明らかにもっと後になっていただろう。ヨーロッパ人の打ち立てた社会心理学が、そもそも「行動化」されなかったことは、偶然ではない。

科学者たちは、パラダイムシフトにある合理性のない側面を認識すべきことに加えて、文化的な信念が科学理論に大きな影響を与えうるという事実に直面しなくてはならなかった。

ギリシア人は宇宙が安定していると信じ、アリストテレスからアインシュタインにいたる科学者たちは、この信念を守ることにとらわれていた。対照的に中国人は、世界はつねに変化していると確信していた。中国人は、文脈に注意を向けることから、音響学や磁力や重力を正しく理解するようになった。

ヨーロッパ大陸の社会科学者たちは、アメリカ人社会科学者の信奉する、頑迷な「方法論的個人主義」とよばれるものと、彼らが、より大きな社会構造や時代精神との関わりや、さらにはそれらの存在すらも見抜くことができないことに憤慨して反発をした。社会や組織についての考察における大きな進歩は、主として、アングロ・サクソン系の国よりもヨーロッパ大陸で始まったのだ。

日本人の霊長類学者がチンパンジーの駆け引きの性質が非常に複雑であることを示すまで、西洋の霊長類学者は、二匹のチンパンジーのあいだに見られるふるまいよりも複雑な社会的な交流を観察することができなかった。

好まれる推論の形式でさえ、文化によって異なる。西洋の思考では論理学が基本であり、東洋の思考では弁証法が基本である。この二つの種類の思考法からは、正反対の結果が生じることもある。

科学理論の変革が急速であり、その根拠が不完全であることに加えて、文化が科学的な見解に影響を及ぼすという認識があることを考え合わせると、科学とは、揺るがぬ事実を土台にして、純粋な合理性が作用する企てであるという見方が否定される。こうした歪みが、二〇世紀後半に勢いを増し始めた、まったく反科学主義的な現実へのアプローチへとつながったのかもしれない。

テクストとしての現実

教会から外に出てから我々〔サミュエル・ジョンソンと伝記作家のジェームズ・ボズウェル〕はしばらく、物質が存在せず、宇宙にあるすべてのものは単なる想像上のものであることを証明しようとバークリー主教が行った巧妙な詭弁について話し合った。私〔ボズウェル〕は、主教の信条は正しくないと誰もがわかっているが、反駁することは不可能だと述べた。この時のジョンソンの俊敏な反応を私は決して忘れないだろう。彼は大きな石を力一杯蹴り、跳ね返され、「こうやって反駁するのだ」と答えたのだ。

——ジェームズ・ボズウェル『サミュエル・ジョンソン伝』〔中野好之訳／岩波文庫〕

今日、誰もが、ジョンソンのように、現実が現実であることをたやすく納得できているようには見えない。

1章で、ストライクやボールの概念は、自分がそのように名づけなければ現実ではないと言った審判のことを思い出してほしい。ポストモダニストや脱構築主義者を自称する人の多くは、あの審判の見解を支持するだろう。

ジャック・デリダは「Il n'y a pas de hors-texte.」(テクストの外部は存在しない)と語った。こうした立場に立つ人はときに、あそこに「あそこ」があることすら否定する。「現実」とは単なる構造であり、私たちによる現実の解釈以外には何も存在しない。世界の何らかの側面の解釈が、広く、さらには普遍的に共有されうるというのは、見当違いだ。このような取り決めが示すのは、共有された「社会構造」があるということだけだ。こうした動向において使われるフレーズのうち、私のお気に入りは、事実は存在しない――「真理の体制」のみが存在する、というものだ。

この極端に主観論的な考え方は、一九七〇年代にフランスからアメリカに漂着した。脱構築主義を支える概念は、テクストを解体して、イデオロギー的な知識や、価値、世界についてのすべての推測の根底にある恣意的な視点を、自然についての事実を装う表明も含めて、明らかにすることができるというものだ。

知り合いの人類学者が、私の大学の学生から、他の文化における人の信念や行動の特性についての信頼性の問題を人類学者はどのように扱うのか、という質問を受けた。つまり、人類学者によってときおり解釈が違ったらどうするのか、という意味だ。知り合いはこう答えた。「問題は生じません。私たち人類学者のすることは、見たものを解釈することだから。人によって仮定するものや視点も異なるのだから、異なる解釈をして当然です」

この回答に学生は憤慨した――私も同じだ。科学を行っているなら、合意がすべてである。ある現象が存在するかどうかについて観察者のあいだで合意できないなら、科学的な解釈すら打ち立てられない。そこには混乱しかない。

しかし、私の間違いは、文化人類学者は絶対に自分を科学者とみなしているはずだと考えたところにあった。私が文化心理学の研究を始めた頃、文化人類学者に連絡を取ろうとした。彼らから学びたいと希望し、彼らのほうも、思考や行動に見られる文化的な差異について私が行っている経験主義的な研究に興味があるだろうと予想していた。ところが、自身を文化人類学者と定義する人のほとんどが、私と話したいと思っておらず、私のデータを必要としていないことを知り、驚いた。彼らは、自分たちの解釈よりも私の証拠に「特権を与える」（彼らの用語）つもりはなかったのだ。

信じがたいことに、ポストモダニストのニヒリズムは、文学研究から歴史や社会学にいたる学問分野において大きな進展を遂げた。どれほど大きいか？　物理学の法則は自然についての単なる恣意的な主張にすぎないと思うかと学生にたずねた、という話を知り合いから聞かされた。その学生は「はい」と答えた。「では、飛行機に乗っているとき、古くからあるどのような物理学の法則でも、飛行機を空中に浮かばせておくことができると思うかね？」という問いに、学生は「もちろんです」と返答した。哲学者であり政治学者であるジェームズ・フリンがある主要な大学で学生を対象に調査したところ、大部分の学生が、現代科学は、ひとつの観点にすぎないと考えていることがわかった。[3]このかわいそうな学生たちは、本気でそう考えていたのだ。こう仕向けたのは、人文科学や社会科学の授業の多くで聞かされた類いのことがらだった。こうした分野の教授たちは、個人的に楽しんでいるだけか、もしかすると学生の思考を刺激しようとしていたのだろうと解釈できるかもしれない。だが、次のような、物理学者とポストモダニストの話を聞いてほしい。

一九九六年、ニューヨーク大学の物理学教授、アラン・ソーカルが、『ソーシャル・テキスト』誌に論文を送った。同誌は、ポストモダン色が強く、編集者のなかにはかなり著名な学者もいた。「境界を侵犯する：量子重力の変換解釈学に向けて」と題したソーカルの論文は、このような学術誌が、どれくらいの無意味な論文を真に受けるかを試すものだった。ポストモダンの専門用語がちりばめられた論文には、「その性質が個々の人間から独立する外的世界」は、「西洋の知的展望における長きにわたるポスト啓蒙主義の覇権によって課されたドグマ」であると宣言されていた。科学研究は「本質的に理論を満載し自己言及的」であるために、「反体制的もしくは周縁化されたコミュニティから発せられた反覇権主義的なナラティブという点において、特権を与えられた認識論的な地位を主張することができない」。量子重力は、単なる社会構造であると断言された。

ソーカルの論文は査読なしに受理された。『ソーシャル・テキスト』に自身の論文が掲載された日、ソーカルは『リンガ・フランカ』誌上で、その論文は疑似科学的な悪ふざけであると告白した。『ソーシャル・テキスト』の編集者らは、論文の「パロディという身分が与えられようとも、象徴的なものとしての論文そのものへの我々の関心は大きくは変わらない」と返答した。

ジョージ・オーウェルは、物事にはあまりにばからしくて、知識人しか信じることができないものがあると言った。だが、公平のために言えば、現実は単なるテクストにすぎないと実際に信じている人はいない。たとえ、自分はそう信じていると多くの人が明らかに思っていようとも。あるいはそう思っていたとしても。ポストモダニズムは、徐々に北米の学問世界から姿を消しつつある。フランスではずっと以前に消滅した。私のフランス人の友人の人類学者、ダン・スペルベールは、「ポストモダニズムは、フランス人であることの威信を一度も与えてくれなかった！」と言った。

心底お勧めできないが、もしもポストモダニストと会話する機会があれば、次のことを試してもらいたい。クレジットカードの請求書の金額が、単なる社会的構造にすぎないかどうか質問するのだ。または、社会における権力の差は、単なる解釈の問題であるのか、現実に何らかの根拠があるとみなすか、と質問しよう。

ちなみに、ポストモダニストの関心事から、権力や民族性、ジェンダーに関連する、妥当かつ重要であるように思われるいくつかの研究が生まれたことは認めなくてはならない。たとえば人類学者のアン・ストーラーは、植民地のインドネシアで、誰が「白人」で誰がそうでないかを判断するためにオランダ人が用いた、あやふやでありながらときに愉快な基準について、とても興味深い研究を行っている。アフリカ人の血が「一滴」でも入っている人は誰でも黒人であるとするアメリカ人のルールほど、単純明快なものはない。もちろんこれは、身体的な現実に根拠をわずかにも置かない、社会的な構造だ。ストーラーの研究は、人がどのように世界を分類し、人の動機がどのように世界の理解に影響を与えるかに関心を寄せる歴史学者や人類学者、心理学者の興味をおおいにそそる。

ポストモダニストについて私がとりわけ皮肉に感じることは、彼らが証拠もなしに、現実の解釈はつねにこういうものであると主張していたことだ。しかも、ポストモダニストの見解と比べると表面上はわずかに穏当にではあるが、彼らの論点を支持している心理学者が得た知見のことをまったく知らずに。心理学者の最大の功績のひとつが、運動の知覚から自分自身の心の働きの理解にいたるすべてのものは推測であるとする哲学者の教義を実証したことだ。世界にあるものはどれも、直観が告げるように、直接的あるいは絶対確実に知ることはない。

しかし、すべては推測であるという事実は、どのような推測も等しく擁護できるということを意味しない。もしもポストモダニストと一緒に動物園にいて、大きな鼻と牙をもった大きな動物が象であるというあなたの信念は単なる推測であると言ってのけようとしてきたら、それを許してはならない——先天的な異常をもったネズミであるかもしれないから。

まとめ

科学は、証拠と正当化された理論だけにもとづくのではない——科学者が、信念と直感に動かされて、確立された科学的仮説や合意された事実を顧みない場合もあるだろう。数年前、著作権エージェントのジョン・ブロックマンが多数の科学者と著名人に、証明できないと考えていることがあれば教えてほしいと言った——そしてその回答を本にまとめた。[4] 人が達成した最も重要な仕事は、決して証明することのできない仮説に導かれていたという例が多くある。素人の私たちも、それと同じようにするしか選択肢はない。

多くの科学研究の根底にあるパラダイムや、技術や産業、企業の土台となっているパラダイムは、予告なしに変化する場合が多い。こうした変化は最初のうち、証拠によって「十分に説明されていない」ことがたびたびある。新しいパラダイムはときに古いパラダイムと不安定な結びつきにあり、新しいものが古いものに完全に取って代わることもある。

異なる文化の慣習や信念から、異なる科学理論やパラダイム、さらには推論の形式までもが生まれることがある。同じことが、さまざまなビジネス慣習についても言える。

ポストモダニストや脱構築主義者は、科学者による準合理的な実践や、信念の体系や推論のパターンに及ぶ文化的な影響に促されて、事実というものは一切なく、社会的に合意された現実の解釈というものが存在するだけだという見解を主張してきたのかもしれない。彼らは明らかに、こういう考え方にもとづいた生活を送っていないが、それでも、膨大な量の大学での授業や「研究」活動を、こうしたニヒリズム的な見解を広めることに費やした。こうした教育は、科学的な考え方を否定し、今日よく見られる個人的な偏見のほうを後押ししたのか？

結論　アマチュア科学者の道具

本書では、良い知らせと悪い知らせをお届けした。

悪い知らせは、世界の多くの重要な側面についての私たちの考えはひどく間違っていることが多く、そうした考えを獲得する方法にもしばしば根本的な欠陥があるというものだ。

事実を自発的に認識することによって世界を直接的に知っているという私たちの思い込みを、哲学者は「素朴な現実主義」とよぶ。世界のあらゆる側面についてのあらゆる考えは、観察することのできない心のプロセスを通じて私たちが行う無数の推測にもとづいている。最も単純な対象や事象でさえ、それらを正確に分類するために、私たちはおびただしい数のスキーマやヒューリスティックに頼っている。人間の、さらには物理的な対象物のふるまいがなされるにあたって文脈が果たす役割を、私たちは頻繁に見落とす。自分の判断を促し、自分の行動を導く、社会的な影響の果たす役割のことを忘れがちなのだ。

数え切れないほどの刺激が、私たちの知らないあいだに、さらにときにはそうしたものが存在するとは気づかないうちに、自分の考えや行動に影響を与える。

自分の頭のなかで何が起こっているかを知っているという考えは、まったくの見当違いだ。何かの判断を行ったり何かの問題を解決したりする心のプロセスを正しく特定できたとしても、そうしたプロセスを観察することによってではなく、そうしたプロセスについての理論を当てはめることによってそれを行っている。しかもそうした理論は間違いであることが多い。

私たちはあまりにも、逸話的な証拠の影響を受けすぎる。この問題は、手近な判断に関係する情報が大量にあることがどのような影響を及ぼすかを理解できていないために、いっそう深刻になる。私たちは、あたかも、大数の法則が小数にも当てはまると考えているかのようにふるまう。最も重要な類いの判断、すなわち他の人々の特徴について判断を下すとなると、証拠が不十分かもしれないという可能性が特に目に入らなくなる。

重要性の高い事象のあいだの関係を正確に見きわめることでさえ、私たちはとても苦手としている。関係があると思うと、たとえ実際には関係がなくても、それを見てしまいがちだ。関係がなさそうだと思うと、たとえとても強い関係があっても、それを察知できないことが頻繁にある。

私たちは世界についての理論を思うがまま作り出す。しかも、そうやって容易に理論を作るということが、その理論が正しいということを指し示すものではないということをほとんど理解せずに。私たちはとりわけ因果理論を浪費している。ある結果が与えられると、容易に、ほぼ自動的に、じっくり考えもせずに、その原因についての理論を思いつく。たとえ理論を検証しようと考えても、直観的な科学者としては欠点がある。確証を与えるような証拠だけを探して、理論の信頼性を否定するのに役立つかもしれない、証明力が同じくらいある証拠を探すことをしない。反証となる証拠を目の前に突きつけられると、上手に言い訳してそれを退ける。そして、最初に思いついた理論を守るアドホックな対策をいかに容易にひねり出しているかにも気づいていない。

これらのことから、次の結論にいたる。私たちの考えはたびたびひどく間違っている。世界の特性を正確に記述するような新しい知識を獲得する能力が自分にあると自信過剰になっている。しかも私たちの行動はしばしば、自分の利益や、自分が大切にする人々の利益を増大させることに失敗している。

良い知らせは、悪い知らせの裏面にある。あなたは、本書を読む前からすでに、自分が誤りやすいことを知っていた。あなたは今では、何がそうした欠点を生み出しているのか、そして欠点をどう埋め合わせすべきかについて、はるかに多くのことを知っている。この知識を使って、世界をもっと正しく見て、もっと賢くふるまうようになるだろう。ここで読んだ内容はまた、他の人々——友人や知り合い、さらにはメディアの人間まで——の欠陥のある主張から身を守る武器となる。

あなたはたびたび、ここで学んだ概念や規則を自動的に当てはめるようになるだろう。そうしていると意識すらせずに。時間とともに、ますます正しくそうできるようになっていく。

本書に示した新しい道具を何回か使えば、それを必要とするときに頻繁に使えるようになる。大数の法則と、必要とされる証拠の量についてそれが意味することをこれからも忘れないだろうし、その法則を用いるたびに、今後もそれを使う可能性が増すだろう。しかも使う対象とする出来事の幅もどんどん広がっていく。自分の行動や他人の行動を説明するには、社会的な文脈にもっと注意を払うべきだという戒めをこれからも忘れないだろう。それどころか、何かの状況についての理解が過去よりも深まったことを示すフィードバックをつねに受け取るようになり、そうした強化が行われることによって、今後はこうした考え方をさらに頻繁に用いることになるだろう。これからの人生において、埋没費用や機会費用の概念をつねに身近に置いておくようになるだろう。

したがって、あなたは、本書を読み始めたときよりも、日常生活における優れた科学者となっている。でも私は、あなたが自分の考え方をいかに大きく変えることができるようになるか、という点だけを強調したくはない。私は本書において、原則の大半を頻繁に、原則の多くをつねに破ってきた。私たちのなかにある心理学的な傾向の一部は非常に根が深く、それらは、やっかいな影響を減らすための新しい原則をいくつか学んでも、根絶やしになることはない。だが、こうした傾向の中身と、それと戦う方法について知ることで、傾向を修正し、与えられるダメージを少なくすることができるとわかっている。

あなたはまた、本書を読み始めたときよりも、消費者とメディアの批判者として賢くなっている。最終章の原稿を書いていたときに著名な新聞で私の目に留まった数本の記事と、編集者あての一通の手紙を読んで考えてみよう。

・『ニューヨーク・タイムズ』紙に、大がかりな結婚式を挙げた夫婦は、こぢんまりとした式を挙げた夫婦よりも、結婚生活が長く続き、満足度も高くなると書かれていた。[1] だが、結婚式の招待客をどんどん増やすように友人たちに勧めるべきではない、と断言しよう。大がかりな結婚式を挙げる人は、平均して、年齢が高く裕福で、互いの付き合いが長く、おそらくはこぢんまりした式を挙げる人よりも愛情が深いのだろうということに、あなたが気づいていると願いたい。これらの要因はどれも、結婚生活の幸福と相関がある。結婚式の規模と結婚生活への満足度とのあいだに相関があるという所見からは、学べることはまったくない。

・AP通信は、二〇一一年モデルの自動車の多数を対象とした高速道路における安全性データを発表した。調査結果のひとつに、とりわけスバルのセダン車、レガシーと、トヨタのハイブリッドSUV、ハイランダーの百万台あたりの死亡率が、たとえばシボレーのピックアップトラック、シルバラードとジープのSUV、パトリオットの死亡率よりも大幅に低かったというものがあった。あなたがあの記事を読んでいたなら、自動車のモデル別の死亡率は、走行距離別の死亡率よりも、安全性の尺度としては正確性が低いと考えただろうと願いたい。なぜなら、平均走行距離は明らかに、モデルによって大きく異なるからだ。検討すべきさらに重要な点が、モデル別の典型的なドライバーの特徴だ。パサデナによくいるような小柄な老婦人や、ニューヨーク州のウエストチェスター郡に住むサッカーマムが最も運転しそうなタイプの自動車はどちらだろうか？　無謀な若いテキサスのカウボーイや、甘やかされて育ったカリフォルニアのティーンエイジャーが最も運転しそうな自動車はどちらだろうか？

・二〇一二年、『ウォールストリート・ジャーナル』に、MITの気候科学者らから送られた手紙が掲載された。そこには、一九九八年以降の世界の気温は上昇していないという事実を証拠として引き合いに出し、地球温暖化は最小限に留まっており、どうやら終了しつつあると書かれていた。ある年から翌年にかけての気温の変化についての標準偏差はどういう値になるだろうか、とあなたが考えてみようと思ったと願いたい。実際のところ、その値はとても大きい。さらに、どのようなものでも、部分的にランダムなプロセスの期間は驚くほどに長くにわたる。気温の変化は、多くの現象と同様に、直線的には推移せず、間欠的に動く。実際、二〇一四年は、過去最高に気温の高い年であることがわかった（この手紙を疑うべき理由は他にもいくつかあった。署名者には、遺伝学者や宇宙船設計者、元宇宙飛行士で上院議員とされる人物も含まれており、さまざまな専門家を一人残さず集めたことがうかがわれた。しかも手紙では、気候変動に懐疑的な記事を書いたとして雑誌編集者が解任された出来事と、ルイセンコの遺伝学的な見解に懐疑的だったソ連の科学者が投獄されたり処刑されたりしたことが比較されていた。(冗談じゃない)。

したがって、多くの例において、以前なら受け入れていたかもしれないような、知り合いやメディアの主張を反駁することができるか、少なくともそれらを疑う確固とした理由がもてるようになるだろう。しかし、これまでよりもさらに、与えられた主張を検証するための道具が自分にはない、ということに用心する場面が増えるだろう。「大動脈栓塞症には冠動脈移植術よりもステントのほうが適している」や、「衝突した彗星がもたらしたアミノ酸が地球上の生命の基礎を築いたのかもしれない」や、「アメリカ大陸棚の石油埋蔵量は、サウジアラビアの埋蔵量より多い」のような主張を批評することのできる人はほとんどいない。私たちはみな、ほぼすべての分野において、手にしているほぼすべての情報という観点から見て、せいぜい言ってもアマチュア科学者にすぎない。だからふつうは、他の情報源も参照しなくてはならない。それは、あなたの関心事と関連する分野において専門家と言われている人になるだろう。そういう人を見つけられたとして、ある分野における専門家にたいしては、どのような立場でいるのが適切か?

ここで、専門家の意見にどのように対処すべきかについて、哲学者のバートランド・ラッセルが提示した「ゆるい命題」を紹介しよう。

・専門家のあいだで合意がされている場合、正反対の意見に確信をもつことはできない。
・専門家のあいだで合意がされていない場合、専門家でない者がどのような意見であっても確信をもつことはできない。
・専門家がそろって、肯定的な意見が存在するための十分な根拠がないと言う場合、ふつうの人は判断を保留するのが賢明だろう。

確かにゆるい命題だ。ゆるすぎかもしれない。

何年も前、心理学部で開催された、コンピュータ科学者を名乗る人の講演会に出席した。当時、そうした職業名を使う人はあまりいなかった。講演者は開口一番こう言った。「もしもいつか、コンピュータがどのような国際的なチェスの名人も負かすことができ、どのような人間よりも優れた小説や交響曲を作ることができ、歴史を通じて偉大なる知識人を困惑させてきた世界の性質についての根本的な疑問を解くことができるなら、それは、人間による自分自身のとらえ方にたいして何を意味するだろうか、という問題について論じていきます」

彼の次の発言の後、聴衆がはっきりと息をのむ音が聞こえた。「手始めに、二つのことを明確にしておきたい。第一に、コンピュータがこれらのことをできるかどうか、私にはわからない。第二に、この疑問にたいして意見する権利をもつ人間は、この部屋に私しかいない」

二つめの文が、あの日からずっと頭のなかで鳴り響いている。講演者のこの言葉に衝撃を受けて、私は、人々の――そして私自身の――主張を専門家テストの俎上に載せる習慣がついた。あなたはしょっちゅう、専門家の意見が出されているかもしれない――いや、出されているとわかっている――問題について、人々が確固たる意見を表明するのを耳にする。そういう人には、私が数十年前に講演を聴いたコンピュータ科学者のように、専門的な知識があると主張する権利があるのか？　そういう人は、自分の意見が専門家の意見にもとづいたものだと信じているのか？　そういう人は、専門家のあいだでどれほど幅広い意見があるのか知っているのか？　そういう人は、専門家が存在しているのかどうかも知っているのか？　そういう人は、専門家がいるかどうかを気にかけているのか？

科学者は確かに、専門家がいるかどうかを気にかけている。科学者はしばしば、専門家から受け取った知恵を疑うことで前進していく。私のキャリアがそれを具体的に表している。これまでずっと、専門家は、そしてたいていは研究を始めた頃の私も含めて、間違うことがあるということを発見していくことの連続だった。次に、専門家がまったく間違っていることに私が気づいた多数の事例のうちのいくつかを挙げる。

・肥満の人の多くは、専門家（と私）が考えていたように食べ過ぎているのではなく、脂肪組織の設定値を守っている。
・人は、認知心理学者（私も含む）が考えていたように、自分の心のプロセスの内部へと入り込むことはできない。自分の頭のなかで何が起こっているかを正しくわかっているときには、その判断にどのように到達したか、あるいは特定の問題をどのように解いたかについての正しい理論をたまたまもっていただけだ。しかし、このような理論は間違っていることが多い。
・統計学的推論を研究する人の大半と同じように、私は、統計学的原理を教えても、日常生活における推論には最小限の影響しかないだろうと思い込んでいた。ありがたいことに私は間違っており、本書が書けたのも、ある程度はそれを知ったおかげだ。
・経済学者と強化理論心理学者は、インセンティブ——ふつうは金銭的——は行動を変えさせる最善の方法だとずっと信じていた。しかし、金銭的なインセンティブは有益でないか、それ以下であることが多く、もっとお金がかからず強制的ではない、行動を変えさせる方法がたくさんある。
・一世紀近くのあいだ、知能の専門家は、知能とは本質的にはひとつのもの、すなわち標準的なテストで測定したＩＱであり、それは環境的な要因にほとんど影響されず、黒人と白人のあいだのＩＱの差は一部には遺伝子によるものだという点で合意していた。これらはすべて間違いだ。[2]

私は、これらすべての分野において、専門家の意見と対峙することが可能になる、いくらかの専門的知識をもっている。だが残念なことに、私の専門知識は、研究を行ったことのあるわずかな数の分野に限られる。それ以外のどの分野においても、私はほぼ、ただのアマチュア科学者にすぎない。そして、これは私たち誰にでも言えることだ。では、私たちが何かを知る必要がある分野の専門家を、どのように評価するべきか？

バートランド・ラッセルよりもさらにふみ込んでみよう。専門家のあいだで合意がなされている場合、専門家の意見とは正反対の意見に確信をもつべきではない、だけに留まらない。むしろ、専門家の意見を素直に受け入れないのは賢明ではないように思われる——全体的な合意を疑うに足る何らかの代替的な専門知識を自分がもっていると信じる確固たる根拠がないなら。私たちの無知や、芸能界のセレブがトークショーで話したことのほうが、専門家の知識よりも真実へと導く優れた道しるべであると思うのはばかげている。

もちろん、多数の問題において、専門家の合意がどういうものかを見つけ出すのはとても難しい場合がある。実際に、「バランスを取る」という名目で、メディアはしばしば、合意があるかどうかについて、あなたを混乱させようとやっきになっている。何かの論点について専門家とされる人物に意見を言わせるなら、別の見解をもつもうひとりの「専門家」を連れてくる。ある見解よりもこちらの見解のほうを専門家たちが一致して強く支持していることがはっきりとわかっている場合でも、こうしたバランスを取る行為がしょっちゅうなされている。気候の専門家のあいだでほぼ普遍的に見られる合意は、少なくとも部分的には人間の活動が原因で、気候変動が発生しているというものだ。しかし、FOXニュースの元CEO、ロジャー・エイルズは、こうした見解を表明する人には、合意が正確でないと主張する誰かをぶつけなくてはならないというルールを課したらしい。

だから、動機が政治的な目的であれ、こちらの方がよくあることだが、バランスを取るという見当違いのこだわりであれ、私たちはメディアにたやすくだまされてしまい、専門家の意見には大きな隔たりがあり、したがって、さまざまな立場の意見からどれかを選ぶことが合理的であると思い込んでしまう。だが、私を信じてほしい。どのような風変わりな意見であっても、それを支持する博士号をもった人はいつだっている。進化だって？　ばかばかしい。宇宙人が地球にやってくる？　間違いなかろう。予防接種が自閉症の原因？　絶対そうだ。ビタミンCを大量に投与すると風邪に効く？　その通り。

あるテーマについての専門家の合意がどのようなものかを知ることは、ますます容易になってきている。幸い、健康や教育など、正確な知識をもつことが私たちにとって重要であるような分野では、メイヨー・クリニックやWhat Works Clearinghouseのように、その作業を容易にするような信頼性の高いウェブサイトがある。しかし、インターネットは万能ではない。性差による行動の違いに関わることなら何でも、さらには性差による生物学的な違いのいくつかについては、冷静な目で観察をする必要があると自信をもって言える。

あなたにとって、あるいは社会全体にとって重要な問題についての専門家の意見にたいする疑問にどのように対処すべきかを提言しよう。あなたはどう思うだろうか？

1　その疑問についての専門的な知識というものが存在するかどうかを調べてみよう。占星術についての専門的知識はない。

2　もしも専門的知識というものがあるなら、専門家のあいだで合意がなされているかどうかを調べてみよう。

3　もしも合意があるなら、その合意が確固たるものであると思われるほど、それを受け入れるかどうかのあなたの選択肢は少なくなる。

ウィンストン・チャーチルはこう言った。「民主主義は政治の最悪の形態である。ただし、これまでに試されてきた他のすべての形態を除けば」。専門家は信頼すべき最悪の人たちである。ただし、あなたがその意見に耳を傾ける他のすべての人を除けば。

それに、おぼえておいてほしい。専門家の専門知識という点においては、私が専門家であるということを！

原註

序章

1 Gould, *The Panda's Thumb.*〔スティーヴン・ジェイ・グールド『パンダの親指——進化論再考』桜町翠軒訳／早川書房〕

2 Nisbett, "Hunger, Obesity and the Ventromedial Hypothalamus."

3 Polanyi, *Personal Knowledge.*〔マイケル・ポラニー『個人的知識——脱批判哲学をめざして』長尾史郎訳／ハーベスト社〕

4 Nisbett, *The Geography of Thought.*〔リチャード・E・ニスベット『木を見る西洋人　森を見る東洋人——思考の違いはいかにして生まれるか』村本由紀子訳／ダイヤモンド社〕

5 Lehman et al., "The Effects of Graduate Training on Reasoning"; Lehman, Darrin, and Nisbett, "A Longitudinal Study of the Effects of Undergraduate Education on Reasoning"; Morris and Nisbett, "Tools of the Trade."

6 Larrick, Morgan, and Nisbett, "Teaching the Use of Cost-Benefit Reasoning in Everyday Life"; Larrick, Nisbett, and Morgan, "Who Uses the Cost-Benefit Rules of Choice? Implications for the Normative Status of Microeconomic Theory"; Nisbett et al., "Teaching Reasoning"; Nisbett et al., "Improving Inductive Inference" Kahneman, Slovic, and Tversky, *Judgment Under Uncertainty* に所収；Nisbett et al., "The Use of Statistical Heuristics in Everyday Reasoning."

第1章　すべてのことは推測だ

1 Shepard, *Mind Sights: Original Visual Illusions, Ambiguities, and Other Anomalies.*〔R・N・シェパード『視覚のトリック——だまし絵が語る〈見る〉しくみ』鈴木光太郎、芳賀康朗訳／新曜社〕

2 Higgins, Rholes, and Jones, "Category Accessibility and Impression Formation."

3 Bargh, "Automaticity in Social Psychology."

4 Cesario, Plaks, and Higgins, "Automatic Social Behavior as Motivated Preparation to Interact."

5 Darley and Gross, "A Hypothesis-Confirming Bias in Labeling Effects."

6 Meyer and Schvaneveldt, "Facilitation in Recognizing Pairs of Words: Evidence of a Dependence Between Retrieval Operations."

7 Ross and Ward, "Naive Realism in Everyday Life: Implications for Social Conflict and Misunderstanding."

8 Jung et al., "Female Hurricanes Are Deadlier Than Male Hurricanes."

9 Alter, *Drunk Tank Pink.*〔アダム・オルター『心理学が教える人生のヒント』林田陽子訳／日経BP社〕

10 Berman, Jonides, and Kaplan, "The Cognitive Benefits of Interacting with Nature"; Lichtenfield et al., "Fertile Green: Green Facilitates Creative Performance."; Mehta and Zhu, "Blue or Red? Exploring the Effect of Color on Cognitive Task Performances."

11 Alter, *Drunk Tank Pink.*〔オルター『心理学が教える人生のヒント』〕

12 Berger, Meredith, and Wheeler, "Contextual Priming: Where People Vote Affects How They Vote."

13 Rigdon et al., "Minimal Social Cues in the Dictator Game."

14 Song and Schwarz, "If It's Hard to Read, It's Hard to Do."

15 Lee and Schwarz, "Bidirectionality, Mediation, and Moderation of Metaphorical Effects: The Embodiment of Social Suspicion and Fishy Smells."

16 Alter and Oppenheimer, "Predicting Stock Price Fluctuations Using

Processing Fluency."
17 Danziger, Levav, and Avnaim-Pesso, "Extraneous Factors in Judicial Decisions."
18 Williams and Bargh, "Experiencing Physical Warmth Influences Personal Warmth."
19 Dutton and Aron, "Some Evidence for Heightened Sexual Attraction Under Conditions of High Anxiety."
20 Levin and Gaeth, "Framing of Attribute Information Before and After Consuming the Product."
21 McNeil et al., "On the Elicitation of Preferences for Alternative Therapies."
22 Daniel Kahneman, *Thinking, Fast and Slow.*〔ダニエル・カーネマン『ファスト&スロー――あなたの意思はどのように決まるか?』村井章子訳/早川書房〕
23 Tversky and Kahneman, "Extensional Versus Intuitive Reasoning: The Conjunction Fallacy in Probability Judgment."
24 Tversky and Kahneman, "Judgment Under Uncertainty: Heuristics and Biases."
25 Gilovich, Vallone, and Tversky, "The Hot Hand in Basketball: On the Misperception of Random Sequences."

第2章　状況のもつ力

1 Jones and Harris, "The Attribution of Attitudes."
2 Darley and Latané, "Bystander Intervention in Emergencies: Diffusion of Responsibility."
3 Darley and Batson, "From Jerusalem to Jericho: A Study of Situational and Dispositional Variables in Helping Behavior."
4 Pietromonaco and Nisbett, "Swimming Upstream Against the Fundamental Attribution Error: Subjects' Weak Generalizations from the Darley and Batson Study."
5 Humphrey, "How Work Roles Influence Perception: Structural-Cognitive Processes and Organizational Behavior."
6 Triplett, "The Dynamogenic Factors in Pacemaking and Competition."
7 Brown, Eicher, and Petrie, "The Importance of Peer Group ('Crowd') Affiliation in Adolescence."
8 Kremer and Levy, "Peer Effects and Alcohol Use Among College Students."
9 Prentice and Miller, "Pluralistic Ignorance and Alcohol Use on Campus."
10 Liu et al., "Findings from the 2008 Administration of the College Senior Survey (CSS): National Aggregates."
11 Sanchez-Burks, "Performance in Intercultural Interactions at Work: Cross-Cultural Differences in Responses to Behavioral Mirroring."
12 Goethals and Reckman, "The Perception of Consistency in Attitudes."
13 Goethals, Cooper, and Naficy, "Role of Foreseen, Foreseeable, and Unforeseeable Behavioral Consequences in the Arousal of Cognitive Dissonance."
14 Nisbett et al., "Behavior as Seen by the Actor and as Seen by the Observer."
15 同上。
16 Nisbett, *The Geography of Thought*〔ニスベット『木を見る西洋人 森を見る東洋人』〕; Nisbett et al., "Culture and Systems of Thought: Holistic Vs. Analytic Cognition."
17 Masuda et al., "Placing the Face in Context: Cultural Differences in the Perception of Facial Emotion."

18 Masuda and Nisbett, "Attending Holistically Vs. Analytically: Comparing the Context Sensitivity of Japanese and Americans."

19 Cha and Nam, "A Test of Kelley's Cube Theory of Attribution: A Cross-Cultural Replication of McArthur's Study."

20 Choi and Nisbett, "Situational Salience and Cultural Differences in the Correspondence Bias and in the Actor-Observer Bias."

21 Nisbett, *The Geography of Thought*.〔ニスベット『木を見る西洋人 森を見る東洋人』〕

第3章　合理的な無意識

1 Nisbett and Wilson, "Telling More Than We Can Know: Verbal Reports on Mental Processes."

2 Zajonc, "The Attitudinal Effects of Mere Exposure."

3 Bargh and Pietromonaco, "Automatic Information Processing and Social Perception: The Influence of Trait Information Presented Outside of Conscious Awareness on Impression Formation."

4 Karremans, Stroebe, and Claus, "Beyond Vicary's Fantasies: The Impact of Subliminal Priming and Brand Choice."

5 Chartrand et al., "Nonconscious Goals and Consumer Choice."

6 Berger and Fitzsimons, "Dogs on the Street, Pumas on Your Feet."

7 Buss, *The Murderer Next Door: Why the Mind Is Designed to Kill*.〔デヴィッド・M・バス『殺してやる――止められない本能』荒木文枝訳／柏書房〕

8 Wilson and Schooler, "Thinking Too Much: Introspection Can Reduce the Quality of Preferences and Decisions."

9 Dijksterhuis and Nordgren, "A Theory of Unconscious Thought."

10 ポスターとジャムとアパートの研究について私（と著者ら）が好む解釈に、異論が唱えられている。私は著者らにくみするが、以下の参考文献を参照すれば、代替の選択肢について無意識のうちに考えることで、さらに優れた選択ができるだろうという可能性についての、入手可能な賛否両方の根拠に触れることができるだろう。Aczel et al., "Unconscious Intuition or Conscious Analysis: Critical Questions for the Deliberation-Without-Attention Paradigm"; Calvillo and Penaloza, "Are Complex Decisions Better Left to the Unconscious?"; Dijksterhuis, "Think Different: The Merits of Unconscious Thought in Preference Development and Decision Making"; Dijksterhuis and Nordgren, "A Theory of Unconscious Thought"; A. Dijksterhuis et al., "On Making the Right Choice: The Deliberation-Without-Attention Effect"; Gonzalo et al., " 'Save Angels Perhaps': A Critical Examination of Unconscious Thought Theory and the Deliberation-Without-Attention Effect"; Strick et al., "A Meta-Analysis on Unconscious Thought Effects."

11 Lewicki et al., "Nonconscious Acquisition of Information."

12 Klarreich, "Unheralded Mathematician Bridges the Prime Gap."

13 Ghiselin, ed. *The Creative Process*.

14 Maier, "Reasoning in Humans II: The Solution of a Problem and Its Appearance in Consciousness."

15 Kim, "Naked Self-Interest? Why the Legal Profession Resists Gatekeeping"; O'Brien, Sommers, and Ellsworth, "Ask and What Shall Ye Receive? A Guide for Using and Interpreting What Jurors Tell Us"; Thompson, Fong, and Rosenhan, "Inadmissible Evidence and Juror Verdicts."

第4章　経済学者のように考えるべきか？

1 Dunn, Aknin, and Norton, "Spending Money on Others Promotes Happiness."

2 Borgonovi, "Doing Well by Doing Good. The Relationship Between Formal Volunteering and Self-Reported Health and Happiness."

3 Heckman, "Skill Formation and the Economics of Investing in Disadvantaged Children"; Knudsen et al., "Economic, Neurobiological, and Behavioral Perspectives on Building America's Future Workforce."

4 Sunstein, "The Stunning Triumph of Cost-Benefit Analysis."

5 Appelbaum, "As U.S. Agencies Put More Value on a Life, Businesses Fret."

6 NBC News, "How to Value Life? EPA Devalues Its Estimate."

7 Appelbaum, "As U.S. Agencies Put More Value on a Life, Businesses Fret."

8 Kingsbury, "The Value of a Human Life: $129,000."

9 Desvousges et al., "Measuring Non-Use Damages Using Contingent Valuation: An Experimental Evaluation of Accuracy."

10 Hardin, "The Tragedy of the Commons."

第5章　こぼれたミルクとただのランチ

1 Larrick, Morgan, and Nisbett, "Teaching the Use of Cost-Benefit Reasoning in Everyday Life"; Larrick, Nisbett, and Morgan, "Who Uses the Cost-Benefit Rules of Choice? Implications for the Normative Status of Microeconomic Theory." これらの論文に、この部分を初め、本章で言及されるその他すべての所見が報告されている。

2 Larrick, Nisbett, and Morgan, "Who Uses the Cost-Benefit Rules of Choice? Implications for the Normative Status of Microeconomic Theory."

3 Larrick, Morgan, and Nisbett, "Teaching the Use of Cost-Benefit Reasoning in Everyday Life."

第6章　弱点をつぶす

1 Thaler and Sunstein, *Nudge: Improving Decisions About Health, Wealth, and Happiness.*〔リチャード・セイラー、キャス・サンスティーン『実践行動経済学——健康、富、幸福への聡明な選択』遠藤真美訳／日経ＢＰ社〕

2 Kahneman, Knetch, and Thaler, "Experimental Tests of the Endowment Effect and the Coase Theorem."

3 Kahneman, *Thinking, Fast and Slow.*〔カーネマン『ファスト&スロー』〕

4 Fryer et al., "Enhancing the Efficacy of Teacher Incentives Through Loss Aversion: A Field Experiment."

5 Kahneman, *Thinking, Fast and Slow.*〔カーネマン『ファスト&スロー』〕

6 Samuelson and Zeckhauser, "Status Quo Bias in Decision Making."

7 Thaler and Sunstein, *Nudge: Improving Decisions About Health, Wealth, and Happiness.*〔セイラー、サンスティーン『実践行動経済学』〕

8 同上。

9 Investment Company Institute, "401(K) Plans: A 25-Year Retrospective."

10 Thaler and Sunstein, *Nudge: Improving Decisions About Health, Wealth, and Happiness.*〔セイラー、サンスティーン『実践行動経済学』〕

11 Madrian and Shea, "The Power of Suggestion: Inertia in 401(K) Participation and Savings Behavior."

12 Benartzi and Thaler, "Heuristics and Biases in Retirement Savings Behavior."

13 Iyengar and Lepper, "When Choice Is Demotivating: Can One Desire Too Much of a Good Thing?"

14 Thaler and Sunstein, *Nudge: Improving Decisions About Health, Wealth,*

and Happiness.〔セイラー、サンスティーン『実践行動経済学』〕

15 同上。

16 Schultz et al., "The Constructive, Destructive, and Reconstructive Power of Social Norms."

17 Perkins, Haines, and Rice, "Misperceiving the College Drinking Norm and Related Problems: A Nationwide Study of Exposure to Prevention Information, Perceived Norms and Student Alcohol Misuse"; Prentice and Miller, "Pluralistic Ignorance and Alcohol Use on Campus."

18 Goldstein, Cialdini, and Griskevicius, "A Room with a Viewpoint: Using Social Norms to Motivate Environmental Conservation in Hotels."

19 Lepper, Greene, and Nisbett, "Undermining Children's Intrinsic Interest with Extrinsic Reward: A Test of the Overjustification Hypothesis."

第3部　符号化、計数、相関、因果関係

1 Lehman, Lempert, and Nisbett, "The Effects of Graduate Training on Reasoning: Formal Discipline and Thinking About Everyday Life Events."

第7章　確率とN

1 Kuncel, Hezlett, and Ones, "A Comprehensive Meta-Analysis of the Predictive Validity of the Graduate Record Examinations: Implications for Graduate Student Selection and Performance."

2 Kunda and Nisbett, "The Psychometrics of Everyday Life."

3 Rein and Rainwater, "How Large Is the Welfare Class?"

4 Kahneman, *Thinking, Fast and Slow.*〔カーネマン『ファスト&スロー』〕

第8章　連鎖

1 Smedslund, "The Concept of Correlation in Adults"; Ward and Jenkins, "The Display of Information and the Judgment of Contingency."

2 Zagorsky, "Do You Have to Be Smart to Be Rich? The Impact of IQ on Wealth, Income and Financial Distress."

3 Kuncel, Hezlett, and Ones, "A Comprehensive Meta-Analysis of the Predictive Validity of the Graduate Record Examinations: Implications for Graduate Student Selection and Performance."

4 Schnall et al., "The Relationship Between Religion and Cardiovascular Outcomes and All-Cause Mortality: The Women's Health Initiative Observational Study (Electronic Version)."

5 Arden et al., "Intelligence and Semen Quality Are Positively Correlated."

6 Chapman and Chapman, "Genesis of Popular but Erroneous Diagnostic Observations."

7 同上。

8 Seligman, "On the Generality of the Laws of Learning."

9 Jennings, Amabile, and Ross, "Informal Covariation Assessment: Data-Based Vs. Theory-Based Judgments," Tversky and Kahneman, *Judgment Under Uncertainty* に所収。

10 Valochovic et al., "Examiner Reliability in Dental Radiography."

11 Keel, "How Reliable Are Results from the Semen Analysis?"

12 Lu et al., "Comparison of Three Sperm-Counting Methods for the Determination of Sperm Concentration in Human Semen and Sperm Suspensions."

13　Kunda and Nisbett, "Prediction and the Partial Understanding of the Law of Large Numbers."
14　同上。
15　Fong, Krantz, and Nisbett, "The Effects of Statistical Training on Thinking About Everyday Problems."

第9章　HiPPOは無視しろ

1　Christian, "The A/B Test: Inside the Technology That's Changing the Rules of Business."
2　Carey, "Academic 'Dream Team' Helped Obama's Effort."
3　Moss, "Nudged to the Produce Aisle by a Look in the Mirror."
4　同上。
5　同上。
6　Cialdini, *Influence: How and Why People Agree to Things.*〔ロバート・B・チャルディーニ『影響力の武器――なぜ、人は動かされるのか』社会行動研究会訳／誠信書房〕
7　Silver, *The Signal and the Noise.*〔ネイト・シルバー『シグナル&ノイズ――天才データアナリストの「予測学」』川添節子訳／日経BP社〕

第10章　自然な実験と適切な実験

1　たとえばMcDade et al., "Early Origins of Inflammation: Microbial Exposures in Infancy Predict Lower Levels of C-Reactive Protein in Adulthood"を参照。
2　Bisgaard et al., "Reduced Diversity of the Intestinal Microbiota During Infancy Is Associated with Increased Risk of Allergic Disease at School Age."
3　Olszak et al., "Microbial Exposure During Early Life Has Persistent Effects on Natural Killer T Cell Function."
4　Slomski, "Prophylactic Probiotic May Prevent Colic in Newborns."
5　Balistreri, "Does Childhood Antibiotic Use Cause IBD?"
6　同上。
7　同上。
8　Hamre and Pianta, "Can Instructional and Emotional Support in the First-Grade Classroom Make a Difference for Children at Risk of School Failure?"
9　Kuo and Sullivan, "Aggression and Violence in the Inner City: Effects of Environment via Mental Fatigue."
10　Nisbett, *Intelligence and How to Get It. Why Schools and Cultures Count.*〔ニスベット『頭のでき――決めるのは遺伝か、環境か』水谷淳訳／ダイヤモンド社〕
11　Deming, "Early Childhood Intervention and Life-Cycle Skill Development."
12　Magnuson, Ruhm, and Waldfogel, "How Much Is Too Much? The Influence of Preschool Centers on Children's Social and Cognitive Development."
13　Roberts et al., "Multiple Session Early Psychological Interventions for Prevention of Post-Traumatic Disorder."
14　Wilson, *Redirect: The Surprising New Science of Psychological Change.*
15　Pennebaker, "Putting Stress into Words: Health, Linguistic and Therapeutic Implications."
16　Wilson, *Redirect: The Surprising New Science of Psychological Change.*
17　同上。
18　同上。
19　Prentice and Miller, "Pluralistic Ignorance and Alcohol Use on Campus."

第11章　経済学

1 Cheney, "National Center on Education and the Economy: New Commission on the Skills of the American Workforce."

2 Heraty, Morley, and McCarthy, "Vocational Education and Training in the Republic of Ireland: Institutional Reform and Policy Developments Since the 1960s."

3 Hanushek, "The Economics of Schooling: Production and Efficiency in Public Schools"; Hoxby, "The Effects of Class Size on Student Achievement: New Evidence from Population Variation"; Jencks et al., *Inequality: A Reassessment of the Effects of Family and Schooling in America*.

4 Krueger, "Experimental Estimates of Education Production Functions."

5 Shin and Chung, "Class Size and Student Achievement in the United States: A Meta-Analysis."

6 Samieri et al., "Olive Oil Consumption, Plasma Oleic Acid, and Stroke Incidence."

7 Fong et al., "Correction of Visual Impairment by Cataract Surgery and Improved Survival in Older Persons."

8 Samieri et al., "Olive Oil Consumption, Plasma Oleic Acid, and Stroke Incidence."

9 Humphrey and Chan, "Postmenopausal Hormone Replacement Therapy and the Primary Prevention of Cardiovascular Disease."

10 Klein, "Vitamin E and the Risk of Prostate Cancer."

11 Offit, *Do You Believe in Magic? The Sense and Nonsense of Alternative Medicine*.〔ポール・オフィット『代替医療の光と闇――魔法を信じるかい?』ナカイサヤカ訳／地人書館〕

12 同上。

13 Lowry, "Caught in a Revolving Door of Unemployment."

14 Kahn, "Our Long-Term Unemployment Challenge (in Charts)."

15 Bertrand and Mullainathan, "Are Emily and Greg More Employable Than Lakisha and Jamal? A Field Experiment on Labor Market Discrimination."

16 Fryer Levitt, "The Causes and Consequences of Distinctively Black Names."

17 同上。

18 同上。

19 同上。

20 Milkman, Akinola, and Chugh, "Temporal Distance and Discrimination: An Audit Study in Academia." データの付加的な分析がミルクマンによって提示されている。

21 Levitt and Dubner, *Freakonomics*.〔スティーヴン・D・レヴィット、スティーヴン・J・ダブナー『ヤバい経済学――悪ガキ教授が世の裏側を探検する』望月衛訳／東洋経済新報社〕

22 同上。

23 同上。

24 私は、Nisbett, *Intelligence and How to Get It*〔ニスベット『頭のでき』〕およびNisbett et al., "Intelligence: New Findings and Theoretical Developments." において、知能にたいする環境の重要性についての証拠を論じている。

25 Munk, *The Idealist*.

26 同上。

27 Mullainathan and Shafir, *Scarcity: Why Having Too Little Means So Much*.〔センディル・ムッライナタン、エルダー・シャフィール『いつも「時間がない」あなたに――欠乏の行動経済学』大田直子訳／早川書房〕

28 Chetty, Friedman, and Rockoff, "Measuring the Impacts of Teachers II: Teacher Value-Added and Student Outcomes in Adulthood."

29 Fryer, "Financial Incentives and Student Achievement: Evidence from Randomized Trials."

30 Fryer et al., "Enhancing the Efficacy of Teacher Incentives Through Loss Aversion: A Field Experiment."

31 Kalev, Dobbin, and Kelley, "Best Practices or Best Guesses? Assessing the Efficacy of Corporate Affirmative Action and Diversity Policies."

32 Ayres, "Fair Driving: Gender and Race Discrimination in Retail Car Negotiations."

33 Zebrowitz, *Reading Faces: Window to the Soul?*〔レズリー・A・ゼブロウィッツ『顔を読む――顔学への招待』羽田節子、中尾ゆかり訳/大修館書店〕

第12章　質問するな、答えられないから

1 Strack, Martin, and Stepper, "Inhibiting and Facilitating Conditions of the Human Smile: A Nonobtrusive Test of the Facial Feedback Hypothesis."

2 Caspi and Elder, "Life Satisfaction in Old Age: Linking Social Psychology and History."

3 Schwarz and Clore, "Mood, Misattribution, and Judgments of Well-Being: Informative and Directive Functions of Affective States."

4 Schwarz, Strack, and Mai, "Assimilation-Contrast Effects in Part-Whole Question Sequences: A Conversational Logic Analysis."

5 Asch, "Studies in the Principles of Judgments and Attitudes."

6 Ellsworth and Ross, "Public Opinion and Capital Punishment: A Close Examination of the Views of Abolitionists and Retentionists."

7 Saad, "U.S. Abortion Attitudes Closely Divided."

8 同上。

9 Weiss and Brown, "Self-Insight Error in the Explanation of Mood."

10 Peng, Nisbett, and Wong, "Validity Problems Comparing Values Across Cultures and Possible Solutions."

11 Schmitt et al., "The Geographic Distribution of Big Five Personality Traits: Patterns and Profiles of Human Self-Description Across 56 Nations."

12 Heine et al., "What's Wrong with Cross-Cultural Comparisons of Subjective Likert Scales?: The Reference Group Effect."

13 Naumann and John, "Are Asian Americans Lower in Conscientiousness and Openness?"

14 College Board, "Student Descriptive Questionnaire."

15 Heine and Lehman, "The Cultural Construction of Self-Enhancement: An Examination of Group-Serving Biases."

16 Heine, *Cultural Psychology*.

17 Straub, "Mind the Gap: On the Appropriate Use of Focus Groups and Usability Testing in Planning and Evaluating Interfaces."

第13章　論理学

1 Morris and Nisbett, "Tools of the Trade: Deductive Reasoning Schemas Taught in Psychology and Philosophy"; Nisbett, *Rules for Reasoning*.

2 Cheng and Holyoak, "Pragmatic Reasoning Schemas"; Cheng et al., "Pragmatic Versus Syntactic Approaches to Training Deductive Reasoning."

3 Cheng and Holyoak, "Pragmatic Reasoning Schemes"; Cheng et al., "Pragmatic Versus Syntactic Approaches to Training Deductive Reasoning."

4 Lehman and Nisbett, "A Longitudinal Study of the Effects of Undergraduate Education on Reasoning."
5 同上。

第14章　弁証法的推論

1 Graham, *Later Mohist Logic, Ethics, and Science.*
2 同上。
3 Chan, "The Story of Chinese Philosophy"; Disheng, "China's Traditional Mode of Thought and Science: A Critique of the Theory That China's Traditional Thought Was Primitive Thought."
4 Peng, "Naive Dialecticism and Its Effects on Reasoning and Judgment About Contradiction"; Peng and Nisbett, "Culture, Dialectics, and Reasoning About Contradiction"; Peng, Spencer-Rodgers, and Nian, "Naive Dialecticism and the Tao of Chinese Thought."
5 Ji, Su, and Nisbett, "Culture, Change and Prediction."
6 Ji, Zhang, and Guo, "To Buy or to Sell: Cultural Differences in Stock Market Decisions Based on Stock Price Trends."
7 Peng and Nisbett, "Culture, Dialectics, and Reasoning About Contradiction."
8 Ara Norenzayan et al., "Cultural Preferences for Formal Versus Intuitive Reasoning."
9 Norenzayan and Kim, "A Cross-Cultural Comparison of Regulatory Focus and Its Effect on the Logical Consistency of Beliefs."
10 Watanabe, "Styles of Reasoning in Japan and the United States: Logic of Education in Two Cultures."
11 Logan, *The Alphabet Effect.*
12 Flynn, *Asian Americans: Achievement Beyond IQ.*
13 同上。
14 Dweck, *Mindset: The New Psychology of Success.*〔キャロル・S・ドゥエック『マインドセット——「やればできる！」の研究』今西康子訳／草思社〕
15 Aronson, Fried, and Good, "Reducing Stereotype Threat and Boosting Academic Achievement of African-American Students: The Role of Conceptions of Intelligence."
16 Basseches, "Dialectical Schemata: A Framework for the Empirical Study of the Development of Dialectical Thinking"; Basseches, *Dialectical Thinking and Adult Development*; Riegel, "Dialectical Operations: The Final Period of Cognitive Development."
17 Grossmann et al., "Aging and Wisdom: Culture Matters"; Grossmann et al., "Reasoning About Social Conflicts Improves into Old Age."
18 Grossmann et al., "Aging and Wisdom: Culture Matters."
19 Grossmann et al., "Reasoning About Social Conflicts Improves into Old Age."

第6部　世界を知る

1 Stich, ed. *Collected Papers: Knowledge, Rationality, and Morality, 1978–2010.*

第15章　KISSで語る

1 Nisbett, "Hunger, Obesity and the Ventromedial Hypothalamus."
2 Herman and Mack, "Restrained and Unrestrained Eating."
3 Akil et al., "The Future of Psychiatric Research: Genomes and Neural Circuits."
4 Nock et al., "Measuring the Suicidal Mind: Implicit Cognition Predicts Suicidal Behavior."
5 Kraus and Chen, "Striving to Be Known by Significant Others:

Automatic Activation of Self-Verification Goals in Relationship Contexts"; Andersen, Glassman, and Chen, "Transference Is Social Perception: The Role of Chronic Accessibility in Significant-Other Representations."

6 Cohen, Kim, and Hudson, "Religion, the Forbidden, and Sublimation"; Hudson and Cohen, "Taboo Desires, Creativity, and Career Choice."

7 Samuel, *Shrink: A Cultural History of Psychoanalysis in America.*

8 Lakatos, *The Methodology of Scientific Research Programmes: Philosophical Papers* Volume 1.〔イムレ・ラカトシュ『方法の擁護——科学的研究プログラムの方法論』村上陽一郎ほか共訳／新曜社〕

第16章　現実を現実のままに

1 Holyoak, Koh, and Nisbett, "A Theory of Conditioning: Inductive Learning Within Rule-Based Default Hierarchies"; Kamin, "'Attention-Like' Processes in Classical Conditioning."

2 Seligman, "On the Generality of the Laws of Learning."

3 Flynn, *How to Improve Your Mind: Twenty Keys to Unlock the Modern World.*

4 Brockman, *What We Believe but Cannot Prove.*

結論　アマチュア科学者の道具

1 Parker-Pope, "The Decisive Marriage."

2 Nisbett, *Intelligence and How to Get It: Why Schools and Cultures Count.*〔ニスベット『頭のでき』〕

参考文献

Aczel, B., B. Lukacs, J. Komlos, and M.R.F. Aitken. "Unconscious Intuition or Conscious Analysis: Critical Questions for the Deliberation-Without-Attention Paradigm." *Judgment and Decision Making* 6 (2011): 351–58.

Akil, Huda, et al. "The Future of Psychiatric Research: Genomes and Neural Circuits." *Science* 327 (2010): 1580–81.

AlDabal, Laila, and Ahmed S. BaHammam. "Metabolic, Endocrine, and Immune Consequences of Sleep Deprivation." *Open Respiratory Medicine Journal* 5 (2011): 31–43.

Alter, Adam. *Drunk Tank Pink*. New York: Penguin Group, 2013.〔アダム・オルター『心理学が教える人生のヒント』林田陽子訳／日経ＢＰ社〕

Alter, Adam, and Daniel M. Oppenheimer. "Predicting Stock Price Fluctuations Using Processing Fluency." *Proceedings of the National Academy of Science* 103 (2006): 9369–72.

Andersen, Susan M., Noah S. Glassman, and Serena Chen. "Transference Is Social Perception: The Role of Chronic Accessibility in Significant-Other Representations." *Journal of Personality and Social Psychology* 69 (1995): 41–57.

Appelbaum, Binyamin. "As U.S. Agencies Put More Value on a Life, Businesses Fret." *The New York Times* (2011). ２０１１年2月16日に電子版にて発表 http://www.nytimes.com/2011/02/17/business/economy/17regulation.html?pagewanted=all&_r=0.

Arden, Rosalind, L. S. Gottfredson, G. Miller, and A. Pierce. "Intelligence and Semen Quality Are Positively Correlated." *Intelligence* 37 (2008): 277-82.

Aronson, Joshua, Carrie B. Fried, and Catherine Good. "Reducing Stereotype Threat and Boosting Academic Achievement of African-American Students: The Role of Conceptions of Intelligence." *Journal of Experimental Social Psychology* 38 (2002): 113–25.

Asch, S. E. "Studies in the Principles of Judgments and Attitudes: II. Determination of Judgments by Group and by Ego Standards." *Journal of Social Psychology* 12 (1940): 584–88.

Aschbacher, K., et al. "Combination of Caregiving Stress and Hormone Therapy Is Associated with Prolonged Platelet Activation to Acute Stress Among Postmenopausal Women." *Psychosomatic Medicine* 69 (2008): 910–17.

Ayres, Ian. "Fair Driving: Gender and Race Discrimination in Retail Car Negotiations." *Harvard Review* 104 (1991): 817–72.

Balistreri, William F. "Does Childhood Antibiotic Use Cause IBD?" *Medscape Today* (January 2013). http://www.medscape.com/viewarticle/777412.

Bargh, John A. "Automaticity in Social Psychology." *Social Psychology: Handbook of Basic Principles*, E. T. Higgins および A.W. Kruglanski 編, 1–40. New York: Guilford, 1996 に所収。

Bargh, John A., and Paula Pietromonaco. "Automatic Information Processing and Social Perception: The Influence of Trait Information Presented Outside of Conscious Awareness on Impression Formation." *Journal of Personality and Social Psychology* 43 (1982): 437–49.

Basseches, Michael. "Dialectical Schemata: A Framework for the Empirical Study of the Development of Dialectical Thinking." *Human Development* 23 (1980): 400–21.

———. *Dialectical Thinking and Adult Development*. Norwood, NJ: Ablex,

1984.
Beccuti, Guglielmo, and Silvana Pannain. “Sleep and Obesity.” *Current Open Clinical Nutrition and Metabolic Care* 14 (2011): 402–12.
Benartzi, Shlomo, and Richard H. Thaler. “Heuristics and Biases in Retirement Savings Behavior.” *Journal of Economic Perspectives* 21 (2007): 81–104.
Berger, Jonah, and Gráinne M. Fitzsimons. “Dogs on the Street, Pumas on Your Feet.” *Journal of Marketing Research* 45 (2008): 1–14.
Berger, Jonah, M. Meredith, and S. C. Wheeler. “Contextual Priming: Where People Vote Affects How They Vote.” *Proceedings of the National Academy of Science* 105 (2008): 8846–49.
Berman, M. G., J. Jonides, and S. Kaplan. “The Cognitive Benefits of Interacting with Nature.” *Psychological Science* 19 (2008): 1207–12.
Bertrand, Marianne, and Sendhil Mallainathan. “Are Emily and Greg More Employable Than Lakisha and Jamal? A Field Experiment on Labor Market Discrimination.” National Bureau of Economic Research Working Paper No. 9873, 2003.
Bisgaard, H., N. Li, K. Bonnelykke, B.L.K. Chawes, T. Skov, G. Pauldan-Muller, J. Stokholm, B. Smith, and K. A. Krogfelt. “Reduced Diversity of the Intestinal Microbiota During Infancy Is Associated with Increased Risk of Allergic Disease at School Age.” *Journal of Allergy and Clinical Immunology* 128 (2011): 646–52.
Borgonovi, Francesca. “Doing Well by Doing Good. The Relationship Between Formal Volunteering and Self-Reported Health and Happiness.” *Social Science and Medicine* 66 (2008): 2321–34.
Brockman, John. *What We Believe but Cannot Prove*. New York: HarperCollins, 2006.
Brown, B. Bradford, Sue Anne Eicher, and Sandra Petrie. “The Importance of Peer Group (‘Crowd’) Affiliation in Adolescence.” *Journal of Adolescence* 9 (1986): 73–96.
Buss, David M. *The Murderer Next Door: Why the Mind Is Designed to Kill*. New York: Penguin, 2006.〔デヴィッド・M・バス『殺してやる——止められない本能』荒木文枝訳／柏書房〕
Calvillo, D. P., and A. Penaloza. “Are Complex Decisions Better Left to the Unconscious?” *Judgment and Decision Making* 4 (2009): 509–17.
Carey, Benedict. “Academic ‘Dream Team’ Helped Obama’s Effort.” *The New York Times*. ２０１３年11月13日に電子版にて発表 http://www.nytimes.com/2012/11/13/health/dream-team-of-behavioral-scientists-advised-obama-campaign.html?pagewanted=all.
Caspi, Avshalom, and Glen H. Elder. “Life Satisfaction in Old Age: Linking Social Psychology and History.” *Psychology and Aging* 1 (1986): 18–26.
Cesario, J., J. E. Plaks, and E. T. Higgins. “Automatic Social Behavior as Motivated Preparation to Interact.” *Journal of Personality and Social Psychology* 90 (2006): 893–910.
Cha, J-H., and K. D. Nam. “A Test of Kelley’s Cube Theory of Attribution: A Cross-Cultural Replication of McArthur’s Study.” *Korean Social Science Journal* 12 (1985): 151–80.
Chan, W. T. “The Story of Chinese Philosophy.” *The Chinese Mind: Essentials of Chinese Philosophy and Culture*, C. A. Moore 編、Honolulu: East-West Center Press, 1967 に所収。
Chapman, Loren J., and Jean P. Chapman. “Genesis of Popular but Erroneous Diagnostic Observations.” *Journal of Abnormal Psychology* 72 (1967): 193–204.
Chartrand, Tanya L., J. Huber, B. Shiv, and R. J. Tanner. “Nonconscious Goals and Consumer Choice.” *Journal of Consumer Research* 35 (2008):

189–201.
Cheney, Gretchen. "National Center on Education and the Economy: New Commission on the Skills of the American Workforce." National Center on Education and the Economy, 2006.
Cheng, P. W., and K. J. Holyoak. "Pragmatic Reasoning Schemas." *Cognitive Psychology* 17 (1985): 391–416.
Cheng, P. W., K. J. Holyoak, R. E. Nisbett, and L. Oliver. "Pragmatic Versus Syntactic Approaches to Training Deductive Reasoning." *Cognitive Psychology* 18 (1986): 293–328.
Chetty, Rag, John Friedman, and Jonah Rockoff. "Measuring the Impacts of Teachers II: Teacher Value-Added and Student Outcomes in Adulthood." *American Economic Review* 104 (2014): 2633-79.
Choi, Incheol. "The Cultural Psychology of Surprise: Holistic Theories, Contradiction, and Epistemic Curiosity." ミシガン大学博士論文，1998.
Choi, Incheol, and Richard E. Nisbett. "Situational Salience and Cultural Differences in the Correspondence Bias and in the Actor-Observer Bias." *Personality and Social Psychology Bulletin* 24 (1998): 949-60.
Christian, Brian. "The A/B Test: Inside the Technology That's Changing the Rules of Business." *Wired* (2012). http://www.wired.com/business/2012/04/ff_abtesting/.
Cialdini, Robert B. *Influence: How and Why People Agree to Things*. New York: Quill, 1984.〔ロバート・B・チャルディーニ『影響力の武器――なぜ、人は動かされるのか』社会行動研究会訳／誠信書房〕
CNN. "Germ Fighting Tips for a Healthy Baby." http://www.cnn.com/2011/HEALTH/02/02/healthy.baby.parenting/index.html.
Cohen, Dov, Emily Kim, and Nathan W. Hudson. "Religion, the Forbidden, and Sublimation." *Current Directions in Psychological Science* (2014): 1–7.
College Board. "Student Descriptive Questionnaire." Princeton, NJ: Educational Testing Service, 1976–77.
CTV. "Infants' Exposure to Germs Linked to Lower Allergy Risk." http://www.ctvnews.ca/infant-s-exposure-to-germs-linked-to-lower-allergy-risk-1.720556.
Danziger, Shai, J. Levav, and L. Avnaim-Pesso. "Extraneous Factors in Judicial Decisions." *Proceedings of the National Academy of Science* 108 (2011): 6889–92.
Darley, John M., and C. Daniel Batson. "From Jerusalem to Jericho: A Study of Situational and Dispositional Variables in Helping Behavior." *Journal of Personality and Social Psychology* 27 (1973): 100–19.
Darley, John M., and P. H. Gross. "A Hypothesis-Confirming Bias in Labeling Effects." *Journal of Personality and Social Psychology* 44 (1983): 20–33.
Darley, John M., and Bibb Latané. "Bystander Intervention in Emergencies: Diffusion of Responsibility." *Journal of Personality and Social Psychology* 8 (1968): 377–83.
Deming, David. "Early Childhood Intervention and Life-Cycle Skill Development." *American Economic Journal: Applied Economics* (2009): 111-34.
Desvousges, William H., et al. "Measuring Non-Use Damages Using Contingent Valuation: An Experimental Evaluation of Accuracy." *Research Triangle Institute Monograph* 92-1 に所収。Research Triangle Park, NC: Research Triangle Institute, 1992.
Dijksterhuis, Ap. "Think Different: The Merits of Unconscious Thought in Preference Development and Decision Making." *Journal of Personality*

and Social Psychology 87 (2004): 586–98.

Dijksterhuis, Ap, M. W. Bos, L. F. Nordgren, and R. B. van Baaren. "On Making the Right Choice: The Deliberation-Without-Attention Effect." *Science* 311 (2006): 1005–1007.

Dijksterhuis, Ap, and Loran F. Nordgren. "A Theory of Unconscious Thought." *Perspectives on Psychological Science* 1 (2006): 95.

Disheng, Y. "China's Traditional Mode of Thought and Science: A Critique of the Theory That China's Traditional Thought Was Primitive Thought." *Chinese Studies in Philosophy* (Winter 1990–91): 43–62.

Dunn, Elizabeth W., Laura B. Aknin, and Michael I. Norton. "Spending Money on Others Promotes Happiness." *Science* 319 (2008): 1687–88.

Dutton, Donald G., and Arthur P. Aron. "Some Evidence for Heightened Sexual Attraction Under Conditions of High Anxiety." *Journal of Personality and Social Psychology* 30 (1974): 510–51.

Dweck, Carol S. *Mindset: The New Psychology of Success*. New York: Random House 2010.〔キャロル・S・ドゥエック『マインドセット――「やればできる！」の研究』今西康子訳／草思社〕

Ellsworth, Phoebe C., and Lee Ross. "Public Opinion and Capital Punishment: A Close Examination of the Views of Abolitionists and Retentionists." *Crime and Delinquency* 29 (1983): 116–69.

The Development of Self, Voice, and Mind. New York: Basic Books, 1986.

Flynn, James R. *Asian Americans: Achievement Beyond IQ*. Hillsdale, NJ: Lawrence Erlbaum, 1991.

———. *How to Improve Your Mind: Twenty Keys to Unlock the Modern World*. London: Wiley-Blackwell, 2012.

Fong, Calvin S., P. Mitchell, E. Rochtchina, E. T. Teber, T. Hong, and J. J. Wang."Correction of Visual Impairment by Cataract Surgery and Improved Survival in Older Persons." *Opthalmology* 120 (2013): 1720–27.

Fong, Geoffrey T., David H. Krantz, and Richard E. Nisbett. "The Effects of Statistical Training on Thinking About Everyday Problems." *Cognitive Psychology* 18 (1986): 253–92.

Fryer, Roland G. "Financial Incentives and Student Achievement: Evidence from Randomized Trials." *Quarterly Journal of Economics* 126 (2011): 1755–98.

Fryer, Roland G., and Steven D. Levitt. "The Causes and Consequences of Distinctively Black Names." *The Quarterly Journal of Economics* 119 (2004): 767-805.

Fryer, Roland G., Steven D. Levitt, John List, and Sally Sadoff. "Enhancing the Efficacy of Teacher Incentives Through Loss Aversion: A Field Experiment." National Bureau of Economic Research Working Paper No. 18237, 2012.

Ghiselin, Brewster, ed. *The Creative Process*. Berkeley and Los Angeles: University of California Press, 1952/1980.

Gilovich, Thomas, Robert Vallone, and Amos Tversky. "The Hot Hand in Basketball: On the Misperception of Random Sequences." *Cognitive Personality* 17 (1985): 295–314.

Goethals, George R., Joel Cooper, and Anahita Naficy. "Role of Foreseen, Foreseeable, and Unforeseeable Behavioral Consequences in the Arousal of Cognitive Dissonance." *Journal of Personality and Social Psychology* 37 (1979): 1179–85.

Goethals, George R., and Richard F. Reckman. "The Perception of Consistency in Attitudes." *Journal of Experimental Social Psychology* 9 (1973): 491–501.

Goldstein, Noah J., Robert B. Cialdini, and Vladas Griskevicius. "A Room with a Viewpoint: Using Social Norms to Motivate Environmental

Conservation in Hotels." *Journal of Consumer Research* 35 (2008): 472–82.

Gonzalo, C., D. G. Lassiter, F. S. Bellezza, and M. J. Lindberg. " 'Save Angels Perhaps': A Critical Examination of Unconscious Thought Theory and the Deliberation-Without-Attention Effect." *Review of General Psychology* 12 (2008): 282–96.

Gould, Stephen J. "The Panda's Thumb." *The Ponda's Thumb*. New York: W. W. Norton, 1980 に所収。〔スティーヴン・ジェイ・グールド『パンダの親指——進化論再考』桜町翠軒訳／早川書房〕

Graham, Angus C. *Later Mohist Logic, Ethics, and Science*. Hong Kong: Chinese U, 1978.

Grossmann, Igor, Mayumi Karasawa, Satoko Izumi, Jinkyung Na, Michael E.W. Varnum, Shinobu Kitayama, and Richard E. Nisbett. "Aging and Wisdom: Culture Matters." *Psychological Science* 23 (2012): 1059–66.

Grossmann, Igor, Jinkyung Na, Michael E.W. Varnum, Denise C. Park, Shinobu Kitayama, and Richard E. Nisbett. "Reasoning About Social Conflicts Improves into Old Age." *Proceedings of the National Academy of Sciences* 107 (2010): 7246–50.

Hamre, B. K., and R. C. Pianta. "Can Instructional and Emotional Support in the First-Grade Classroom Make a Difference for Children at Risk of School Failure?" *Child Development* 76 (2005): 949–67.

Hanushek, Eric A. "The Economics of Schooling: Production and Efficiency in Public Schools." *Journal of Economic Literature* 24 (1986): 1141–77.

Hardin, Garrett. "The Tragedy of the Commons." *Science* 162 (1968): 1243–45.

Heckman, James J. "Skill Formation and the Economics of Investing in Disadvantaged Children." *Science* 312 (2006): 1900–1902.

Heine, Steven J. *Cultural Psychology*. New York: W. W. Norton, 2008.

Heine, Steven J., and Darrin R. Lehman. "The Cultural Construction of Self-Enhancement: An Examination of Group-Serving Biases." *Journal of Personality and Social Psychology* 72 (1997): 1268–83.

Heine, Steven J., Darrin R. Lehman, K. Peng, and J. Greenholtz. "What's Wrong with Cross-Cultural Comparisons of Subjective Likert Scales?: The Reference Group Effect." *Journal of Personality and Social Psychology* 82 (2002): 903–18.

Heraty, Noreen, Michael J. Morley, and Alma McCarthy. "Vocational Education and Training in the Republic of Ireland: Institutional Reform and Policy Developments Since the 1960s." *Journal of Vocational Education and Training* 52 (2000): 177–99.

Herman, C. Peter, and Deborah Mack. "Restrained and Unrestrained Eating." *Journal of Personality* 43 (1975): 647–60.

Higgins, E. Tory, W. S. Rholes, and C. R. Jones. "Category Accessibility and Impression Formation." *Journal of Experimental Social Psychology* 13 (1977): 141–54.

Holyoak, Keith J., Kyunghee Koh, and Richard E. Nisbett. "A Theory of Conditioning: Inductive Learning Within Rule-Based Default Hierarchies." *Psychological Review* 96 (1989): 315–40.

Hoxby, Caroline M. "The Effects of Class Size on Student Achievement: New Evidence from Population Variation." *Quarterly Journal of Economics* 115 (2000): 1239–85.

Hudson, Nathan W., and Dov Cohen. "Taboo Desires, Creativity, and Career Choice." 未発表原稿, 2014.

Humphrey, Linda L., and Benjamin K. S. Chan. "Postmenopausal Hormone Replacement Therapy and the Primary Prevention of Cardiovascular Disease." *Annals of Internal Medicine* 137 (2002).

２００２年８月20日に電子版にて発表 http://annals.org/article.aspx?articleid=715575.
Humphrey, Ronald. "How Work Roles Influence Perception: Structural-Cognitive Processes and Organizational Behavior." *American Sociological Review* 50 (1985): 242–52.
Inhelder, B., and J. Piaget. *The Growth of Logical Thinking from Childhood to Adolescence*. New York: Basic Books, 1958.
Investment Company Institute. "401(K) Plans: A 25-Year Retrospective." 2006. http://www.ici.org/pdf/per12-02.pdf.
Iyengar, Sheena S., and Mark R. Lepper. "When Choice Is Demotivating: Can One Desire Too Much of a Good Thing?" *Journal of Personality and Social Psychology* 79 (2000): 995–1006.
Jencks, Christopher, M. Smith, H. Acland, M. J. Bane, D. Cohen, H. Gintis, B. Heyns, and S. Mitchelson. *Inequality: A Reassessment of the Effects of Family and Schooling in America*. New York: Harper and Row, 1972.
Jennings, Dennis, Teresa M. Amabile, and Lee Ross. "Informal Covariation Assessment: Data-Based Vs. Theory-Based Judgments." *Judgment Under Uncertainty: Heuristics and Biases*, Amos Tversky および Daniel Kahneman 編, New York: Cambridge University Press, 1980 に所収。
Ji, Li-Jun, Yanjie Su, and Richard E. Nisbett. "Culture, Change and Prediction." *Psychological Science* 12 (2001): 450–56.
Ji, Li-Jun, Zhiyong Zhang, and Tieyuan Guo. "To Buy or to Sell: Cultural Differences in Stock Market Decisions Based on Stock Price Trends." *Journal of Behavioral Decision Making* 21 (2008): 399–413.
Jones, Edward E., and Victor A. Harris. "The Attribution of Attitudes." *Journal of Experimental Social Psychology* 3 (1967): 1–24.
Jung, K., S. Shavitt, M. Viswanathan, and J. M. Hilbe. "Female Hurricanes Are Deadlier Than Male Hurricanes." *Proceedings of the National Academy of Science* (2014). ２０１４年６月２日に電子版にて発表。
Kahn, Robert. "Our Long-Term Unemployment Challenge (in Charts)." 2013. http://blogs.cfr.org/kahn/2013/04/17/our-long-term-unemployment-challenge-in-charts/.
Kahneman, Daniel. *Thinking, Fast and Slow*. New York: Farrar, Straus and Giroux, 2011.〔ダニエル・カーネマン『ファスト＆スロー——あなたの意思はどのように決まるか？』村井章子訳／早川書房〕
Kahneman, Daniel, Jack L. Knetch, and Richard H. Thaler. "Experimental Tests of the Endowment Effect and the Coase Theorem." *The New Behavioral Economics* vol. 3, E. L. Khalil 編, 119–42, *Tastes for Endowment, Identity, and the Emotions* に所収。International Library of Critical Writings in Economics. Cheltenham, U.K.: Elgar 2009.
Kalev, Alexandra, Frank Dobbin, and Erin Kelley. "Best Practices or Best Guesses? Assessing the Efficacy of Corporate Affirmative Action and Diversity Policies." *American Sociological Review* 71 (2006): 589–617.
Kamin, Leon J. " 'Attention-Like' Processes in Classical Conditioning." *Miami Symposium on the Prediction of Behavior: Aversive Stimulation*, M. R. Jones 編, Miami, FL: University of Miami Press, 1968 に所収。
Karremans, Johan C., Wolfgang Stroebe, and Jasper Claus. "Beyond Vicary's Fantasies: The Impact of Subliminal Priming and Brand Choice." *Journal of Experimental Social Psychology* 42 (2006): 792–98.
Keel, B. A. "How Reliable Are Results from the Semen Analysis?" *Fertility and Sterility* 82 (2004): 41–44.
Kim, Sung Hui. "Naked Self-Interest? Why the Legal Profession Resists Gatekeeping." *Florida Law Review* 63 (2011): 129–62.
Kingsbury, Kathleen. "The Value of a Human Life: $129,000." *Time*

(2008). ２００８年５月20日に電子版にて発表。http://www.time.com/time/health/article/0,8599,1808049,00.html.

Klarreich, Erica. "Unheralded Mathematician Bridges the Prime Gap." *Quanta Magazine*. May 19, 2013. www.quantamagazine.org/20130519-unheralded-mathematician-bridges-the-prime-gap/.

Klein, E. A. "Vitamin E and the Risk of Prostate Cancer: The Selenium and Vitamin E Cancer Prevention Trial." *Journal of the American Medical Association* 306 (2011). ２０１１年10月12日に電子版にて発表 http://jama.jamanetwork.com/article.aspx?articleid=1104493.

Knudsen, Eric I., J. J. Heckman, J. L. Cameron, and J. P. Shonkoff. "Economic, Neurobiological, and Behavioral Perspectives on Building America's Future Workforce." *Proceedings of the National Academy of Science* 103 (2006): 10155–62.

Kraus, Michael W., and Serena Chen. "Striving to Be Known by Significant Others: Automatic Activation of Self-Verification Goals in Relationship Contexts." *Journal of Personality and Social Psychology* 97 (2009): 58–73.

Kremer, Michael, and Dan M. Levy. "Peer Effects and Alcohol Use Among College Students." National Bureau of Economic Research Working Paper No. 9876, 2003.

Krueger, Alan B. "Experimental Estimates of Education Production Functions." *Quarterly Journal of Economics* 114 (1999): 497–532.

Kuncel, Nathan R., Sarah A. Hezlett, and Deniz S. Ones. "A Comprehensive Meta-Analysis of the Predictive Validity of the Graduate Record Examinations: Implications for Graduate Student Selection and Performance." *Psychological Bulletin* 127 (2001): 162–81.

Kunda, Ziva, and Richard E. Nisbett. "Prediction and the Partial Understanding of the Law of Large Numbers." *Journal of Experimental Social Psychology* 22 (1986): 339–54.

———. "The Psychometrics of Everyday Life." *Cognitive Psychology* 18 (1986): 195–224.

Kuo, Frances E., and William C. Sullivan. "Aggression and Violence in the Inner City: Effects of Environment Via Mental Fatigue." *Environment and Behavior* 33 (2001): 543–71.

Lakatos, Imre. *The Methodology of Scientific Research Programmes* Vol. 1, *Philosophical Papers*. Cambridge: Cambridge University Press, 1978.〔イムレ・ラカトシュ『方法の擁護——科学的研究プログラムの方法論』村上陽一郎ほか共訳／新曜社〕

Larrick, Richard P., J. N. Morgan, and R. E. Nisbett. "Teaching the Use of Cost-Benefit Reasoning in Everyday Life." *Psychological Science* 1 (1990): 362–70.

Larrick, Richard P., R. E. Nisbett, and J. N. Morgan. "Who Uses the Cost-Benefit Rules of Choice? Implications for the Normative Status of Microeconomic Theory." *Organizational Behavior and Human Decision Processes* 56 (1993): 331–47.

Lee, S.W.S., and N. Schwarz. "Bidirectionality, Mediation, and Moderation of Metaphorical Effects: The Embodiment of Social Suspicion and Fishy Smells." *Journal of Personality and Social Psychology* (2012). ２０１２年８月20日に電子版にて発表。

Lehman, Darrin R., Richard O. Lempert, and Richard E. Nisbett. "The Effects of Graduate Training on Reasoning: Formal Discipline and Thinking About Everyday Life Events." *American Psychologist* 43 (1988): 431–43.

Lehman, Darrin R., and Richard E. Nisbett. "A Longitudinal Study of the Effects of Undergraduate Education on Reasoning." *Developmental Psychology* 26 (1990): 952–60.

Lepper, Mark R., David Greene, and Richard E. Nisbett. "Undermining

Children's Intrinsic Interest with Extrinsic Reward: A Test of the Overjustification Hypothesis." *Journal of Personality and Social Psychology* 28 (1973): 129–37.

Levin, Irwin P., and Gary J. Gaeth. "Framing of Attribute Information Before and After Consuming the Product." *Journal of Consumer Research* 15 (1988): 374–78.

Levitt, Steven D., and Stephen J. Dubner. *Freakonomics: A Rogue Economist Explores the Hidden Side of Everything*. New York: William Morrow, 2005.〔スティーヴン・D・レヴィット、スティーヴン・J・ダブナー『ヤバい経済学——悪ガキ教授が世の裏側を探検する』望月衛訳／東洋経済新報社〕

Lewicki, Pawel, Thomas Hill, and Maria Czyzewska. "Nonconscious Acquisition of Information." *American Psychologist* 47 (1992): 796-801.

Lichtenfield, S., A. J. Elliot, M. A. Maier, and R. Pekrun. "Fertile Green: Green Facilitates Creative Performance." *Personality and Social Psychology Bulletin* 38 (2012): 784–97.

Liu, Amy, S. Ruiz, L. DeAngelo, and J. Pryor. "Findings from the 2008 Administration of the College Senior Survey (CSS): National Aggregates." Los Angeles: University of California, Los Angeles, 2009.

Logan, Robert K. *The Alphabet Effect*. New York: Morrow, 1986.

Lowry, Annie. "Caught in a Revolving Door of Unemployment." *The New York Times*, November 16, 2013.

Lu, J-C, F. Chen, H-R Xu, and N-Q Lu. "Comparison of Three Sperm-Counting Methods for the Determination of Sperm Concentration in Human Semen and Sperm Suspensions." *LabMedicine* 38 (2007): 232–36.

Madrian, Brigitte C., and Dennis F. Shea. "The Power of Suggestion: Inertia in 401(K) Participation and Savings Behavior." *Quarterly Journal of Economics* 116, no. 4 (2001): 1149–1225.

Magnuson, K., C. Ruhm, and J. Waldfogel. "How Much Is Too Much? The Influence of Preschool Centers on Children's Social and Cognitive Development." *Economics of Education Review* 26 (2007): 52–66.

Maier, N. R. F. "Reasoning in Humans II: The Solution of a Problem and Its Appearance in Consciousness." *Journal of Comparative Psychology* 12 (1931): 181–94.

Masuda, Takahiko, P. C. Ellsworth, B. Mesquita, J. Leu, and E. van de Veerdonk. "Placing the Face in Context: Cultural Differences in the Perception of Facial Emotion." *Journal of Personality and Social Psychology* 94 (2008): 365–81.

Masuda, Takahiko, and Richard E. Nisbett. "Attending Holistically Vs. Analytically: Comparing the Context Sensitivity of Japanese and Americans." *Journal of Personality and Social Psychology* 81 (2001): 922–34.

McDade, T. W., J. Rutherford, L. Adair, and C. W. Kuzawa. "Early Origins of Inflammation: Microbial Exposures in Infancy Predict Lower Levels of C-Reactive Protein in Adulthood." *Proceedings of the Royal Society* B 277 (2010): 1129–37.

McNeil, B. J., S. G. Pauker, H. C. Sox, and A. Tversky. "On the Elicitation of Preferences for Alternative Therapies." *New England Journal of Medicine* 306 (1982): 943–55.

McPhee, J. "Draft No. 4: Replacing the Words in Boxes." *The New Yorker*, April 29, 2013.

Mehta, R., and R. Zhu. "Blue or Red? Exploring the Effect of Color on Cognitive Task Performances." *Science* 323 (2009): 1226–29.

Meyer, David E., and R. W. Schvaneveldt. "Facilitation in Recognizing Pairs of Words: Evidence of a Dependence between Retrieval

Operations." *Journal of Experimental Psychology* 90 (1971): 227–34.

Milkman, Katherine L., Modupe Akinola, and Dolly Chugh. "Temporal Distance and Discrimination: An Audit Study in Academia." *Psychological Science* (2012): 710–17.

Morris, Michael W., and Richard E. Nisbett. "Tools of the Trade: Deductive Reasoning Schemas Taught in Psychology and Philosophy." *Rules for Reasoning*, Richard E. Nisbett 編、Hillsdale, NJ: Lawrence Erlbaum, 1993 に所収。

Moss, Michael "Nudged to the Produce Aisle by a Look in the Mirror." *The New York Times* . ２０１３年８月28日に電子版にて発表 http://www.nytimes.com/2013/08/28/dining/wooing-us-down-the-produce-aisle.html.

Mullainathan, Sendhil, and Eldar Shafir. *Scarcity: Why Having Too Little Means So Much*. New York: Times Books, 2013.〔センディル・ムッライナタン、エルダー・シャフィール『いつも「時間がない」あなたに——欠乏の行動経済学』大田直子訳／早川書房〕

Munk, Nina. *The Idealist*. New York: Doubleday, 2013.

Naumann, Laura P., and O. John. "Are Asian Americans Lower in Conscientiousness and Openness?" 未発表原稿、2013.

NBC News. "How to Value Life? EPA Devalues Its Estimate." ２００８年７月10日に電子版にて発表 http://www.nbcnews.com/id/25626294/ns/us_news-environment/t/how-value-life-epa-devalues-its-estimate/#.Ucn7ZW3Q5Zp.

Nisbett, Richard E. *The Geography of Thought: How Asians and Westerners Think Differently. . . and Why*. New York: The Free Press, 2003.〔リチャード・E・ニスベット『木を見る西洋人　森を見る東洋人——思考の違いはいかにして生まれるか』村本由紀子訳／ダイヤモンド社〕

———. "Hunger, Obesity and the Ventromedial Hypothalamus." *Psychological Review* 79 (1972): 433–53.

———. *Intelligence and How to Get It: Why Schools and Cultures Count*. New York: W. W. Norton, 2009.〔ニスベット『頭のでき——決めるのは遺伝か、環境か』水谷淳訳／ダイヤモンド社〕

———. *Rules for Reasoning*. Hillsdale, NJ: Lawrence Erlbaum, 1993.

Nisbett, Richard E., C. Caputo, P. Legant, and J. Maracek. "Behavior as Seen by the Actor and as Seen by the Observer." *Journal of Personality and Social Psychology* 27 (1973): 154–64.

Nisbett, Richard E., Geoffrey T. Fong, Darrin R. Lehman, and P. W. Cheng. "Teaching Reasoning." *Science* 238 (1987), 625–31.

Nisbett, Richard E., David H. Krantz, Christopher Jepson, and Geoffrey T. Fong. "Improving Inductive Inference." *Judgment Under Uncertainty: Heuristics and Biases*, D. Kahneman, P. Slovic, および A. Tversky 編、New York: Cambridge University Press, 1982 に所収。

Nisbett, Richard E., David H. Krantz, C. Jepson, and Ziva Kunda. "The Use of Statistical Heuristics in Everyday Reasoning." *Psychological Review* 90 (1983): 339–63.

Nisbett, Richard E., K. Peng, I. Choi, and A. Norenzayan. "Culture and Systems of Thought: Holistic Vs. Analytic Cognition." *Psychological Review* 108 (2001): 291–310.

Nisbett, Richard E., and L. Ross. *Human Inference: Strategies and Shortcomings of Social Judgment*. Englewood Cliffs, NJ: Prentice-Hall, 1980.

Nisbett, Richard E., and Timothy De Camp Wilson. "Telling More Than We Can Know: Verbal Reports on Mental Processes." *Psychological Review* 84 (1977): 231–59.

Nock, Matthew K., J. M. Park, C. T. Finn, T. L. Deliberto, H. J. Dour, and M. R. Banaji. "Measuring the Suicidal Mind: Implicit Cognition Predicts Suicidal Behavior." *Psychological Science* (2010). ２０１０年３月９日に電子版にて発表 http://pss.sagepub.com/content/21/4/511.

Norenzayan, Ara, and B. J. Kim. "A Cross-Cultural Comparison of Regulatory Focus and Its Effect on the Logical Consistency of Beliefs." 未発表原稿，2002.

Norenzayan, A., E. E. Smith, B. J. Kim, and R. E. Nisbett. "Cultural Preferences for Formal Versus Intuitive Reasoning." *Cognitive Science* 26 (2002): 653–84.

O'Brien, Barbara, Samuel R. Sommers, and Phoebe C. Ellsworth. "Ask and What Shall Ye Receive? A Guide for Using and Interpreting What Jurors Tell Us." Digital commons at Michigan State University College of Law (2011). ２０１１年１月１日に電子版にて発表 http://digitalcommons.law.msu.edu/cgi/viewcontent.cgi?article=1416&context=facpubs.

Offit, Paul A. *Do You Believe in Magic? The Sense and Nonsense of Alternative Medicine*. New York: Harper-Collins, 2013.〔ポール・オフィット『代替医療の光と闇――魔法を信じるかい？』ナカイサヤカ訳／地人書館〕

Olszak, Torsten, D. An, S. Zeissig, M. P. Vera, J. Richter, A. Franke, J. N. Glickman et al. "Microbial Exposure During Early Life Has Persistent Effects on Natural Killer T Cell Function." *Science* 336 (2012): 489–93.

Parker-Pope, Tara, "The Decisive Marriage." The Well Column, *The New York Times*, August 25, 2014. www.well.blogs.nytimes.com/2014/08/25/the-decisive-marriage/?_r=0.

Peng, Kaiping "Naive Dialecticism and Its Effects on Reasoning and Judgment About Contradiction." ミシガン大学博士論文，1997.

Peng, Kaiping, and Richard E. Nisbett. "Culture, Dialectics, and Reasoning About Contradiction." *American Psychologist* 54 (1999): 741–54.

Peng, Kaiping, Richard E. Nisbett, and Nancy Y. C. Wong. "Validity Problems Comparing Values Across Cultures and Possible Solutions." *Psychological Methods* 2 (1997): 329–44.

Peng, Kaiping, Julie Spencer-Rodgers, and Zhong Nian. "Naive Dialecticism and the Tao of Chinese Thought." *Indigenous and Cultural Psychology: Understanding People in Context*, Uichol Kim, Kuo-Shu Yang, and Kwang-Kuo Hwang 編，New York: Springer, 2006 に所収。

Pennebaker, James W. "Putting Stress into Words: Health, Linguistic and Therapeutic Implications." *Behavioral Research and Therapy* 31 (1993): 539–48.

Perkins, H. Wesley, Michael P. Haines, and Richard Rice. "Misperceiving the College Drinking Norm and Related Problems: A Nationwide Study of Exposure to Prevention Information, Perceived Norms and Student Alcohol Misuse." *Journal of Studies on Alcohol* 66 (2005): 470–78.

Pietromonaco, Paula R., and Richard E. Nisbett. "Swimming Upstream Against the Fundamental Attribution Error: Subjects' Weak Generalizations from the Darley and Batson Study." *Social Behavior and Personality* 10 (1982): 1–4.

Polanyi, Michael. *Personal Knowledge: Toward a Post-Critical Philosophy*. New York: Harper & Row, 1958.〔マイケル・ポラニー『個人的知識――脱批判哲学をめざして』長尾史郎訳／ハーベスト社〕

Prentice, Deborah A., and Dale T. Miller. "Pluralistic Ignorance and Alcohol Use on Campus: Some Consequences of Misperceiving the Social Norm." *Journal of Personality and Social Psychology* 64 (1993): 243–56.

Rein, Martin, and Lee Rainwater. "How Large Is the Welfare Class?" *Challenge*, (September–October 1977), 20–33.

Riegel, Klaus F. "Dialectical Operations: The Final Period of Cognitive Development." *Human Development* 18 (1973): 430–43.

Rigdon, M., K. Ishii, M. Watabe, and S. Kitayama. "Minimal Social Cues in the Dictator Game." *Journal of Economic Psychology* 30 (2009): 358–67.

Roberts, N. P., N. J. Kitchiner, J. Kenardy, and J. Bisson. "Multiple Session Early Psychological Interventions for Prevention of Post-Traumatic Disorder." *Cochrane Summaries* (2010). http://summaries.cochrane.org/CD006869/multiple-session-early-psychological-interventions-for-prevention-of-post-traumatic-stress-disorder.

Ross, L., and A. Ward. "Naive Realism in Everyday Life: Implications for Social Conflict and Misunderstanding." *Values and Knowledge*, E. Reed, T. Brown および E. Turiel 編，Hillsdale, NJ: Erlbaum, 1996 に所収。

Saad, Lydia. "U.S. Abortion Attitudes Closely Divided." ギャラップ世論調査 (2009). http://www.gallup.com/poll/122033/u.s.-abortion-attitudes-closely-divided.aspx.

Samieri, C., C. Feart, C. Proust-Lima, E. Peuchant, C. Tzourio, C. Stapf, C. Berr, and P. Barberger-Gateau. "Olive Oil Consumption, Plasma Oleic Acid, and Stroke Incidence." *Neurology* 77 (2011): 418–25.

Samuel, Lawrence R. *Shrink: A Cultural History of Psychoanalysis in America*. Lincoln, NE: University of Nebraska Press, 2013.

Samuelson, William, and Richard J. Zeckhauser. "Status Quo Bias in Decision Making." *Journal of Risk and Uncertainty* 1 (1988): 7–59.

Sanchez-Burks, Jeffrey. "Performance in Intercultural Interactions at Work: Cross-Cultural Differences in Responses to Behavioral Mirroring." *Journal of Applied Psychology* 94 (2009): 216–23.

Schmitt, David P., J. Allik, R. R. McCrae, and V. Benet-Martinez. "The Geographic Distribution of Big Five Personality Traits: Patterns and Profiles of Human Self-Description Across 56 Nations." *Journal of Cross-Cultural Psychology* 38 (2007): 173–212.

Schnall, E., S. Wassertheil-Smoller, C. Swencionis, V. Zemon, L. Tinker, J. O' Sullivan, et al. "The Relationship Between Religion and Cardiovascular Outcomes and All-Cause Mortality: The Women's Health Initiative Observational Study (Electronic Version)." *Psychology and Health* (2008): 1–15.

Schultz, P. Wesley, J. M. Nolan, R. B. Cialdini, N. J. Goldstein, and V. Griskevicius. "The Constructive, Destructive, and Reconstructive Power of Social Norms." *Psychological Science* 18 (2007): 429–34.

Schwarz, Norbert, and Gerald L. Clore. "Mood, Misattribution, and Judgments of Well-Being: Informative and Directive Functions of Affective States." *Journal of Personality and Social Psychology* 45 (1983): 513–23.

Schwarz, Norbert, Fritz Strack, and Hans-Peter Mai. "Assimilation-Contrast Effects in Part-Whole Question Sequences: A Conversational Logic Analysis." *Public Opinion Quarterly* 55 (1991): 3–23.

Seligman, Martin E. P. "On the Generality of the Laws of Learning." *Psychological Review* 77 (1970): 127–90.

Shepard, Roger N. *Mind Sights: Original Visual Illusions, Ambiguities, and Other Anomalies*. New York: W. H. Freeman and Company, 1990.〔R・N・シェパード『視覚のトリック——だまし絵が語る〈見る〉しくみ』鈴木光太郎，芳賀康朗訳／新曜社〕

Shin, In-Soo, and Jae Young Chung. "Class Size and Student Achievement in the United States: A Meta-Analysis." *Korean Educational Institute Journal of Educational Policy* 6 (2009): 3–19.

Silver, Nate. *The Signal and the Noise*. New York: The Penguin Press, 2012.〔ネイト・シルバー『シグナル&ノイズ——天才データアナリ

ストの「予測学」』川添節子訳／日経ＢＰ社〕
Slomski, Anita. "Prophylactic Probiotic May Prevent Colic in Newborns." *Journal of the American Medical Association* 311 (2014).
Smedslund, Jan. "The Concept of Correlation in Adults." *Scandinavian Journal of Psychology* 4 (1963): 165–73.
Song, H., and N. Schwarz. "If It's Hard to Read, It's Hard to Do." *Psychological Science* 19 (2008): 986–88.
Stephens-Davidowitz, Seth. "Dr. Google Will See You Now." *The New York Times*, August 11, 2013.
Stich, Stephen, ed. *Collected Papers: Knowledge, Rationality, and Morality, 1978–2010*. New York: Oxford, 2012.
Strack, Fritz, Leonard L. Martin, and Sabine Stepper. "Inhibiting and Facilitating Conditions of the Human Smile: A Nonobtrusive Test of the Facial Feedback Hypothesis." *Journal of Personality and Social Psychology* 53 (1988): 768–77.
Straub, Kath. "Mind the Gap: On the Appropriate Use of Focus Groups and Usability Testing in Planning and Evaluating Interfaces." *Human Factors International: Free Resources Newsletter*, September 2004 に所収。
Strick, M., A. Dijksterhuis, M. W. Bos, A. Sjoerdsma, and R. B. van Baaren. "A Meta-Analysis on Unconscious Thought Effects." *Social Cognition* 29 (2011): 738–62.
Sunstein, Cass R. "The Stunning Triumph of Cost-Benefit Analysis." *Bloomberg View* (2012). ２０１２年９月12日に電子版にて発表 http://www.bloomberg.com/news/2012-09-12/the-stunning-triumph-of-cost-benefit-analysis.html.
Thaler, Richard H., and C. R. Sunstein. *Nudge: Improving Decisions About Health, Wealth, and Happiness*. New York: Penguin Books, 2008.〔リチャード・セイラー、キャス・サンスティーン『実践行動経済学――健康、富、幸福への聡明な選択』遠藤真美訳／日経ＢＰ社〕
Thompson, William C., Geoffrey T. Fong, and D. L. Rosenhan. "Inadmissible Evidence and Juror Verdicts." *Journal of Personality and Social Psychology* 40 (1981): 453–63.
Triplett, Norman. "The Dynamogenic Factors in Pacemaking and Competition." *American Journal of Psychology* 9 (1898): 507–33.
Tversky, Amos, and Daniel Kahneman. "Extensional Versus Intuitive Reasoning: The Conjunction Fallacy in Probability Judgment." *Psychological Review* 90 (1983): 293–315.
———. "Judgment under Uncertainty: Heuristics and Biases." *Science* 185 (1974): 1124–31.
Valochovic, R. W., C. W. Douglass, C. S. Berkey, B. J. McNeil, and H. H. Chauncey. "Examiner Reliability in Dental Radiography." *Journal of Dental Research* 65 (1986): 432–36.
Ward, W. D., and H. M. Jenkins. "The Display of Information and the Judgment of Contingency." *Canadian Journal of Psychology* 19 (1965): 231–41.
Watanabe, M. "Styles of Reasoning in Japan and the United States: Logic of Education in Two Cultures." １９９８年にカリフォルニア州サンフランシスコにて開催されたアメリカ社会学会で発表された論文。
Weiss, J., and P. Brown. "Self-Insight Error in the Explanation of Mood." 未発表原稿、1977.
Williams, Lawrence E., and John A. Bargh. "Experiencing Physical Warmth Influences Personal Warmth." *Science* 322 (2008): 606–607.
Wilson, Timothy D. *Redirect: The Surprising New Science of Psychological Change*. New York: Little, Brown, 2011.

Wilson, T. D., and J. W. Schooler. "Thinking Too Much: Introspection Can Reduce the Quality of Preferences and Decisions." *Journal of Personality and Social Psychology* 60 (1991): 181–92.

Wolf, Pamela H., J. H. Madans, F. F. Finucane, and J. C. Kleinman. "Reduction of Cardiovascular Disease-Related Mortality Among Postmenopausal Women Who Use Hormones: Evidence from a National Cohort." *American Journal of Obstetrics and Gynecology* 164 (1991): 489–94.

Zagorsky, Jay L. "Do You Have to Be Smart to Be Rich? The Impact of IQ on Wealth, Income and Financial Distress." *Intelligence* 35 (2007): 489–501.

Zajonc, Robert B. "The Attitudinal Effects of Mere Exposure." *Journal of Personality and Social Psychology* 9, (1968): 1–27.

Zebrowitz, Leslie *Reading Faces: Window to the Soul?* Boulder, CO: Westview Press, 1997.〔レズリー・A・ゼブロウィッツ『顔を読む——顔学への招待』羽田節子、中尾ゆかり訳／大修館書店〕

謝辞

本書の執筆にあたり、多くの人々が貴重な批評や助言を寄せてくれた。レイ・バトラ、サラ・ビルマン、ダヴ・コーエン、クリストファー・ダール、ウィリアム・ディケンズ、フィービー・エルスワース、ジェームズ・フリン、トーマス・ギロヴィッチ、イゴール・グロスマン、キース・ホルヨーク、ゴードン・ケイン、北山忍、ダリン・レーマン、マイケル・マハリー、マイケル・モリス、リー・ロス、ジャスティン・サーキス、ノーバート・シュワルツ、スティーヴン・スティッチ、キャロル・タヴリス、ポール・サガード、アミラム・ヴィノクール、ケネス・ワーナー、ティモシー・ウィルソンなどの方々である。ジョン・ブロックマンとカティンカ・マトソンが私の著作権エージェントであることをとても幸運に思う。

賢明な編集者、エリック・チンスキーには、まるで得がたい同僚のような働きをしてもらい、おおいに助けてもらった。ペン・シェパードを初め、ファラー・ストラウス&ジルー社の編集スタッフたちは非常に有能で忍耐強かった。

スーザン・ニスベットは、アイデアを話し合うことから編集にいたるまで、あらゆる方法で本書をより良くしてくれた。彼女はまた、私の人生もあらゆる方法でより良くしてくれている。

ミシガン大学には多大な恩義がある。学際的な研究が盛んであるのは、大学の環境のおかげだ。この場所において、従来の専門分野の交差地点に多くの科学研究の分野が誕生した。こうした興奮の場に身を置くことで、私は、科学がいかに継ぎ目のない織物であるかを見ることができている。

訳者あとがき

本書は、*Mindware: Tools for Smart Thinking*（二〇一五年刊）の全訳である（なお、引用されている文章はすべて私訳である）。著者のリチャード・E・ニスベットは、日本でも『木を見る西洋人　森を見る東洋人』（村本由紀子訳／ダイヤモンド社）でとても有名な心理学者だ。ベストセラーとなったこちらの著書では、東洋的思考（包括的）と西洋的思考（分析的）の違いが論じられ、東洋人と西洋人に水のなかを大きな魚が泳ぐアニメーションを見せると、東洋人はまず、水草や石や泡などの背景に注目するが、西洋人は大きく目立つ魚に注目してから背景に目を向けるという実験結果などが話題を呼んだ。本書においても、東洋的思考と西洋的思考の対照・比較が取り上げられているが（主に第5部）、全編を通じて論じられる主要なテーマは、「推論（reasoning）」の方法である。日頃、私たちが行っている推論がじつは間違いがちであり、何がそのような間違いの要因となっているのか、いかに私たち自身が自分の間違いに気づいていないのか、さらには、どのようにすれば正しい推論の方法を習得することができるのかを、さまざまな観点から解説している。

著者の母親は、新聞からクーポンを切り抜いて、安売りの洗剤を買うために車でしょっちゅう走り回っていた。著者は、そんな母を見ていると、車のガソリン代や保守代など隠れた費用がかかっているうえに、小説を読んだりブリッジをしたりと、もっと楽しめることをするという利益を失っている（「機会費用」を招いている）と感じ、いらいらした。／四つのアパートの部屋から最善のものを選ぶという実験が行われた。ただちに選択を迫る、三分間しっかりと考えさせる、まったく関係のない難しい作業を三分間させてから選択させるというように、三通りの選択方法を試したところ、三分間作業を行った被験者が最善の選択を行った。意識を働かせるよりも無意識に頼ったほうが、選択や判断を上手に行えるのかもしれない。／ある大学のアメフトチームのスカウトマンが、評判の高いスター選手の視察に赴いた。ところがこの選手は、パスを何度も失敗し、タックルを頻繁にくらわされる。スカウトマンは、この選手は獲得に値しないと判断する。この決定は問違いだ。判断は、大きな数のサンプルをもとに下すべきであり、わずか一回の練習を見るだけでは、あまりに少ないデータしか得られない。／ビル・ゲイツは、世界で一番賢い人間にちがいない。だからあんな偉業をなしとげた。だが、じつは彼は、中学校時代から、高性能のコンピュータを好きなだけ使える生活をしていた。その当時、これほどの環境に恵まれていた若者は世界に二人といなかった。私たちはつい、誰かの行動や能力について判断するとき、背景にある文脈や状況よりも、その人個人の性格や気質のほうに注目し、そちらを大きな原因ととらえてしまう。

私たちはこんなふうに、日常生活においてしょっちゅう誤った推論をする。これらを始め、本書に取り上げられたさまざまな問題例は、すべてそのまま、私たちがつね日頃実践できる推論手法となる。

さらには実験を行うこともできる。米国大統領選でオバマ前大統領の陣営は、A／Bテストを有効に活用した。ウェブサイトの画面を何通りも設計し、どれが最も多くの寄付につながるかを突き止めたのだ。また、統計学を学習することも役に立つ。出張先のさまざまなレストランで食事をするのが趣味の女性が言うには、とてもおいしいと感じた店にもう一度行くと、たいていがっかりするという。この現象は、統計学で説明できる。あるときの食事の評価は、良いから悪いまでばらつくのがふつうであり、とても優れた評価というのはまれにしかない。だから、高い評価に出会ったら、その次は平凡な評価に戻ることが当然予測されるのだ。ある年に上がった株が翌年には下がるのはなぜか、ともにＩＱの高い両親の子どものＩＱが平凡な値になるのはなぜかなどが、正規分布や標準偏差の概念をもちいてわかりやすく解説される。

そのうえ著者は、統計学は学校の授業で教えることができ、学んだツールを日常的な問題に適用する力を伸ばすこともできると明言している。統計学はとっつきにくいと感じる読者もいるだろうが、そこは安心してほしい。著者も、小学校の頃から算数が苦手で、大学では微積分の課題に苦労し、社会心理学を志すにあたって、統計学が避けて通れないと怯えていた、と告白しているくらいなのだから。基本的な統計学には、平方根の求め方以上の数学の知識は必要でない、とその当人が請け合ってくれている。

本書で知った正しい推論の手法は、メディアや専門家の主張の真偽を見抜く手助けにもなる。「大がかりな結婚式を挙げる夫婦は結婚生活が長続きしやすい」という新聞記事を目にしても、それをうのみにして、立派な式をしなくてはと焦る必要はない。上手なうたい文句につられて新製品に飛びつくのではなく、簡単な科学的なステップをふんで、自分にとってのその製品のメリットを考察できるようになるだろう。本書を参考書として、多くの読者が優れた「アマチュア科学者」になることを期待したい。

最後に、青土社の篠原一平氏には、ニスベット氏の新作を翻訳するというとても得がたい機会をいただき、最後まで細やかなサポートをしていただいた。この場を借りてお礼を申し上げたい。

二〇一七年一二月

小野木明恵

事項索引

か行

さ行

た行

な行

は行

ま行

や行

ら行

わ行

人名索引

た行

な行

は行

ま行

ら行

First edition, 2015

世界で最も美しい問題解決法
賢く生きるための行動経済学、
正しく判断するための統計学

2018 年 1 月 20 日　第一刷印刷
2018 年 1 月 30 日　第一刷発行

著　者　リチャード・E・ニスベット
訳　者　小野木明恵

発行者　清水一人
発行所　青土社

〒 101-0051　東京都千代田区神田神保町 1-29　市瀬ビル
［電話］03-3291-9831（編集）　03-3294-7829（営業）
［振替］00190-7-192955

印刷・製本　ディグ
装丁　松田行正

ISBN978-4-7917-7038-0　Printed in Japan